植物生態学

大原 雅 著

海游舎

はじめに

初めてお目にかかる方に,「どのような分野の研究をされているのですか?」と尋ねられると,「植物生態学です」と答える。決して,間違いでもなく,嘘をついているわけでもない。しかし,そのたびに,自分自身が「植物生態学」という学問分野をきちんと理解できているのか,という自問が本書を書こうと思った大きなきっかけである。我々の科学的認識の前進は,必ずしも限定された特定分野内の知識の蓄積と新しい理論の展開のみによっているとは限らない。むしろ,多くの場合,一見関連がないと思われる分野や複数の分野の境界領域の開拓が新しい研究の発展につながることがある。植物生態学は,まさにその「多彩な学問の融合の場」であろう。

動物生態学と植物生態学で,境界線を引くつもりはないが,植物には生物学的に普遍的な特徴が二つある。一つが,「植物が動物のような移動能力をもたないこと」であり,もう一つは,「植物は無機物から生物のエネルギー源となる有機物を合成する能力をもつこと」である。この特徴を背景に,植物たちは,この地球上の異なる物理的環境(光,温度,水など)に適応し,そして,同一群集を形成する動植物たちとの相互作用を含む生物的環境により,各地で特色のある生態系を作り上げている。

このような多様で,複合的な学問である「植物生態学」をどのような流れで紹介するのがよいのか悩んだ。その結果,やはり「生態学」という学問の成り立ちと背景,そして,地球上で作られる多様な環境と植物の分布との関係を「1章」で紹介することとした。そして,「2章」では,46億年の地球の歴史のなかで,どのように生物が進化してきたのか,また植物はいつ，どのように誕生し，多様化したのかをまとめた。生物が進化し，多様化するということは，単に種数が増えるだけではなく，その種が維持される機構，機能が確立されることになる。「3章」では，生物を「種」としてまとめる基礎概念や，その分類群の体系化をめぐる議論と，そこで行われた種の統一性と変異性に関する検証実験を紹介した。地球上の生命の歴史は，「種」の誕生と消滅の繰り返しである。種分化は，種のもつ，形態的，生理的，遺伝的などの統一性が分離されることである。それをもたらす要因は非常に多様である。「4章」では，植物で特徴的な種間交雑と倍数化を伴った種分化の事例を含む，さまざまな種分化の過程を紹介した。

植物は太陽光からのエネルギーの吸収と，大気や地中からの水や栄養分を獲得して生きている。さらに，植物は固着性であるため，自らが移動することなく，それらの資源を大気中や地中の限定されたエリアから獲得しなくてはいけない。「5章」では，その後の章で紹介する植物の繁殖様式や，物質生産の背景となる植物の構造と機能を整理した。そして，「6章」と「7章」では，植物の繁殖様式を紹介した。「6章」では，生物における有性生殖と無性生殖の比較を行い，遺伝子の組換えが生じることが，生物の適応進化において重要であることをまとめた。そして，固着性の植物において有性生殖が可能になるためには，何か動くものに花粉を託して花粉の授受を行う（他殖）か，さもなければ自分の個体状の花粉で受粉（自殖）を行う必要がある。「7章」では，植物における有性繁殖の多様性を，花粉媒介者との相互作用を含め，紹介した。また，被子植物における，花粉の受粉から受精のメカニズム，そして受精から種子発達に至る資源投資のユニークな実態も解説した。

生物の生命活動（成長と繁殖）は，物質生産とエネルギーの流入と流出によって維持されている。この地球上の生物たちが利用するエネルギーは，植物による光合成によって獲得された太陽の光エネルギーに由来する。「8章」では，地球上の生物を支える植物たちの物質生産の仕組み，つまり光合成のメカニズムを紹介した。

全ての生物種は単独で生きているわけではなく，種個体群を形成している。植物も同様であるが，固着性で独立栄養をすることは，移動能力をもち，従属栄養を行う動物とは異なるさまざまな興味深い個体群の姿を示す。「9章」では，植物個体群がどのように構成され，またその個体群構造が生態学的または進化学的にどのように変化するかをまとめた。

固着性の植物の生活史のなかで，花粉と種子の移動は個体群の遺伝的動態の変化をもたらす。「9章」までは，植物の生態学的側面に焦点を当ててきたが，「10章」と「11章」では，遺伝学的側面を紹介した。特に，「10章」では，植物個体群の遺伝構造や，遺伝子流動の解析における集団遺伝学的解析法の役割をまとめた。そして，「11章」では，さまざまな林床植物個体群を対象に，私の研究室で行ってきた研究例を示した。

「12章」では，群集の概念を整理するとともに，生物間の相互作用の重要性をまとめた。群集概念そのものは，1950～1960年頃にさまざまな考え方が提起され，多くの検証が行われた。多様な生物群が物理的環境と生物的環境のバランスのなかで，どのように維持されているのかは，「13章」の生物多様性や「14章」の保全生態学へと続く重要なポイントである。「13章」では，「生物多様性」はなぜ維持されなくはいけないのか？　守る必要性がどこにあるのか？　を整理するとともに，生物多様性の減少が引き起こす問題点を紹介した。

「14章」が本著の最終章になる。タイトルは，「保全生態学」であるが，ある意味，「植物生態学」の総合理解のうえに成り立つのが「保全生態学」である。保全生態学で重要なのは，長い地球の歴史のなかで多様な環境に対して適応進化してきた生物たちが，人為的な影響を含む環境変動に対してどのような反応を示すかを正確に把握することにある。特に，植物は移動によりその環境の変化を回避できないため，その環境変動の影響を短期間で捉えるのは難しい。「14章」では，環境保全の難しさと，私の研究室で長年実施している環境教育の現場を紹介した。

「植物生態学とは？」という自問から始まった本書の執筆であるが，自答としても，まだまだ内容的には不十分な点がたくさんある。それほど，植物生態学という学問は，生物学のなかでも非常に大きな学問分野であるとともに，多彩な研究分野の融合の場でもある。ただ，自答として悩んだ部分もたくさんあるので，「植物生態学」の分野に興味をもったり，また私と同じように「植物生態学とは？」という疑問をもった，大学生，大学院生を含む若手研究者の方々に読んでいただければと思う。ある意味，本書の内容の多様性からも「植物生態学」が，複合的で，かつ基礎から応用までの幅広い研究分野を網羅した学問であることを，実感していただけたら幸いです。

2015 年 1 月

大原 雅

目　次

4 種の分化と適応

5 植物の構造と機能

6 植物の繁殖様式（1）—有性生殖と無性生殖—

7　植物の繁殖様式（2）—多様な有性繁殖システム—

8　植物の物質生産

9　植物の個体群構造

10 生態学における集団遺伝学の役割

11 繁殖様式と個体群の遺伝構造の解析

12 植物群集のダイナミクス

13 生物多様性

14 保全生態学

1 生態学と生物の分布

森林限界を超える高山帯に生育するカタクリ *Erythronium grandiflorum*

「あなたの知っている生物を10種あげてください」という問いに，読者のみなさんはどのように答えるであろう。数種であれば，身近な生物をあげるかもしれないが，10種となると，動物，昆虫，植物など多彩な生物種をあげるであろう。また，仮に10種全てが動物であったとしても，それらはおそらく地球上のさまざまな地域や，異なる環境に生息するものに違いない。これらの生物に，生きる場所を提供しているのが地球である。しかし，地球上の環境は一様ではない。海洋と陸上，高地と低地，緯度と経度の違いはもちろんのこと，陸上でも，風の流れの違い，季節変化の大小，などにより生物にとっての生息環境は大きく異なってくる。

本章では，14章からなる本書の基盤となる「生態学」という学問分野とは何か。そして，その学問の研究対象である多様な生物たちを育む地球環境の多様性と，その多様性を創出する地球上のエネルギー分布について解説する。

1-1　生態学とは

「生態学」は，生物と生物の相互関係，それを取り巻く無機的環境との関係を科学的に解明する生物学分野の一つである。生態学を科学として確立させたのは，やはりダーウィン（Darwin 1809-1882）であろう。ダーウィンの進化論（1859）は「生物はその生活を通して進化する」という観点で貫かれている。彼は，ビーグル号での航海中に得た知見をもとに，生物の分布，個体数の多少，絶滅，変異などに関する情報を集約し，生物の生活が生物相互の関係によって成り立っていることを明らかにした。当然のことながら，ダーウィンの進化論が万能ではないが，今日の生態学のアイデアや生物探究の根底を築き上げていることはまぎれもない事実である。生態学（ecology）の名付け親は，ドイツの生物学者 Haeckel（1869）である。ギリシャ語の oikos（家）と logos（ロゴス：概念，真理）を合成し，作り上げた言葉“Oecologie”が，“Ecology”である。そして，彼は生態学を「一つの生物の生物的・非生物的環境に対する総合的な関係を明らかにする学問」と定義した。そういった意味では，生態学は生物科学分野のなかでは若い学問分野である。

その後，Andrewartha（1961）は「生態学は生物の分布（distribution）と数（abundance）を解明する学問」，Odum（1963）は「生態学は自然の構造と機能を明らかにする学問」と定義している。また，Silvertown（1982）は，「生態学は，ある地域に生息する種とそれらの生息環境との相互作用に関する研究分野」と定義し，また Smith & Smith（2001）は，「生物多様性に関するさまざまな仕組みを生物と環境の相互作用の観点から理解する分野」としている。

先に，生態学は若い学問分野であると述べたが，人間が野山で狩りをして生活していた太古の時代を想像してみよう。食料を得るためには，まず どこに行けばよいのか？　また，それがどれくらい利用できるものなのか？　これは，まさに種の「分布と数」の問題である。そして，その獲物は四季を通して存在するのか？　例えば，鮭であれば生まれた河川への遡上が行われる秋が主たる漁獲期になる。また，植物であれば食用とする部位が葉，果実，種子で，収穫の時期も異なる。そして，その獲物たちが毎年収穫できるか否かも，生きるうえで大切な情報である。これらの人間が生きるために得た経験的情報こそが「生態学」そのものであり，この基礎となっているのが野外における丁寧な観察，すなわち“Natural History（自然史学・博物学）”なのである。

狩猟生活から定住型の生活に移行した際も，農耕に関しては，作物の発芽特性，成長の速度，収穫に適した播種密度などの実践的な知識が必要になったであろう。また，家畜の飼育に関しても，限られた面積内（餌の量）で飼育できる個体数（個体群密度，齢構造など），成長，繁殖（性比，初産年齢など）など，いわゆる個体群生態学的知見が必須となる。そして，農作物には病虫害の発生や，家畜に被害を及ぼすウイルス病などさまざまな障害が待ち受けている。それらの障害を回避，軽減するためには，病害虫の発生パターン（個体群動態）や病気の伝搬様式（生物間相互作用）など，おのずと生態学的情報が必要になってくる。

したがって，生態学は決して新しい学問分野ではなく，人類の歩みとともに定着してきた古い学問分野と言っても過言ではない。そして大切なのは，生態学における普遍性はその基礎が“Natural History”に根ざしていることにある。実際に自らが生態学者として研究をしてみると，生

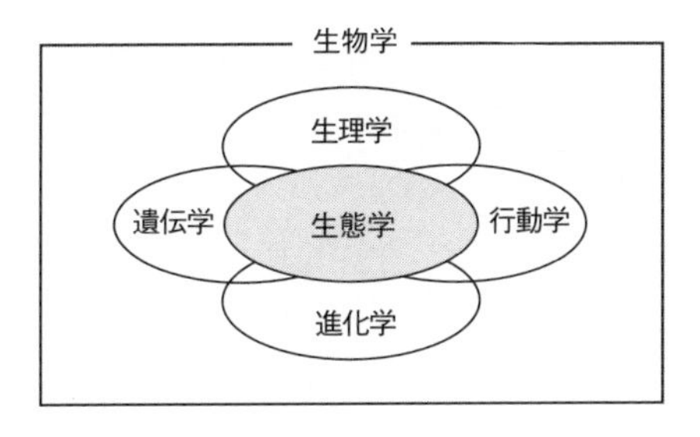

図 1-1　生物学における生態学の位置づけ（Krebs 2009 を改変）。

態学研究においては,「生態学」に対して確固たる定義は意味がなく，この研究分野は多様かつ広範囲の科学領域をカバーした統合的学問分野であることを実感する (図 1-1)。ましてや，我々の科学的認識の前進は,必ずしも限定された特定分野内の知識の蓄積と新しい理論の展開のみによっているとは限らない。むしろ，多くの場合，一見関連がないと思われる研究分野の境界領域の開拓が，新しい研究の発展につながることがある。生態学は，まさにその「学問の融合の場」である。

1-2　生物を育む地球環境

冒頭で，生態学は，生物と生物の相互関係，それを取り巻く無機的環境との関係を科学的に解明する学問と述べた。地球上の生物の生息環境を作り上げている無機的環境のなかでも，とりわけ，気温と降水量は重要であり，(1) 地球のさまざまな地域に到達する太陽熱の量とその季節変化，(2) 地球を取り巻く大気循環と，それによって引き起こされる海洋循環の二つが組み合わさって，各地域の環境を決定している。

「気象 (weather)」と「気候 (climate)」はどちらも，温度，湿度，降水量，風向，風速など，大気に関わる状況を示す言葉であるが，それぞれ時間軸が異なる。つまり,「気象」はある特定の場所や時間における短時間の状況を表現するものである。それに対して,「気候」は，ある特定の地域の長期間にわたる大気の平均的な状況を示す。例えば，突然の雷雨から避難場所を探したり，気温が低下したときに身震いしたりすることは，生物の「気象」に対する短期間の応答である。その反対に,「気候」に対する生物の応答は長期間に渡るもので，生物集団の適応進化や,生物の生理的，形態的，そして行動などに変化をもたらす。このような変化は種分化を引き起こす一つのきっかけにもなる。もしも，生物が特定の気候に適応できない場合は，その場所で，その生物は見られないことになる。

その気候を決定する大きな要素である「温度」に大きく影響するのが太陽からのエネルギー量である。地球は「球」であり，受け取る太陽エ

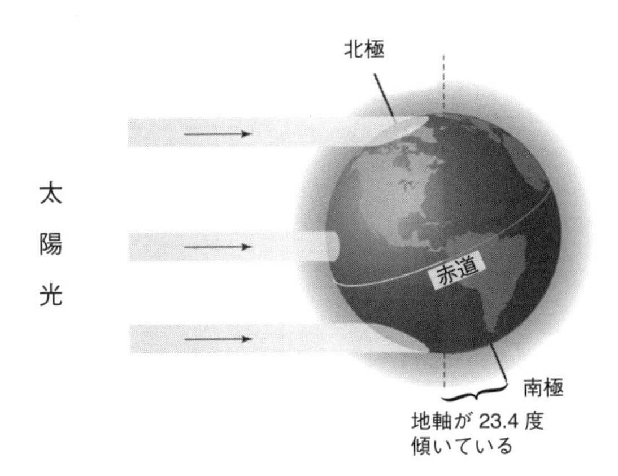

図 1-2　太陽エネルギーの地表への照射。太陽光が直角に照射される赤道に近い地域は，最も多くの光と熱がもたらされる。一方，極域に近くなると太陽光はより斜めに入射するため，エネルギーが拡散する。

ネルギーの量には地域で違いが生じる。つまり，赤道付近では太陽光線がほぼ垂直に射すため，よりエネルギーを受け取るが，中緯度地域に入射する太陽光線は赤道付近に入射するよりも入射角が小さいため，太陽光がより広がる。そのため，単位面積当たりで見ると少量のエネルギーしか供給されず，赤道付近と比べて温度が低くなる (図 1-2)。さらに，地球が 1 年で太陽を回る軌道 (公転) と地球が地軸を毎日回転する (自転) も，地球上の気候を決定する重要な要素である。公転および地軸が太陽の公転面から約 23.4 度傾いているため，南半球と北半球では 1 年周期で気温が変化し，季節の移り変わりが生じる。北極と南極は，春分と秋分の時期以外は，どちらかが常に太陽に向かって傾いている (図 1-3)。

空気の保湿容量は，暖められると大きくなり，冷やされると小さくなる。最も多くの太陽エネルギーを受け取る赤道付近では，気温が高くなり，蒸発を促進し，暖かく湿った空気を作り出す。この空気は上昇して，北と南から赤道に向かって入り込む空気と置き換わる。そして，熱帯の温かい空気は赤道から離れた場所へと移動し，そのときに空気は冷却されて湿気の大部分が水 (雨) となる (図 1-4)。その結果，赤道付近は最も多雨になる一方，上昇した空気の塊が北緯 30 度と南緯 30 度付近に達するとき，乾燥した空気はさらに冷却され下降する。そこで空気は再び暖

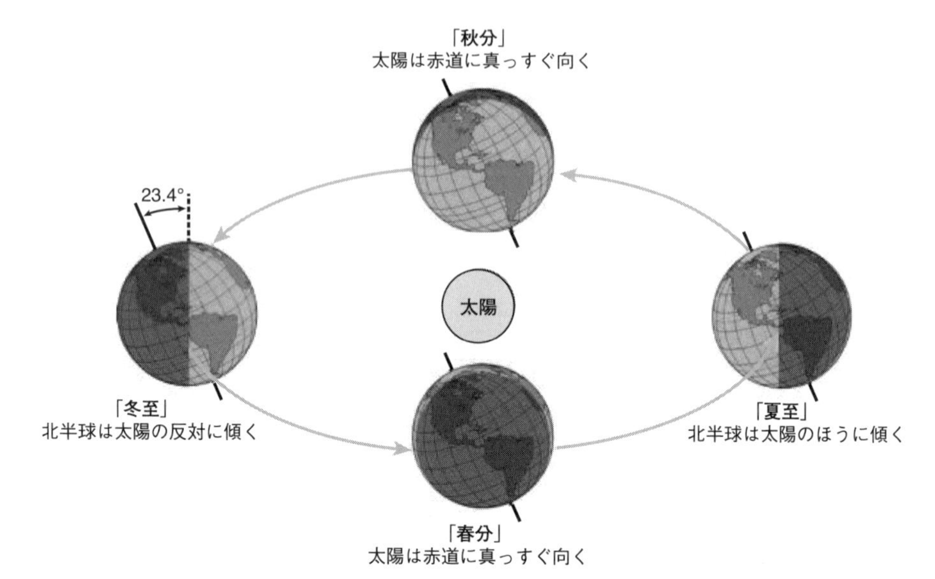

図 1-3　公転による地球環境の季節変化。地軸が傾いていること，そして地球が太陽の周りを 1 年かけて公転することにより，地球と太陽との相対関係が切り替わる。その結果として，季節的変化がもたらされる

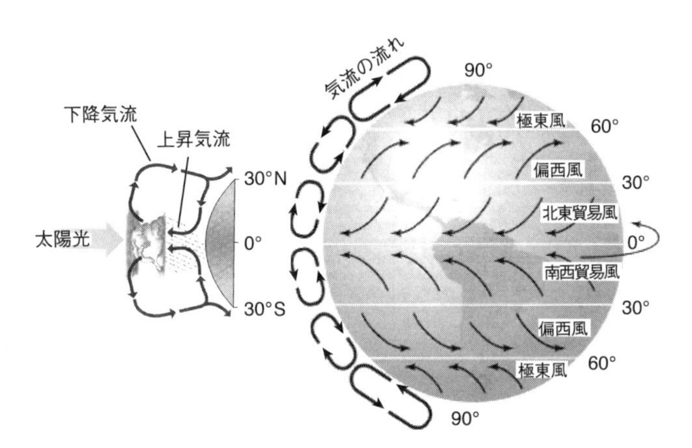

図 1-4　大気循環の一般的パターン。大気が地球表面に向かったり，離れたりするパターンを示す。太陽光により暖められ上昇した空気は冷却され，赤道，北緯 60 度，南緯 60 度に帯状の多雨地域を形成する。下降して再び熱せられた空気は湿潤となり，北緯 30 度と南緯 30 度と極地付近に帯状の少雨地帯を作る。気団（空気の塊）は緯度を越えて移動しながら地球の自転による回転速度によって偏向させられ，貿易風と偏西風が生じる。

められ，蒸発量が増えることにより少雨地帯が作られる。アフリカのサハラ砂漠，中国のゴビ砂漠，オーストラリア北部や北米南西部の砂漠もこれらの緯度に位置する。この空気の塊のいくつかは，まだ極地より暖かいため，さらに極地に向かって流れ続ける。そして，再び北緯60度と南緯60度付近で上昇し，今度は寒冷な多雨地帯を作る。このような空気の塊の循環的な動きが，地球表面上の温度や降雨のパターンに大きく影響を及ぼしている。

地球の半径が最大である赤道では，地球の自転速度が最も速くなり，極地に近くなるほど自転速度は減少する。空気の塊はそれぞれの緯度の自転速度と同じ速度で動くが，空気の塊が赤道に向かって流れるとき，その速さはその場の自転速度よりも遅くなる。その結果，空気は赤道の南側では北西に，赤道の北側では南西に偏向する。一方，赤道から離れる空気の塊は，その速度より遅い自転の影響により，逆方向，つまり，赤道の北側では北東に，南側では南東に偏向する。このように地球の自転と南北方向への大気の動きの相互作用により「卓越風（prevailing wind）」と呼ばれる大気の循環が生み出される（図1-4）。特に，赤道に近い低緯度の卓越風は「貿易風」，中・高緯度地域では「偏西風」と呼ばれる。

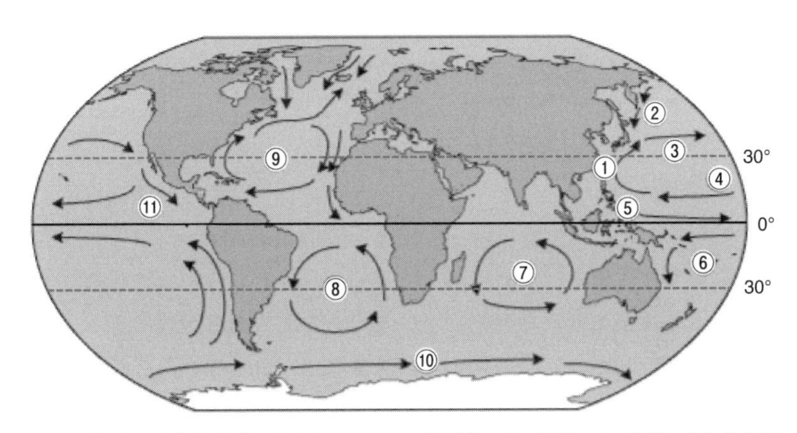

図1-5　世界の主な海流（気象庁ホームページより）。① 黒潮，② 親潮，③ 北太平洋海流，④ 北赤道海流，⑤ 赤道反流，⑥ 南赤道海流，⑦ 南インド海流，⑧ 南大西洋海流，⑨ 北大西洋海流，⑩ 南極海流，⑪ カリフォルニア海流。

地球の大気循環様式は，地球の表面の約75%を占める海洋の循環様式にも大きく影響を及ぼす。海洋の循環様式は，大陸の位置や大きさによって流れが変えられ，さまざまな特徴的な「海流」が生じている（図1-5）。特に，北緯30度と南緯30度の間では，海流は巨大な環流を生じ，その方向は貿易風と同様に，地球の自転速度に影響されている。つまり，還流は北半球では時計方向に，南半球では反時計方向に回っている。海流は熱の移動も伴っており，海洋だけでなく，沿岸の生物にも強く影響を及ぼしている。

1-3　生態学が対象とする生物レベル

生物学的階層の最も小さいレベルは「分子（molecule）」である（図1-6）。DNA分子のように特殊化した分子の多くは生命の基本単位である「細胞（cell）」へと組織化される。単一の細胞からなる細菌のような生物以外は多細胞生物であり，「組織（tissue）」と呼ばれる細胞群を構成する。例えば，動物の体の中では神経組織や筋組織などとして特定の機能を営んでいる。そして，このような組織の組み合わせにより，心臓，肺，脳などの「器官（organ）」へと統合される。一群の器官は「器官系」として協同して機能を果たす。つまり，胃，腸，肝臓などは消化器系，鼻，喉，肺などは呼吸器系の一部である。そして，これらの器官系が協同して作用することにより「個体（individual）」が機能するのである。そして，動物においても，植物においても，個体がある基準をもって類型化されたものが「種（species）」である。この「種」を巡る問題は後述するが，野外において各生物種は「個体群（集団）（population）」*という集合体を形成する。例えば，ヒトは，*Homo sapiens* という一つの「種」として世界中で「個体群」を形成している。そして，ある地域に棲み，相互に影響を及ぼしている種の集まりは「群集（community）」と呼ばれ，さらに群集とその群集の背景となる物理的環境（非生物学的環境）が統合さ

＊　生態学では英語のpopulationを「個体群」と訳すが，遺伝的な内容に関しては「集団」のほうが慣例上理解しやすい場合もある。

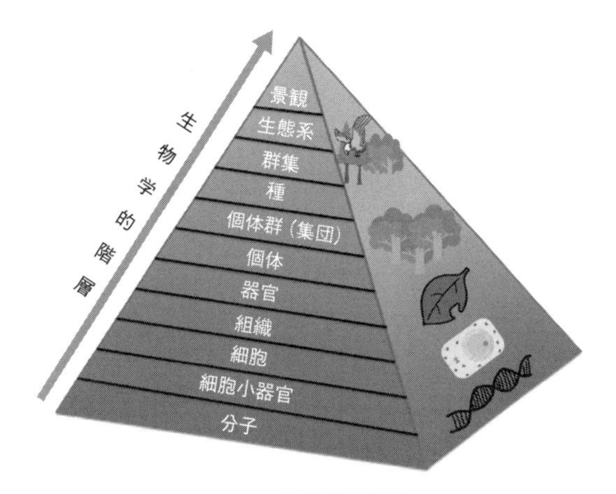

図 1-6　生物学的階層。

れて，一つの機能を果たしているのが「生態系（ecosystem）」である。生態学が扱う研究レベルは「分子」から「個体」も含まれるが，実際には「種」レベル以上が，真理を探究する対象となる。

1-4　生態系におけるエネルギーの流れ

上述したように，生態系とは，生物の個体群とそれを取り巻く非生物的環境をあわせて一つの機能的なシステムとして捉えたものである。ただし，生態系という概念は必ずしも明確な境界をもったものを示すものではなく，例えば，「森林生態系」，「草地生態系」，「海洋生態系」といったように，さまざまな広がりをもって捉えることができる。

一つの生態系は，生物群集およびその生物が生息している化学的，物理的環境からなる。地球上の多くの生命は，緑色植物による光合成，あるいは他の機構によって太陽エネルギーが変換された，化学エネルギーに依存している。この化学エネルギーは，炭水化物のような化合物の形で生物の体に蓄えられる。生態系のなかの生物は，自らが生きるための食物（有機物）を作る「独立栄養生物（autotroph）」と，独立栄養生物が作った有機物を獲得して生きる「従属栄養生物（heterotroph）」の二つに大別される。独立栄養生物は，一次生産者（primary producer）とも呼ばれ，通常は，緑色植物が生態系に入った太陽エネルギーを利用して，無機物である二酸化炭素から，タンパク質，ブドウ糖，デンプンといった有機物を生産している。水界に生育する海藻，水草，そして珪藻類や緑藻類などの藻類も光合成を行う一次生産者であるが，主たる生産者は何といっても陸上の高等植物たちである。このような光合成をする生物のいる環境には，それらが生産した有機物を摂取して生活する多くの従属栄養生物が存在する。

高等植物などが，一定の時間内に光合成によって生産した有機物の総量を「総一次生産量（P_g：gross primary production）」と言う。植物たちの光合成により作られた有機物は，植物自身の呼吸により酸化され，その過程でATP（エネルギー）を作り出している。呼吸系の中間代謝産物を利用して植物体を作り出すため，呼吸も植物の生活には重要な過程である。したがって，光合成の一方で，呼吸によって二酸化炭素や水に無機化した有機物の量を「呼吸量（R：respiration）」と言い，総一次生産量から呼吸量を引いた量を「純生産量（P_n：net primary production）」と呼ぶ（図1-7）。

純生産量のうちの多くは成長に回されるが，途中で消費者である草食性の昆虫や動物などによって摂食されたり（被食量（P）），枯死などによる脱落（枯死量（D：dead））が出てくる。したがって，実際のある時間内での純成長量（G：growth）は，純生産量から被食量と枯死量を差し引いたものとなる。

このような過程を経て，独立栄養生物（植物）が生産したエネルギーが次の栄養段階（trophic level）に移行していくことになる。捕食などにより既成の有機物に依存する生物が従属栄養生物であり，一次消費者（primary consumer）と呼ばれる。また，一次生産者としての植物たちから，次の生物にエネルギーを受け継ぐという意味で，この段階の消費者を二次生産者（secondary producer）と呼ぶ場合もある。

植物側が摂食により失われた有機物量，すなわち被食量（P）は，この栄養段階では，摂食量（I）になり，摂食量から不消化排出量（F）を引いた値が同化量（A）である。これは，植物（生産者）における総一次生産量

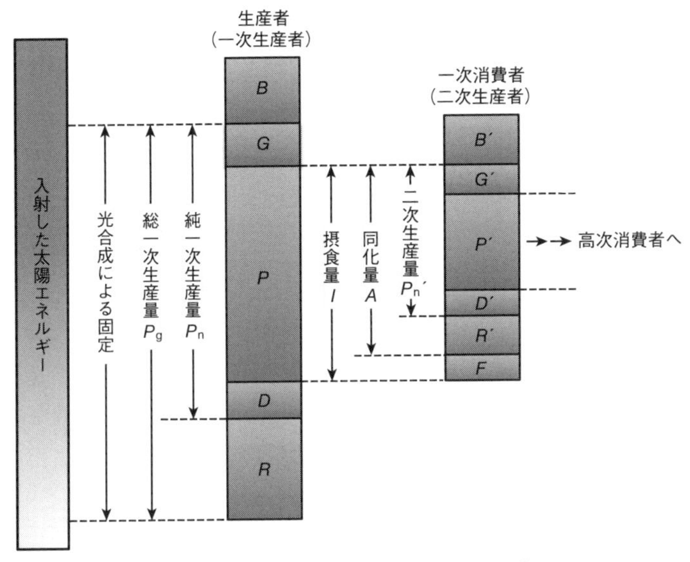

図 1-7　生態系における有機物の生産と消費。

に相当するものであり，草食動物の消化器官などから体内に取り込まれた有機物量を示す。摂取されたエネルギーは，成長や繁殖などのほか，運動，代謝，体温調節などに使われる。その同化量から呼吸量（R'）を引いた値が，この栄養段階（一次消費者・二次生産者）における純生産量（P_n'）となる。そして，一次生産者の段階と同様に，この純生産量から次の栄養段階である肉食動物による被食量（P'）と死滅量（D'）を差し引いたものが，純成長量（G'）である。

エネルギーは同様に，捕食を通してより高次の栄養段階へと進んでいく。つまり，植物（一次生産者）を捕食する草食性の昆虫・動物（一次消費者・二次生産者），それらを捕食する肉食性の動物（二次消費者）となる。消費者は三次，四次とより高次になっていくが，高次になればなるほど現存量（ある時点でその空間当たりに存在する生物体の量）が急速に小さくなる。そして，その栄養段階の最上位に位置するのが頂点捕食者（apex predator）である。日本に生育する生物を例にとると，ヒグマ，シマフクロウ，オジロワシなどがそれに相当する。

また，生態系には，生物の死骸や排泄物を摂取・分解し，その際に生じるエネルギーを使って生活している生物もいる。それらの生物を分解者（decomposer）と呼ぶ。多くの場合，細菌類や菌類が分解者となるが，分解者は有機物を分解し，生産者が利用できる二酸化炭素などの無機物に戻す役割をする。このように生産者（特に，植物）が合成した有機物を無機物まで分解し，再び生産者に利用できる形に戻す（還元する）という役割から，還元者（reducer）とも呼ばれる。

このように生態系は，さまざまな栄養段階（trophic level）の生物によって構成されており，それぞれの栄養段階の生物は，他者を餌とする一連の食物連鎖（food chain）によってつながっている（図1-8）。そして，実際には，ある生物が他の特定のタイプの生物だけを餌とすることは稀である。通常，生物は2種あるいはそれ以上の種類の生物を食べ，また食べられている。そのため，食物連鎖の関係はより複雑化した線によって結ばれることから，これは食物網（food web）と呼ばれる。

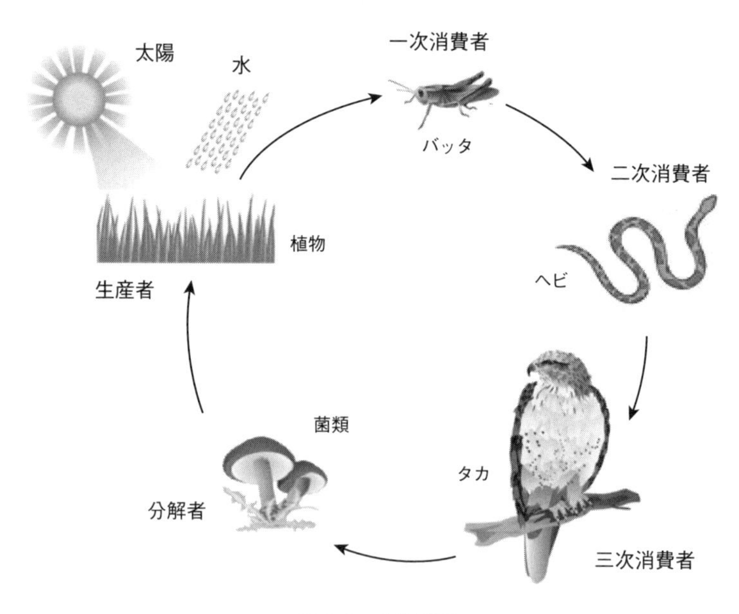

図1-8　食物連鎖。

1-5 バイオーム

ここまで述べてきたように,「太陽からのエネルギー量とその季節変化」と「大気循環と海洋循環」は,この地球上に多様な環境条件を生み出し,現在,その環境に対して,生理的あるいは形態的に適応したさまざまな生物たちが生きている。この気候条件を背景とした物理的環境とそこに生息する生物相の類似性を基準に体系化したものが「バイオーム(biome)」である。バイオームは基本的には降水量と気温で定義され,熱帯多雨林,サバンナ,砂漠,温帯草原,温帯の落葉広葉樹林と常緑広葉樹林,タイガ,ツンドラの八つに分類され,地球上の広大な地域を占めている(図 1-9, 1-10)。

(1) 熱帯多雨林 1年を通して高温で,年間 2500 mm 以上の雨が降り,乾期も 2, 3 カ月以上は続かない。熱帯多雨林は,南米のアマゾン川流域,中米,アフリカのコンゴ盆地,東南アジアの島嶼からニューギニアからオーストラリア東北部にかけて存在し,地球上で最も豊かで,生物多様性に富んだ生態系が形成されている。樹種も豊富で,1平方キロ当たりに 500 種を超える場合もある。熱帯多雨林は,地球表面のわずか

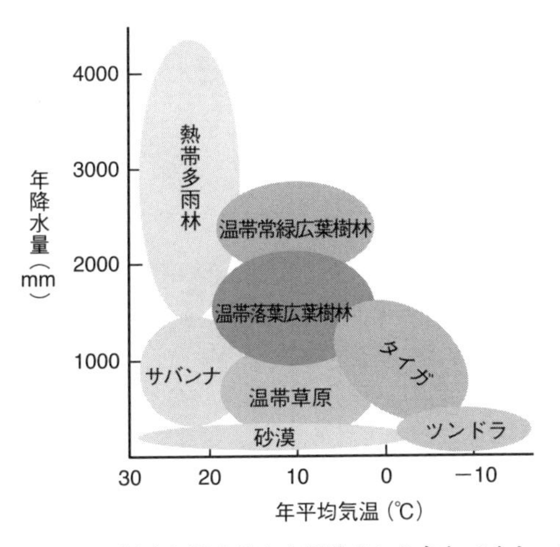

図 1-9 温度と降水量から区分される主なバイオーム。

2％未満の地域にしかすぎないが，地球上の半数以上の樹種がこの地域に生育している。熱帯多雨林では，高木層は30～50 mに達し，所々に60 mを超える超出木と呼ばれる巨木が存在する。熱帯多雨林が地球の陸上生態系で最も高い生産量をもつことにより，人間を含め地球上の多くの生物の生息が助けられている。

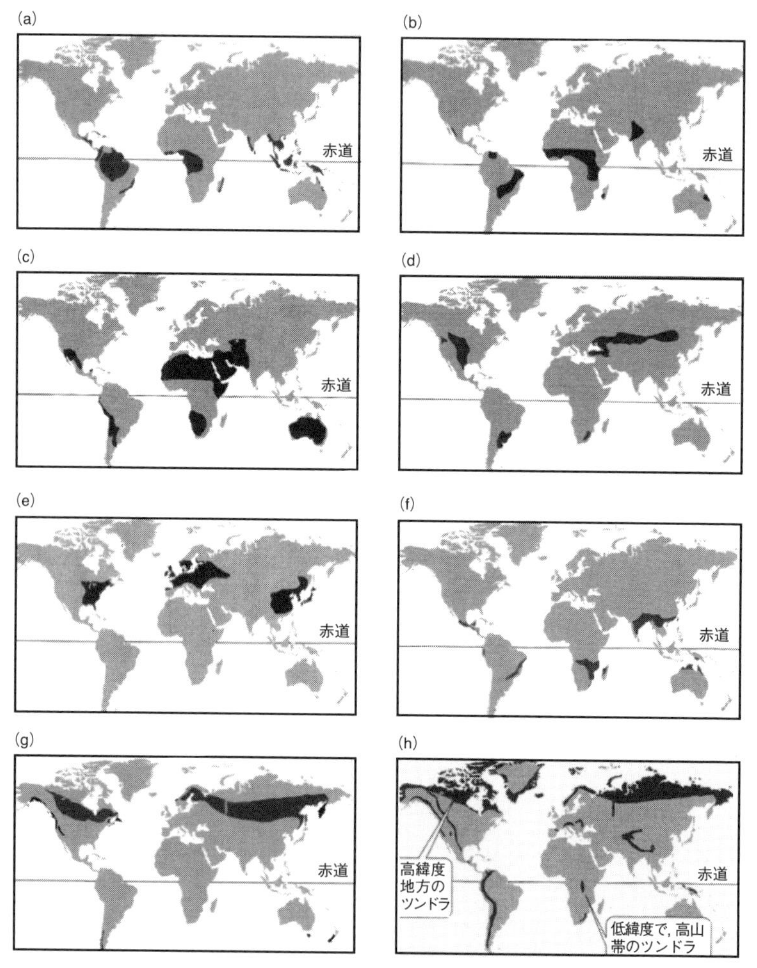

図1-10　世界のバイオーム。(a) 熱帯多雨林，(b) サバンナ，(c) 砂漠，(d) 温帯草原，(e) 温帯落葉広葉樹林，(f) 温帯常緑広葉樹林，(g) タイガ，(h) ツンドラ。

しかし，この200年のうち（特に，第二次世界大戦後）に，ゴムやアブラヤシ，コーヒーなどのプランテーションのために皆伐（かいばつ）されたことにより，熱帯多雨林はかつての半分程度になってしまった。

(2) サバンナ　熱帯草原とも呼ばれ，熱帯多雨林と砂漠の中間的存在といえる。イネ科植物を主体とする大規模な草原が広がるなかに所々に樹木が点在し，季節的な降雨（年間750～1250 mm）がある。アフリカのサバンナには，ゾウ，ライオン，シマウマなど私たちにも馴染み深い動物たちが生息する。

(3) 砂　漠　年間の降水量が250 mm以下の乾燥した地域で，温度の日較差や年較差が非常に大きく，一般の植物が生育するには非常に厳しい環境である。砂漠地帯は，北緯30度と南緯30度付近で二つのベルト状に広がっている。一つのベルトは，北米大陸中西部からアフリカ大陸北部のサハラ砂漠，アラビア半島，イラン高原を経てインド西部に至るもの。もう一つは，南米大陸の中西部，アフリカ南部，中央オーストラリアである。

砂漠地帯に生育する植物たちは，水分の減少を防ぎ，保水力を高めるための構造や機能をもつ。例えば，地上部の組織はワックス質のクチクラで覆われているほか，サボテン科やトウダイグサ科の植物では棘状の葉をもつことにより表面積を減らしている。成長時期に関しても，乾期には休眠状態になり，雨が降った段階で素早く成長するものもある。さらに，それらの植物の種子は，熱や乾燥に対して耐性をもち，乾期には休眠する。

(4) 温帯草原　温帯草原は世界各地に存在するが，夏は高温，冬は低温で，年間を通して比較的乾燥しているのが特徴である。アルゼンチンではパンパス，中央アジアではステップ，北米中西部ではプレーリーと地域によって呼び方が異なる。植生上の構造は単純であるが，多年生のイネ科草本やそれ以外の草本の種多様性は高い。この大きなバイオマスが大型の草食性の動物群集を支えており，この地域では古くからウマ，ヒツジ，ウシなどの家畜の放牧が盛んである。その一方で，草原の植物たちは，捕食や野火に対して適応している。例えば，資源を地下部に蓄積することにより，捕食や野火の後に素早く，再び地上部を出す。樹木の多くは，この周期的な野火に対しての耐性が低いため，温帯草原では樹種が少ない。

温帯草原の表層土は深く，栄養分に富むため，トウモロコシやコムギなどの作物の生育に適している。その結果，現在，世界の多くの温帯草原は，農作地として利用されている。

(5) 温帯の落葉広葉樹林　落葉広葉樹林帯は，北米東部，東アジア，ヨーロッパの三つの地域で見られる。この地域の気温は夏と冬で大きく変動するが，降水量は比較的安定している。この地域で優占する落葉広葉樹は，寒い冬の期間は，葉を落とし，春に新しい葉を展葉して，温かく，湿潤な夏に光合成をする。上記の三つの地域のなかでも，第四紀の更新世に氷河に覆われることがなかった北米東部と東アジアで種多様性が高い。さらに，興味深いことに現在かけ離れたこの両地域では，多くの共通する植物の属 (genera) が分布している (4章参照)。

温暖な気候帯の落葉樹林は，これまで人間活動の影響を大きく受けており，まとまった天然林は現在では極々，希少となっている。日本の落葉広葉樹林を代表するのがブナ林であるが，天然林は世界自然遺産にも指定された東北の白神山地などに限定されている。

(6) 温帯の常緑広葉樹林　常緑広葉樹林帯は，アジア東南部，フロリダ半島，南米中部，オーストラリア東北部，ニュージーランド北部などに発達している。これらの地域は，冬も温暖で，比較的雨量の多い特徴をもつ。日本では，常緑広葉樹を，これらの木の葉の表面が角質化しており，光が当たると強く照り返すことから，照葉樹とも呼ぶ。日本においては，東北南部から南西諸島にかけて常緑広葉樹林が存在し，本土ではスダジイ，タブノキ，カシなど，南西諸島では，アダン，ソテツなどが優占している。

(7) タイガ　タイガと呼ばれる寒帯林地域は極地のツンドラよりも低い緯度や，高山のツンドラよりも低い標高で見られる。寒帯林の冬は長く，夏は短い。北半球の寒帯林では針葉樹 (エゾマツ，ツガ，モミなど) が優占し，常緑針葉樹の葉はその名のとおり針状で，表面積を減らすことにより水の蒸発を軽減している。常緑であることは短い夏のわずかな気温上昇に対して速やかに光合成ができること，そして，針状の形態や垂れ下がる枝により，冬に雪が落ちやすくなっている。また，寒帯林の主な動物は草食性のヘラジカやウサギで，針葉樹の松毬の種子は齧歯類，鳥類などの餌となっている。多くの小動物は冬眠するが，ネズミ類は冬期間も活動し，キツネやフクロウなどに捕食される。

(8) ツンドラ　ツンドラは，低温と短い生育期間で特徴づけられる。シベリア北部，カナダ北部，グリーンランド沿岸などが代表的である。ただし，ツンドラ環境は，極域の高緯度地方にのみ形成されるのではなく，緯度にかかわらず標高の高い山岳地域にも形成される。

極域のツンドラは，永久凍土層があり，夏にはその上部が溶け，湿地状態となる。高緯度のため日照時間は限られるが，夏の期間の数カ月はいわゆる白夜となり，気温は低くても土壌表面は比較的温度が上昇するため，植物が生育できる。植生は草丈の低い多年生植物，コケ類，地衣類が優占している。また，多くのツンドラ植物は保温効果のある毛がある葉をもつほか，花のなかには，熱を集めるために太陽の一日の動きに合わせた向日性を示すものもある。

この八つのバイオームに加え，極地，高山帯，チャパラル，温暖湿潤常緑林，熱帯モンスーン樹林，半砂漠など，バイオームがさらに細分化される場合もある。いずれにしても，興味深いのは，地理的に隣接している場所であっても，異なるバイームに分けられる場合や，その逆に，地理的に離れていても，同じバイオームに含まれる場合があることである。これは，高い山脈や大きな湖などの地形的要因が，その地域の気温や降水量に影響を及ぼしているためである。

その一つの事例が「雨陰効果 (rain shadow effect)」である。図 1-11 に，北米のカリフォルニア州における雨陰効果の事例を示した。まず，西からの卓越風が太平洋の水分を吸収し，湿潤な風となり東に向かう。そして，シエラネバダ山脈に向かって上昇し，冷却され，山脈の西側に雨や雪を降らせることになる。その一方で，山脈を越えた空気は，山脈

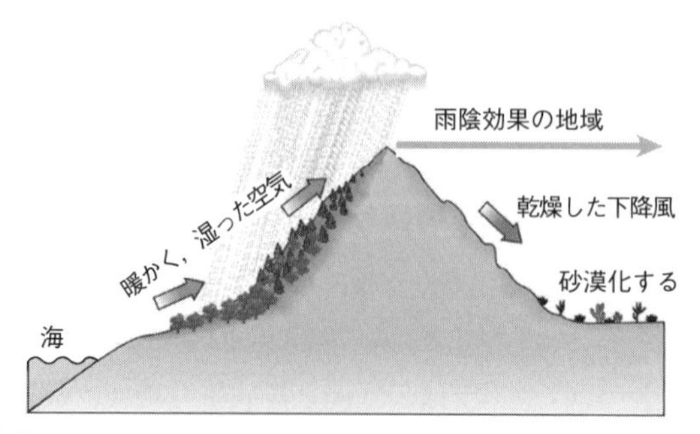

図 1-11　雨陰効果。山脈の風上側では，海からの湿気を含んだ卓越風が冷やされ，雨や雪を降らせる。これにより，植生を発達させる。一方，山の風下側では，暖かい風が下降し，水分を奪い乾燥した状態を作り出す。

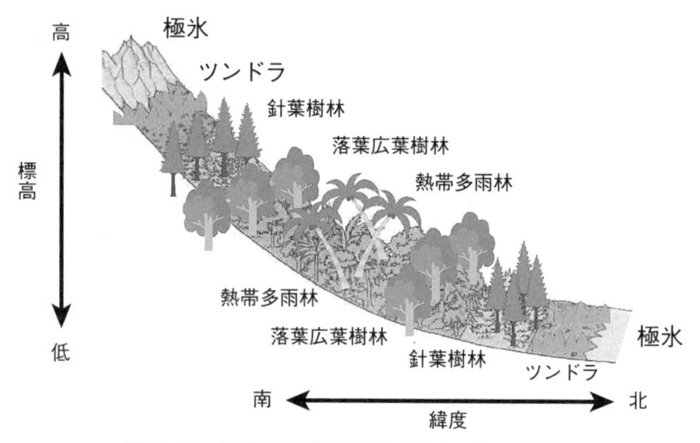

図 1-12　標高と緯度によるバイオームの変化。

を下り，暖められ，ふたたび保湿能力が高くなることにより，周囲からの湿気を吸収する。その結果，山脈の東側に乾燥地帯が形成される。

標高の違いも地域的なバイオームの違いをもたらす。通常，どの緯度でも気温は海抜が 1000 m 高くなるごとに約 6℃低下する。標高に伴う気温の変化は，緯度に伴う気温の変化と似ている（図 1-12）。北米では，標高が 1000 m 高くなることは，緯度で 880 km 北へ移動するのと同じ気温の低下を生じる。これが，赤道から南北に離れるほど，高木が成長しない「森林限界」の海抜が低くなる理由である。

2 生命誕生の歴史

被子植物が出現する以前は，シダの仲間たちが今より盛えていた

前章では，生態学が対象とする生物レベルを「種」レベル以上と述べたが，生き物はどのようにしてこの地球に誕生してきたのであろうか？　私たちが日々の生活を営むこの地球には，現在約140万種もの多様な生物が生きている。これらの大部分は昆虫（約75万種），動物（昆虫を除く：約28万種）と植物（約25万種）であるが，菌類（約7万種）やバクテリア，ウイルスではまだ未記載種も多いことから，地球上には5,000万種～1億種の生物が生息していると推定されている（Wilson 1992）。この章では，46億年前に誕生したとされている地球の歴史と，生命の進化の歴史をたどってみることにしよう。特に，植物の進化は，その生活の背景となる大地（地球）との関わり合いの歴史の帰結の一つの姿である。

2-1 地球の誕生

図 2-1 に地球誕生のプロセスを示した。最初は直径 1,500 km ほどの鉄とニッケルの合金が核となり，その表面に微惑星が衝突・破壊・合体を繰り返し，地球が大きく，成長していった。原始地球が現在の大きさになるころには，地球の表面はマグマで覆われ，非常に高温であった。この地球

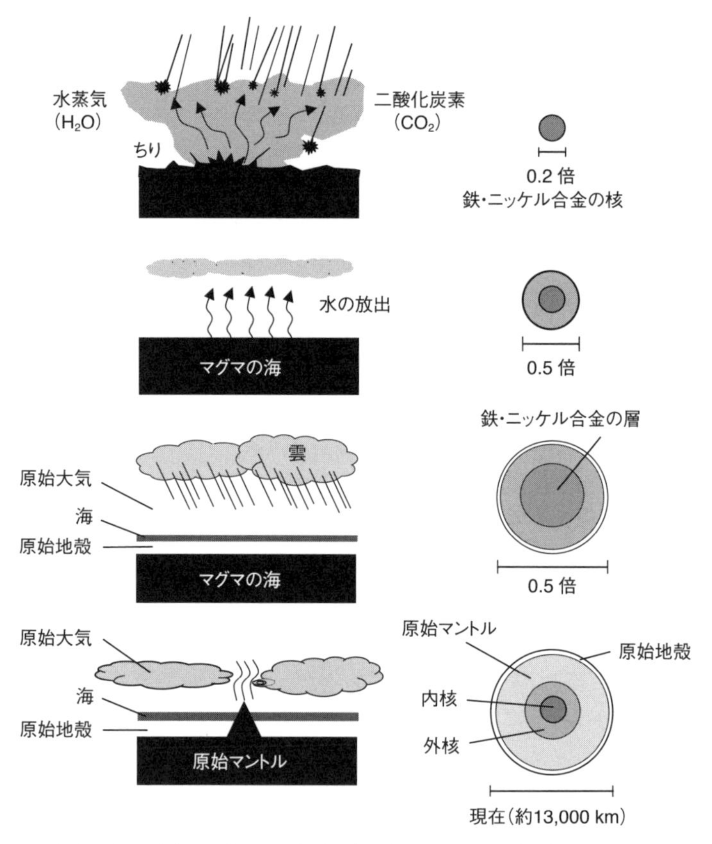

図 2-1 地球誕生の歴史（松井 1990 を改変）。今から約 46 億年前，原始太陽系のなかで「原始地球」が誕生した。原始星雲の中のダストが固まって微惑星を作り，微惑星はさらに衝突と合体を繰り返し，雪だるま式に大きくなっていった。こうして原始地球が作られた。

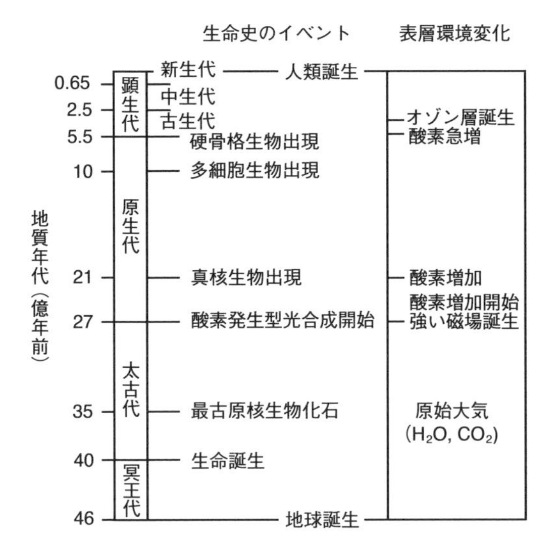

図 2-2　地球の生命史年表。地球の歴史には「生命誕生」,「原核生物の誕生」,「酸素発生型光合成の開始」,「真核生物の登場」,「多細胞生物の出現」,「硬骨格生物の出現」など，生物の進化にとっての大きな転換期が存在する。

に惑星が衝突すると，惑星に含まれていた揮発性成分が蒸発し，原始大気が地球の表面を覆うようになった。ただし，大気といっても現在の地球の大気とは大きく異なり，原始大気は二酸化炭素（CO_2）と水蒸気のみによって構成され，酸素（O_2）は存在しなかった。やがて，太陽系から微惑星が枯渇し，衝突の頻度が減るとともに，大気の温度も下がり始め，マグマから鉱物が晶出し，それらが集まり，固まって岩石ができ，地殻ができ上がった。さらに温度が下がると，水の凝結が起こり，水蒸気は雨となって地表面に降り，原始の海となったと推定される。多くの現存する生物の生命維持に必要不可欠な酸素が存在しない，そんな地球からどのようにして，生命が誕生していったのであろうか。以下に，地球生命史を順にたどってみよう（図 2-2）。

2-2　生命の誕生

地球上の生命は，アミノ酸が連なってできた高分子のタンパク質と，核酸塩基がリボースという糖とリン酸を介して連なった核酸からできている。生命がこの地球上に登場したのは，今からおよそ35億年前と考えられている。宇宙空間には，窒素（N），炭素（C），水素（H），酸素（O），リン（P）などの生命体構成に深く関わる元素のほか，アルコールやメタンなどの分子も相当量存在する。この材料から「生命分子の誕生」のシナリオを明らかにしたのが，ユーリー（Urey）とミラー（Miller）が1958年に行った実験である（図2-3）。彼らは，水素，メタン，アンモニア，一酸化炭素，二酸化炭素，窒素，水という原子地球を想定した混合気体に，雷のシミュレーションとして火花放電を行うことにより，原始の地球で生命を形作るのに必要な有機物が合成されることを示した。特に，この実験で比較的多く合成されたアラニンなどは，現存生物の生化学反

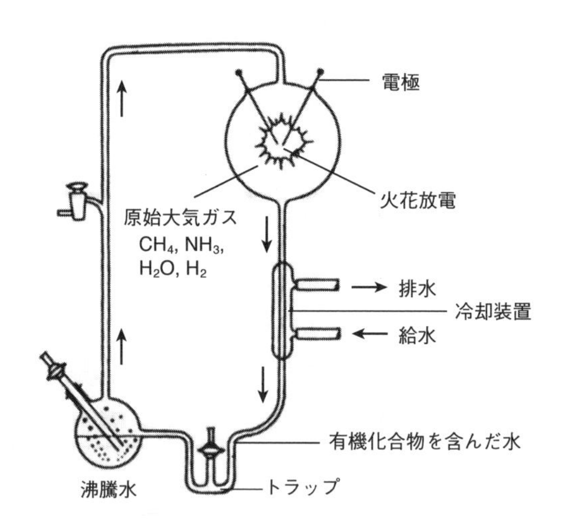

図2-3　ユーリーとミラーの実験デザイン（Miller 1953，Miller & Urey 1959より）。彼らは，メタン，アンモニア，水蒸気，水素の混合気体中で放電を行うことにより，アミノ酸などの有機物（表2-1参照）が生成されることを初めて実験で示した。

表 2-1　ユーリー-ミラーの火花放電実験によって得られた有機化合物

化合物	収量（μモル）	化合物	収量（μモル）
グリシン	440	α-γ-ジアミノ酪酸	33
アラニン	790	α-ヒドロキシ-γ-アミノ酪酸	74
α-アミノ-n-酪酸	270	サルコシン	55
α-アミノイソ酪酸	~30	N-エチルグリシン	30
バリン	20	N-プロピルグリシン	~2
ノルバリン	61	N-イソプロピルグリシン	~2
イソバリン	~5	N-メチルアラニン	~15
ロイシン	11	N-エチルアラニン	<0.2
イソロイシン	4.8	β-アラニン	18.8
アロイソロイシン	5.1	β-アミノ-n-酪酸	~0.3
ノルロイシン	6.0	β-アミノイソ酪酸	~0.3
t-ロイシン	<0.02	γ-アミノ酪酸	2.4
プロリン	1.5	N-メチル-β-アラニン	~5
アスパラギン酸	34	N-エチル-β-アラニン	~2
グルタミン酸	7.7	ピペコリン酸	~0.05
セリン	5	α,β-ジアミノプロピオン酸	6.4
トレオニン	~0.8	イソセリン	5.5
アロトレオニン	~0.8		

応において重要な役割を果たす酵素の重要な要素にもなっている（表2-1）。その後ほかの科学者によって同様の実験が行われ，グリシン，アラニン，グルタミン酸，バリン，プロリン，アスパラギン酸などのアミノ酸を含めた30種類以上もの炭素化合物が生成されることが確認された。繰り返しになるが，アミノ酸はタンパク質の基本構築単位であり，タンパク質は生物体を構成する主要な分子の一つである。このように，生命の鍵となる主要な分子は，原始地球の大気中で形成され，水蒸気が雨となってできた原始の海に溶け込んでいったと考えられる。

これで，地球上に生命体を作り上げる材料と舞台はできた。しかし，この材料（アミノ酸とタンパク質）と舞台（環境）で，仮に偶然の産物として生命体が誕生したとしても，その生命が一時的に存在するのでは意味がない。生命の本質は，自己複製能力をもち，繁殖によりその遺伝情報を伝達するということである。したがって，誕生した各生命体は，細胞，個体レベルでの自らがおかれた環境に適応した，生活史の進化が必要となるのである。

2-3　最初の生物

地球上に現れた最初の生命体は原核生物（prokaryote）で，古代ラン藻類の微化石が西オーストラリアの35億年前の岩石から発見されている。また，この藍藻類と海中の堆積物が何層にも重なって形成されるストロマトライトも，同時期に形成されたと考えられている。原核生物は，後述する真核生物とは異なり基本的に単細胞性であり，細胞内の構造を欠き，細胞膜は硬い細胞壁で包まれ，DNAは膜で囲まれた核の中には存在しない。このように原核生物は構造的には最も単純だが，数のうえでは現在約5,000種もが知られている大きな生物群である。地球上の生命は，生態系における生物的環境と物理的環境の間の化学物質の循環に大きく依存している。原核生物および菌類は，この化学循環において多くの重要な役割を果たしている。

原核生物は成長と増殖に必要なエネルギーや栄養を獲得するためにさまざまな機能を進化させてきた。原核生物の多くは独立栄養生物で，無機の二酸化炭素を炭素原とし，太陽光エネルギーを使って光合成を行い，二酸化炭素から有機分子を作り出す。なかでも，ラン藻（シアノバクテリア）は，光を捕捉する色素としてクロロフィルaを，そして電子供与体に水を用い，光合成の副産物として酸素を放出する。この現在では当たり前のように行われている，酸素発生型の光合成を行うラン藻こそが，太古の地球の環境を変えた生物の進化の立役者なのである。

もう一度，原核生物が出現したときの地球環境に頭を切り換えてみよう。この酸素発生型の光合成が始まったのが約27億年前と考えられている。その当時の地球は，現在とは異なり，太陽光が強く，またオゾン層がないためDNAを損傷させる有害な紫外線が直接降り注いでいたため，陸上はおろか，海洋表層部でも生物の生存は困難であった。そのため，原核生物の生息域は深海，熱水活動域に限られていた。そのようななかで，ラン藻が登場し，光合成による遊離酸素が海水中に放出されるようになり，地球表面の環境が大きく変化していったのである。

しかし，今では多くの生物にとってありがたい酸素も，嫌気的環境で生育している原生生物にとっては，酸素はあくまでも光合成を行った際の廃棄物であり，極端に言えば当時は「有害物質」であったに違いない。その有害物質の酸素が，なぜ，現在の生物にとっては必要不可欠のものになったのであろうか。その謎は，エネルギーの獲得量にある。

発酵　$C_6H_{12}O_6 \longrightarrow 2\,C_2H_5OH + 2\,CO_2 + 2\,ATP$

呼吸　$C_6H_{12}O_6 + 6\,O_2 \longrightarrow 6\,CO_2 + 6\,H_2O + 38\,ATP$

つまり，嫌気分解である発酵で得られるエネルギー量は2 ATPであるのに対し，有機物を酸化分解する呼吸で得られるエネルギー量は発酵の19倍の38 ATPなのである。このエネルギーの活用が，その後の生物の形態と機能における大きな変化を促すことになる。

2-4　真核生物の登場

化石情報によると，15億年以上前の全ての原核生物は直径が0.5～2.0 μmと小さく単純な細胞（原核細胞）であるのに対し，15億年前の岩石から発見された化石の細胞は，原核生物のものよりはるかに大きく，10 μm以上の細胞が急速に，大量に増加している。これが，真核細胞である。ヒトを含むあらゆる動物，植物，菌類，原生生物の細胞は真核細胞である。原核生物では，ほとんどの遺伝物質は1本の環状DNA分子に存在し，通常DNAは細胞中心部付近の核様体と呼ばれる部分にある。これに対して，真核細胞のDNAは，核膜と呼ばれる二重膜構造によって囲まれた核の内部に存在する。核は細胞の活動を支配する遺伝情報の保管場所であり，核はその重要なDNAを外界から保護しているとも考えられる。真核生物の構造は明らかに原核細胞よりも複雑であり，そのなかでも顕著な特徴は，細胞内部が広範囲に張りめぐらされた細胞内膜系と細胞小器官によって区画化されていることである。それぞれの，細胞小器官の機能はここでは省略するが，さまざまな役割を果たす小器官が備わっていることが，細胞が大きくなった一因である。

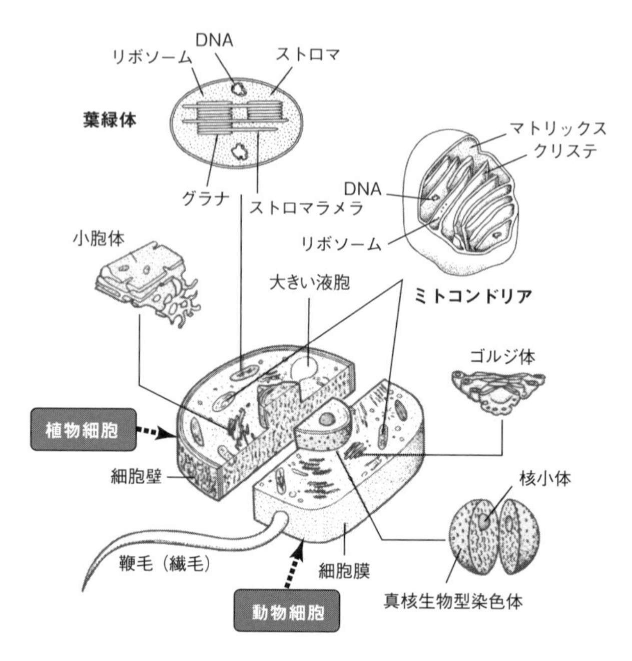

図 2-4　動物細胞と植物細胞。真核細胞は明瞭な核と細胞小器官をもつ。植物細胞（左）には葉緑体とミトコンドリアがあり，動物細胞（右）にはミトコンドリアしかない。葉緑体もミトコンドリアも独自の DNA と原核生物型のリボソームをもっている。

では，なぜ，さまざまな役割をもつ細胞小器官が必要になったのだろうか。真核細胞には，核と同じように DNA を含んでいる興味深い細胞内小器官がある。それが，ミトコンドリアや葉緑体である。ミトコンドリアは，全ての真核細胞に存在する呼吸のための小器官で，2 枚の膜によって囲まれている。この細胞内にミトコンドリアをもつことによって，生物は呼吸を通して，より高いエネルギーを獲得できるようになったのである。ミトコンドリアは，独自の DNA をもっている。この DNA には，呼吸による酸化分解においてミトコンドリアが果たす役割に必要不可欠なタンパク質をコードする遺伝子が含まれている。興味深いことに，真核細胞は分裂するときに新たにミトコンドリアを作り出すのではなく，ミトコンドリア自身が二つに分裂することによってその数を倍加させた後，細胞分裂によってできる新しい細胞に分配される。

一方，葉緑体は，光合成を行う植物とほかのいくつかの真核生物の細胞に存在する。葉緑体は，光合成色素であるクロロフィルをもち，自分自身で栄養分を作り出すことができる。葉緑体もミトコンドリアと同じように2枚の膜で囲まれており，独自のDNAをもち，光合成に必要なタンパク質のなかには葉緑体内部で完全に合成されるものもある（図2-4）。

2-5　多細胞生物の登場

私たちがふだん目にする生物たちは，動物でも植物でも多くの細胞が寄り集まってできている。細胞は生物の基本単位であり，全ての生物は細胞から成り立っている。たった一つの細胞からなる「単細胞生物」もいれば，たくさんの種類の異なる細胞を集合させて，互いに連絡を取り合って個体を営む「多細胞生物」もいる。単細胞生物である原生動物，例えばゾウリムシでは，ものを食べたり，代謝したり，分裂したり，動いたり（移動したり），全てのことを一つの細胞が行っている。原核細胞から進化した真核細胞は，細胞の大型化，さらには細胞内小器官の複雑化により，DNA含量も増加した。

しかし，生物の多様化をもたらしたのは，多細胞化による「細胞の分業」の確立である。つまり，いくつかの単細胞性真核細胞が，ほかの細胞と群体を形成し，それぞれの細胞群が異なった役割を果たすようになると，その群体は1個体としての特徴をもつことになる。この多細胞化は，藻類や菌類などの多細胞生物の化石の発見，そして小動物の這（は）い跡の化石が発見されたことに裏づけられている。這い跡の発見とは，すなわち移動するための細胞が存在したということである。多細胞化には，ある細胞が特定の仕事を行い，そしてほかの細胞が別の仕事をするという個体のなかでの細胞の分業化を可能にするという大きな利点が存在する。この分業化の促進により，藻類のような，光合成による独立栄養生物だけではなく，従属栄養生物も登場するようになった。特に，細胞の機能が多彩で，種類も多い動物の細胞について考えてみても，（1）獲物の位置を認知する感覚器と刺激情報を処理する → 脳・神経系の発達，

Box 2-1 細胞内共生

原核細胞から真核細胞への進化には「内生説」と「共生説」の二つの説がある。「内生説」は，原核細胞生物の内部の機能が分化し，細胞内膜系が複雑化したと考えるものであるが，現在では，「共生説」が多くの証拠から支持されている。共生とは，異種の生物が密接な関係をもって一緒に生活することである。「共生説」は，真核細胞の細胞小器官のいくつかが，真核生物の先駆けとなった原核生物に別の原核生物が取り込まれたと考える説である（図 2-5）。

マーギュリス（Margulis 1938–2011）は 1970 年に，取り込まれた原核生物は共生の相手である宿主に対し，独自の物質代謝能力とともにいくつかの利点を提供したことを明らかにした。その根拠となっているのが，ミトコンドリアと葉緑体である。ミトコンドリアは酸化代謝ができる細菌類に由来し，そして，葉緑体は光合成細菌に由来すると考えられる。また，ミトコンドリアと葉緑体はともに 2 枚の膜構造（内膜と外膜）をもつことから，内膜は，おそらく取り込まれた原核細胞の細胞膜に由来し，一方 外膜は宿主細胞の細胞膜または小胞体に由来していると考えられる。

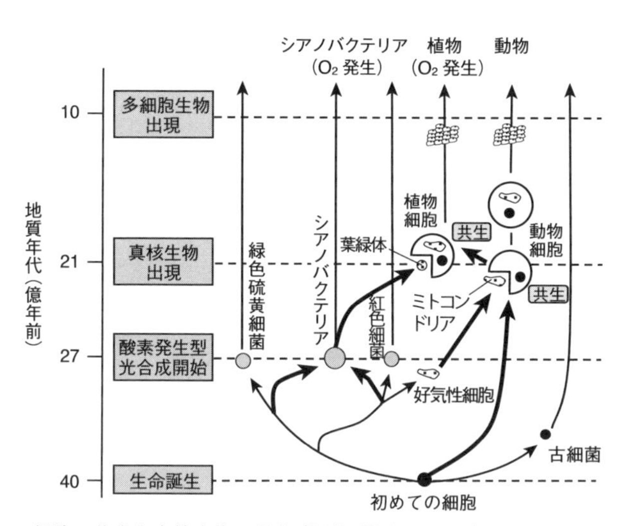

図 2-5 細胞の共生と真核生物の誕生（伊藤・岩城 原図; 丸山・磯崎 1998 を改変）。

（Box 2-1　続き）

今日では，遺伝子解析技術の進展により，多くの生物種でミトコンドリアや葉緑体のDNAの一次配列が決定されている。ここで興味深いのは，ミトコンドリアや葉緑体には自己複製系として核からの独自性を保つための最小限の基礎遺伝子と，呼吸系や光合成系で重要ないくつかの遺伝子を保有しているほかは，構成遺伝子の数が大変少ないことである。つまり，多くの原核生物型の遺伝子は，核に依存（移動）しているのである。したがって，生物の進化においては，どの遺伝子をミトコンドリアや葉緑体に残し，どの遺伝子を核に移動させるかという割り振りが行われたに違いない。この選択が偶然か，あるいは必然かは不明であるが，数億年前に分岐したと考えられる高等植物と地衣類の葉緑体DNAの遺伝子構成の種類を比較しても，非常によく保存され，また両者に差が認められない。このことが，近年の植物の系統進化学的研究において，ミトコンドリアと葉緑体のDNAを指標としてその解析が行われる理由となっている。

（2）獲物を捕らえるための運動能力 → 筋肉組織・呼吸循環器系の充実。平行して，水中の溶存酸素量の増大，（3）殻をもつ獲物への攻撃 → 強靱な顎などの破壊装置や，溶かす化学物質分泌器官など，多細胞化によってもたらされた「細胞の分業化」は，生物進化に大きなインパクトを与えた。

2-6　動物のカンブリア紀爆発（多様化）

化石の研究により，動物の著しい多様化は，カンブリア紀のはじめころに起こったと考えられており，事実，ほとんどの動物の体制は，5億4千万年前から5億2千万年前のカンブリア紀の堆積岩から発見されている（表2-2）。この時期に生じた動物の多様化は，カンブリア紀爆発（Cambrian explosion）と呼ばれる。この爆発的な多様化の理由の一つとして考えられているのが，捕食者と被食者の間の軍拡競争である。これ

Box 2-2　細胞間のコミュニケーションの進化

多細胞生物の細胞間に見られる細胞の物理的な結合は，短時間の接触ではない。動物の心臓，肺，胃腸や，植物の茎，葉，根などの組織中に見られるように，ほとんどの細胞が常にほかの細胞と結合を保っているが，その組織も適切な細胞間の接着なしにはその組織の特徴的な構造や機能を維持することができない。細胞間の結合にはその機能に応じて，「密着結合（tight junction）」，「固定結合（anchoring junction）」，「連絡結合（communicating junction）」の三つの結合様式が存在する（図 2-6）。

「密着結合」は，隣り合った細胞の細胞膜をしっかりとくっつけて，低分子物質でも細胞間での行き来を遮断している。「固定結合」は，隣り合った細胞同士の細胞膜が直接密着するのではなく，細胞（内）骨格フィラメントにつながれたタンパク質による結合である。この結合では，密着結合と異なり細胞間隙が存在する。上記の二つの結合様式は，細胞同士

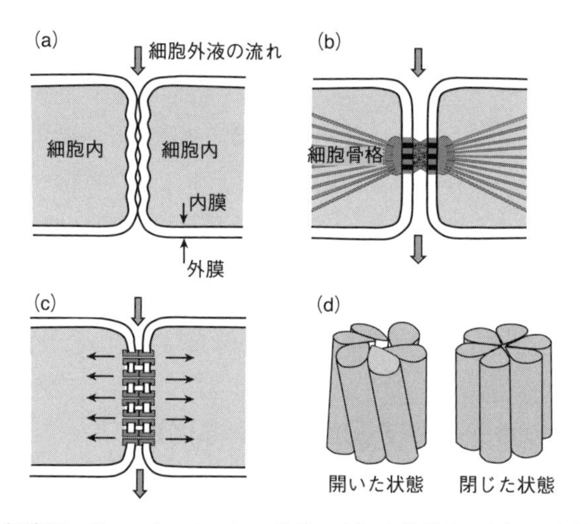

図 2-6　細胞間コミュニケーションの進化。(a) 密着結合，(b) 固定結合，(c) ギャップ結合。細胞間でイオンのような小さな分子を行き来させることができる「ギャップ結合」が多細胞生物の発達に大きく寄与した。(d) は，ギャップ結合のチャンネルの開閉を説明する「ねじれ棒モデル」。チャンネル（コネクソン）は，コネキシンと呼ばれる 6 個の膜タンパク質からなる。6 個のコネキシン分子は少しずつ傾斜しており，そのねじれで中央に通路が開いているが，カルシウムイオンが結合するとねじれがとれて中央が閉鎖される。

(Box 2-2 続き)

はつながっているものの，細胞間の物質のやり取りはない。

一方，「連絡結合」では，化学的または電気的なシグナルが，直接細胞から細胞へと伝わるのが特徴である。この細胞間で連絡を取り合う通路を，動物細胞では「ギャップ結合」，植物では「原形質連絡」と言う。ギャップ結合は，6個の同一の膜タンパク質（コネキシン（connexin））の集合が作るコネクソン（connexon）という構造からなり，コネクソンは隣接した細胞の細胞質をつなげる連絡通路となる。この通路は，低分子物質やイオンのようにすばやい連絡に必要な分子は通すが，タンパク質のように大きな分子は通さない。さらに，興味深いのは，この通路が開閉することである。例えば，一つの細胞が傷害を受けると，ギャップ結合の通路は閉じられ，これによって，傷害を受けた細胞を孤立させ，その傷害がほかの細胞に広がるのを防ぐ。植物では細胞は細胞壁によってそれぞれが隔てられている。植物の原形質連絡の構造は，ギャップ結合よりも複雑であるが，その機能はほとんど同じで，細胞壁にある特殊な穴を通して隣同士の細胞の細胞質がつながり合って，物質の移動を可能にしている。

は，被食者の防御としての硬骨格（よろい）の発達と，捕食者の運動性や捕食効率の向上によるものである。別の要因として考えられているのが，この時期に海洋における溶存酸素量やミネラルが上昇することによる酸素呼吸の効率上昇，そしてそれによってもたらされる運動能力の向上も，体制の著しい多様化において見逃せない事実である。

このほか，近年の分子遺伝学の進展により，動物の体制上の変化の多くは，胚の発生中における *Hox* 遺伝子（ホメオボックスに相同性の多回塩基配列領域をもつ遺伝子）群の発現の場所と時間の違いによってもたらされることが，明らかになってきた。さらに，進化生物学（evolutionary biology）と発生生物学（developmental biology）による新しい研究分野 Evo-Devo（エボデボ）の見地からは，カンブリア紀爆発は，*Hox* 遺伝子群の進化を反映しており，これにより体制上の急激な変化をもたらす手段が確立されたとも考えられている。

2-7 生物の陸上への進出と植物の多様な進化

さて，ここでようやく植物の登場である。植物は，淡水に生育する緑藻から進化し，陸上での生活に適応したクチクラ，気孔，通道組織，そして何より多様な繁殖戦略を発達させていった。その原動力となったのが，陸の環境で繁殖するために必須である「胚」の保護である。

陸上植物は多様であるが，大きく四つのグループに分けられる。まず，コケ植物などの維管束をもたない植物（非維管束植物：nonvascular plant）。そして，維管束をもつ植物（維管束植物：vascular plant）のなかで，種子を形成しない無種子植物（シダ類，トクサ類など）。そして，維管束植物のなかで，種子を形成する裸子植物と被子植物である。

図 2-7 は，維管束植物群の出現年代を示したものである。これを見ると，いわゆる古生代の植物は種子を形成しない維管束植物で，その後古生代の後期から中生代の三畳紀・ジュラ紀に裸子植物が栄える。そして，1 億 5 千万年前に被子植物が登場し，その後爆発的に増えている。その

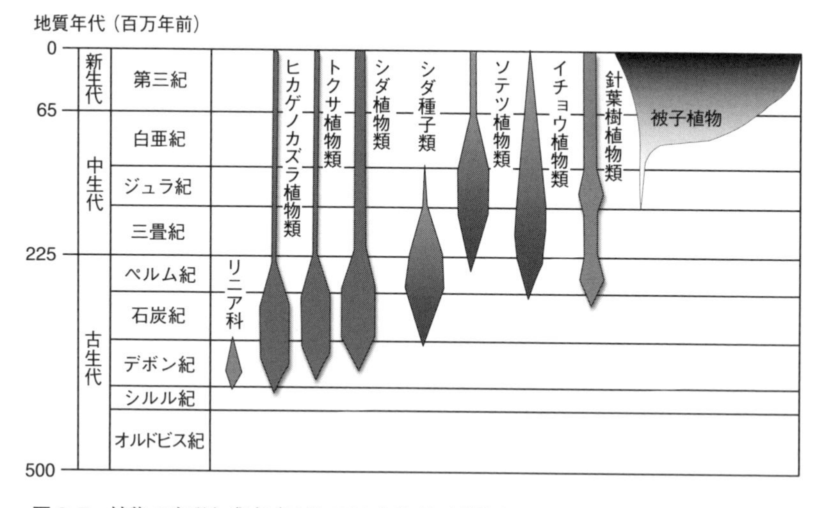

図 2-7 植物の出現と盛衰（戸部 1994 を改変。原図は Michael Neushul (1974). Botany. Hamilton Publishing Co., Santa Barbara, p.237, Fig.12-12）。

表 2-2　地質年代と生物の消長

地質年代（億年前）			生物の消長
0.2	新生代	第四紀	ヒト属の進化 マンモスなどの大型哺乳類の絶滅
0.65		第三紀	哺乳類，鳥類の放散 被子植物の多様化と花粉媒介昆虫の放散
1.44	中生代	白亜紀	哺乳類の多様化 被子植物の多様化 この紀の終わりに大規模絶滅により恐竜が消滅
2.13		ジュラ紀	多様な恐竜，多様な鳥類，原始的哺乳類の出現 アンモナイトの放散 裸子植物が優占
2.48		三畳紀	初期の恐竜と最初の哺乳類の出現 裸子植物が優占 海産無脊椎動物の多様化 この紀の終わりに生物の大規模絶滅
2.86	古生代	ペルム紀（二畳紀）	爬虫類の放散 両生類の衰退 多様な昆虫目の出現 この紀の終わりに海生生物の大量絶滅
3.6		石炭紀	初期の維管束植物（ヒカゲノカズラ類，トクサ類，シダ類）からなる大森林帯の出現 両生類の多様化，最初の爬虫類の出現 昆虫の初期の目が放散
4.08		デボン紀	硬骨魚類と軟骨魚類の誕生 三葉虫の分岐と多様化 アンモナイト，両生類，昆虫類の誕生 この紀の終わりに大規模絶滅
4.38		シルル紀	甲骨魚類の一部（板皮類）が誕生 維管束植物と節足動物が陸上に進出
5.05		オルドビス紀	棘皮動物やほかの無脊椎動物の門および脊椎動物の無顎類が多様化 この紀の終わりに大規模絶滅
5.7		カンブリア紀	動物の門のほとんどが出現 多様な藻類の出現
	先カンブリア代		この代の終わり近くに，動物のいくつかの門が出現

結果，この地球上には現在約 25 万種の陸上植物が生育し，その約 9 割に相当する 22 万種が被子植物である。

どのようにして，現在，幅広く地球上に生育する被子植物が裸子植物と入れ替わるように登場したのであろうか？　図 2-8 は，多くの人が知っている大陸移動を紹介したものである。太古の地球は，パンゲアという大きな一つの大陸であったが，それが徐々に移動し始め，北半球に位置するローラシア大陸と，南半球側のゴンドワナ大陸の二つに分かれた。そして，それらがさらなるプレートの移動により各大陸がより細分化された形で移動し，現在の大陸ができ上がった。

そして，表 2-2 に示したのは地質年代表である。先カンブリア代に始まり，古生代，中生代，新生代，そしてそのなかの石炭紀，ジュラ紀，三畳紀などで，起きたさまざまな生物進化の歴史や絶滅に関して記してある。しかし，地球の誕生からここまでたどってみると，地質年代表は地球の歴史のごくごく後半部分，特に，化石として認識できるように

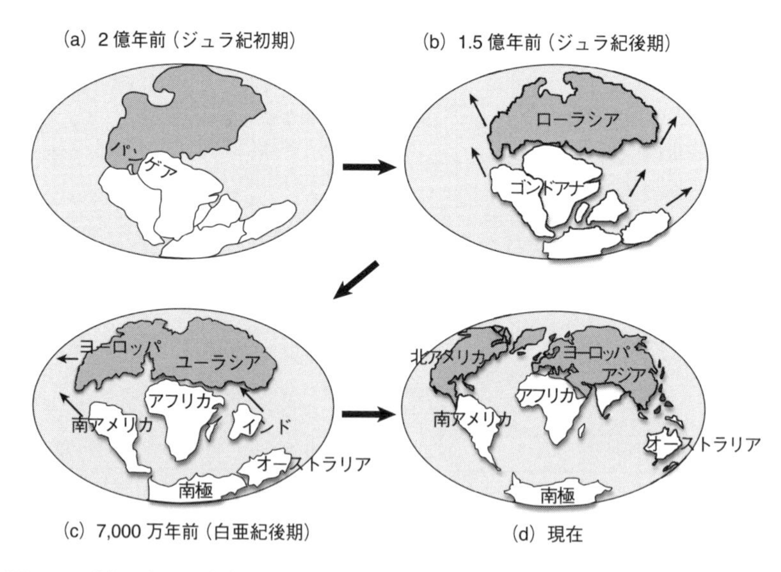

図 2-8　時間の経過に伴う大陸の移動。超大陸パンゲアの移動はジュラ紀の初期に始まった。大陸の分断は生物にとってさまざまな生育環境を変化させ，多くの生物種の進化を促進した。

なった生物群が登場してからのことが記されているのである。

図 2-9 は，地球誕生から現在までの 46 億年の生命の歴史を 1 カ月（30 日）で表現したものである。このカレンダーからも分かるように，地質年代表は，30 日のなかの 27 日～30 日の 4 日間の出来事であり，ヒト（*Homo sapience*）は，30 日の最後の 5 分前に登場したことが分かる。

では，その生物の陸上の進出と多様化の歴史と図 2-8 の大陸移動とを照らし合わせてみると，大陸が移動を開始したのは，中生代のジュラ紀からであり，また，白亜紀にほとんどの大陸が広範に分離している。そして，新生代（第三期）には，大陸はほぼ現在と同じ位置に近づいている。

そう，「大陸が広範に分離した白亜紀」，この時代がまさに，被子植物が登場して，爆発的な多様化を遂げた時代と一致するのである。裸子植物は，胚を保護するための種子を形成するという進化を遂げたが，被子植物の大きな特徴は，花と種子を包み込む果実を形成することである。

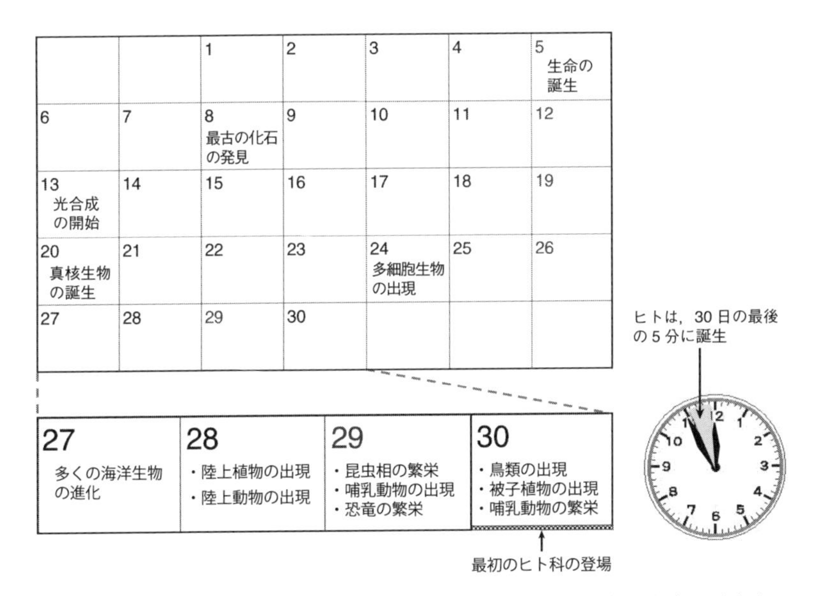

図 2-9　地球生命史カレンダー。地球誕生から現在までの 46 億年の生命の歴史を 30 日で表現。1 日は，およそ 1 億 5 千万年に相当。ヒト *Homo sapience* は，30 日の最後の 5 分（500 万年）前に登場した。

Box 2-3　大規模絶滅の歴史と要因

ここまで生物の多様性の創出について紹介した。しかし，地球の生命史のうえでは，生命の誕生とともに種の絶滅も起きていた。その絶滅のなかでも興味深いのが大規模絶滅である。図 2-10 (a), (b) には，それぞれ海洋動物と維管束植物の消長が描かれている。これらの図を見ると，海洋動物では少なくとも 5 回，維管束植物では 9 回，多様性が急激に減少するギャップが生じている（表 2-2 を改めて見ていただくと，年表のなかに大規模絶滅の歴史があることが分かる）。

現在，私たちが「絶滅」として保全の議論をしている場合は，個々の種の生存率が低下することにより，個体群が衰退したり，絶滅することである。しかし，これらの図に見られる急激な減少は，個々の種レベルではなく，高次分類群レベルや多くの異なる分類群で同時に，広範囲に生じた絶滅であり，その時期は動物と植物で一致している場合も少なくない。

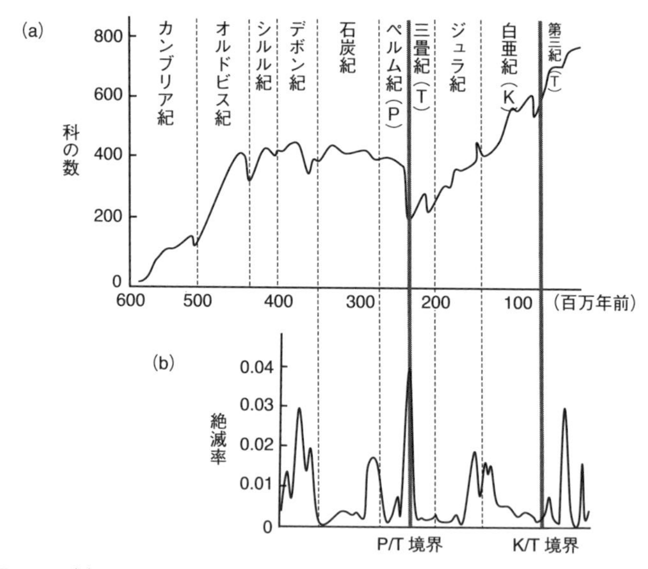

図 2-10 (a) 海洋動物の科の数の推移（Raup & Sepkoski 1984 より）と，(b) 維管束植物の絶滅率の推移（Niklas 1997 より）。ペルム紀（P：Permian period）と三畳紀（T：Triassic period）の境界（P/T 境界）で，動物群・植物群に共通して大規模な絶滅が生じている。

(Box 2-3 続き)

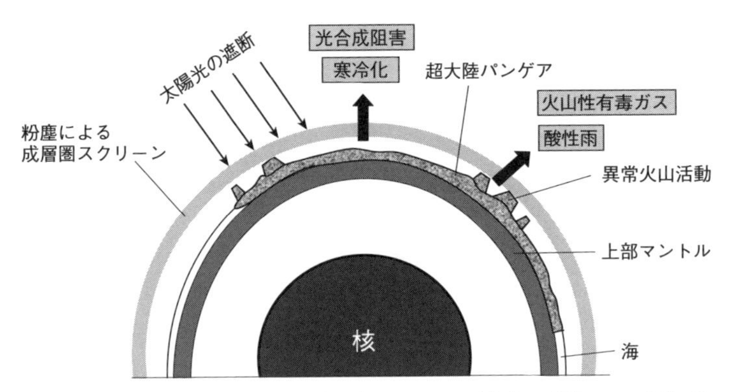

図 2-11 P/T 境界における大規模絶滅のシナリオ（丸山・磯崎 1998 を改変）。

一つの顕著な部分は，ペルム紀と三畳紀の境である。この時期は，まだ大陸が超大陸パンゲアの状態である。したがって，この絶滅の原因を解明するためには，地球規模での環境変動を想定することが必要である。Raup & Sepkoski (1984) は，このペルム紀 (Permian period) と三畳紀 (Triassic period) の間 (P/T 境界期) に起きた大規模絶滅の原因を，超大陸の分裂と異常火山活動 (地球内因) によるというシナリオを考えた (図 2-11)。つまり，火山活動により，有毒火山ガスが噴出される。それは，動物たちに対して二酸化炭素中毒をはじめとする呼吸器系，循環器系，神経系のダメージを与えた。そして，火山の爆発により生じた粉塵によるダストスクリーンで太陽光が地上に届かなくなり，植物は十分な光合成ができなくなった。それは草食動物たちの餌資源を枯渇させ，さらに多くの動物たちを絶滅へ導いた，と考えたのである。

このP/T 境界期のほかにも，大陸移動がより進んだ白亜紀 (Kreide period) と第三紀 (Tertiary period) の K/T 境界期にも多くの種の減少が見られる。この大規模絶滅は，直径 10 km にも及ぶ巨大隕石の衝突による (地球外因) ものと考えられている。

花は花粉媒介者を引きつけ，そして，果実は胚を保護するとともに，種子の散布を助けるものである。したがって，白亜紀以降に生じた被子植物の多様化は，大陸移動による生育環境，すなわち物理的環境（気温，湿度，季節性など）のほか，固着性の植物にとって，その生活史のなかの受粉と種子の散布という「移動」に関わる，同所的に生育する昆虫や鳥などの生物的環境との密接な関連のなかで生じたことなのである。

2-8　植物における生命の連続性

これでようやく私の頭の中で，地球誕生から大陸移動を含む地球の歴史，それに伴う生命史，そして植物の進化が一つの流れとして認識できるようになった。熱帯，亜熱帯，暖温帯，冷温帯，亜寒帯，寒帯など，今日地球上のさまざまな地域で見られる植物たちは，その多様な環境条件に適応し，進化してきた。冒頭にも述べたように生命の基本は，その生命が瞬間的に存在するのではなく，自己複製能力をもち，繁殖によりその遺伝情報を伝達することである。したがって，各生命体は，細胞，個体レベルでの自らがおかれた環境に適応した生き方を進化させてきたのである。

今日私たちが認識する「種（species）」は，外部形態などの代表される形質によって定義され，その類似性により「種」というカテゴリーに分類されている。その「種」というカテゴリーでくくられた個体の集合は，世代を受け継ぐという繁殖のシステムを，さまざまな環境条件下で進化させ，そして持続的に維持している。その種や分類群として確立されてきた形態，機能上の「系統的制約（phylogenetic constraint）」と「生育環境の制約（environmental constraint）」の相互作用を明らかにするのが「生活史研究（life history study）」の概念である（Kawano 1975）。いかなる生物種も単独で生きているのではない。特に固着性の植物においては，ある限定された空間の中でまとまり，すなわち「個体群（population）」を形成する。そして，その個体群を包括する「群集（community）」内のほかの生物との相互作用など，その植物の生活史は，固着性という言葉からくる静的なものではなく，非常にダイナミックなものである。

3 生態学における種の概念

多様な環境に生育し，さまざまな生態型を示すセイヨウタンポポ

前章で紹介したように，46 億年前の地球誕生から現在まで，この地球上の生命の歴史は「種」の誕生と消滅の繰り返しであった。そもそも「種 (species)」とは何であろうか？　何らかの形で生物学に関わる研究をしている人は，「種の問題」を避けて通ることはできない。読者の方々のなかには大袈裟と思われる方もいるかもしれないが，自分自身が研究成果を公表するための学会発表や論文執筆をイメージしていただきたい。どのような公表形式であっても，そのなかに「種名」が入らないことがないからである。

とは言え，「種の問題」は現在でも解決している訳ではない。本章ではこれまでの生物学における種の概念に関する議論を少し整理して紹介することにしよう。

3-1　分類学に基づく種概念

種の問題は生物学において最も古い問題であると同時に最も新しい問題でもあり，生物学のいずれの領域にとっても何らかの形で関連をもつ。歴史的に見ると，種の問題はやはり “Natural History” の時代から，自然界の多様性を体系的に整理する分類体系の構築の問題とともに生物学者の主要な研究テーマであった。したがって，単位概念としての「種」の概念は，古代人の知的活動のなかから自然発生的に作り上げられたものと言える。これを類型的種概念（typological species concept）と呼ぶが，この概念は生物学のなかでも最古の単位概念であり，古典分類学の基礎とされてきたものである。

その古典分類学の基礎を作り上げたのがリンネ（Linné 1707-1778）である。この時代，種は単純にそれぞれ「異なった物」を意味した。そのため，生物の分類群（taxon）は，その群を構成する全ての構成員によって共有される共通の形を有するとされていた。この概念では，形態的な差異の程度が種の位置を決定し，その限りでは種は形態種（morpho-species）であり，これがいわゆるリンネ種（linneon）と呼ばれるものの基礎をなしている。この場合，種を規定する基準標本（タイプ標本）がそれぞれの種で定められ，それを比較の基準として他の種群の認識が行われてきたことから，タイプ分類学（typology）とも呼ばれている。このように，まず種は，自然群の間に見られる類似と相違によって認識され，さらに属やその上の高次の分類群にまとめられて，自然界に存在する生物群を体系的に整理する基礎が作られてきた。

19 世紀に入り，ダーウィン（Darwin 1809-1882）やウォレス（Wallace 1823-1913）らによる進化思想は，分類学および生物学全般に絶大な影響を及ぼした。つまり，この時代の分類学は大きく二つの点において，学問の流れを決定的に変換させた。一つは，地球上でこれまで知られていなかった地域の探索により，新たに膨大な数の動植物が発見され，既知の分類群と分類体系の隙間が埋められたこと。もう一つは，種のもつ地理的，生態的変異に関する知識が増大したことである。これによって，種が不変であるという静的な世界観が変化することとなり，種と種を構成する構成員の生物学的な側面に触れた考え方が次々と提出されてくるようになった。

Mayr (1953) は，系統分類学における歴史的発展段階を次の四つの段階に区別している。

（1） α-段階：記載的研究時代 (descriptive stage)

（2） β-段階：歴史的因果関係の分析研究時代 (analytic stage)

（3） γ-段階：実験的因果関係の分析研究時代 (experimental stage)

（4） σ-段階：統合的研究時代 (synthetic stage)

α-段階は，生物標本に基づく記載的研究の段階であり，いわゆるタイプ分類学の時代である。β-段階は，種の系統的類縁関係を比較形態および地理的分類などの研究から明らかにしていく研究段階であり，また γ-段階は，交雑実験などの実験的方法を駆使して種の進化の要因とそのメカニズムを明らかにする研究の段階である。そして σ-段階は，より高度な実験的方法を駆使しつつ，さまざまな情報に立脚した研究の段階である。

3-2　生態型

植物の種の問題に関して見てみると，19 世紀後半以降になって γ-段階の研究アプローチが展開されるようになった。その事例の一つが Jordan (1873) が行ったヒメナズナ *Erophila verna* を用いた「栽培実験」である。彼は，リンネが 1 種としたヒメナズナから約 200 の型を分離し，それを個別の種として区別した。これが後に Lotsy (1925) により，リンネ種と対比してジョルダン種 (jordanon) と名付けられるものである。ジョルダンが種として認識したものは，今であれば「純系」程度にすぎないものであるが，その後，種の実態を明らかにするために，交配実験を中心とした遺伝学的な分析が広く行われ，さまざまな形質に見られる「変異」の認識が確立されるようになった。

種の本質を探ろうとして行われたもう一つの分析手法が「移植実験」

である。初期に行われた実験方法は単純な移植法で，ある特定の種の植物体を掘り起こし，全く異なった均一生態条件に移植したり，また，分布域が広い種では，対照的な生育地から採集した個体を相互に移植したりして，外部形態や稔性の変異と遺伝的特性との関係を見ようとしたものであった（図 3-1）。初期の移植実験としては，ボニエ（Bonnier 1851-1922）が 1887 年から 1920 年にかけて，ヨーロッパアルプスおよびピレネー山脈

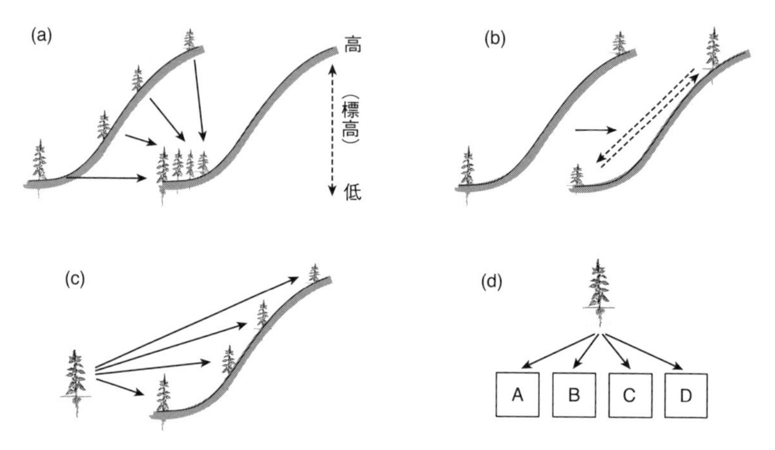

図 3-1 さまざまな移植実験法。(a) さまざまな環境に生育する個体を同一環境下に移植する。(b) それぞれの環境に相互に移植する（相反移植法）。(c) 一つの個体よりクローンを分離して異なる環境に移植する。(d) クローンを分離して温度，日長などがコントロールされた人工気象装置内に移植する。

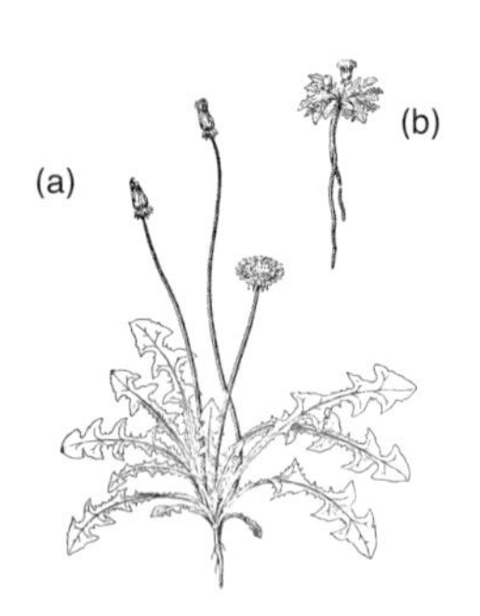

図 3-2 セイヨウタンポポ *Taraxacum officinale* 1 個体を二つのクローンに分け，ヨーロッパの低地とアルプスの高地に移植した実験。低地で栽培した個体 (a) よりも，高地で栽培した個体 (b) がはるかに小さい個体となった（Bonnier 1887 より）。

の低地と高地で行ったセイヨウタンポポ *Taraxacum officinale* に関する代表的な一連の研究がある (Bonnier 1887, 1920)。ボニエは，セイヨウタンポポの 1 個体をクローンに分け，それぞれをヨーロッパの低地とアルプスの高山に移植した。その結果，同じクローン (遺伝的に同一) であるにもかかわらず，高山に移植した個体は，低地に移植した個体よりも著しく小さい個体サイズを示した (図 3-2)。このほか，Massart (1902) は，エゾノミズタデ *Polygonum amphibium* を対象に，陸地，水中，砂地での移植を行い，各移植地におけるこの植物の葉形の違いを比較した。

図 3-3 に Clausen et al. (1948) が北米カリフォルニアで行ったノコギリソウの一種 *Achillea lanulosa* の移植実験研究を示した。彼らは海抜 1400〜3000 m を超える高度の異なる 9 地点からノコギリソウの種子を採集し，海抜 35 m にある環境の一様な圃場で栽培を行った。その結果，草丈に違いが見いだされ，低地からのものは草丈が高い一方，高地からのものは草丈が低く，それらの間に漸次的な移行が見られた。このような違いは形態的特徴ばかりではなく，光周性や光合成に対する最適温度などのような生

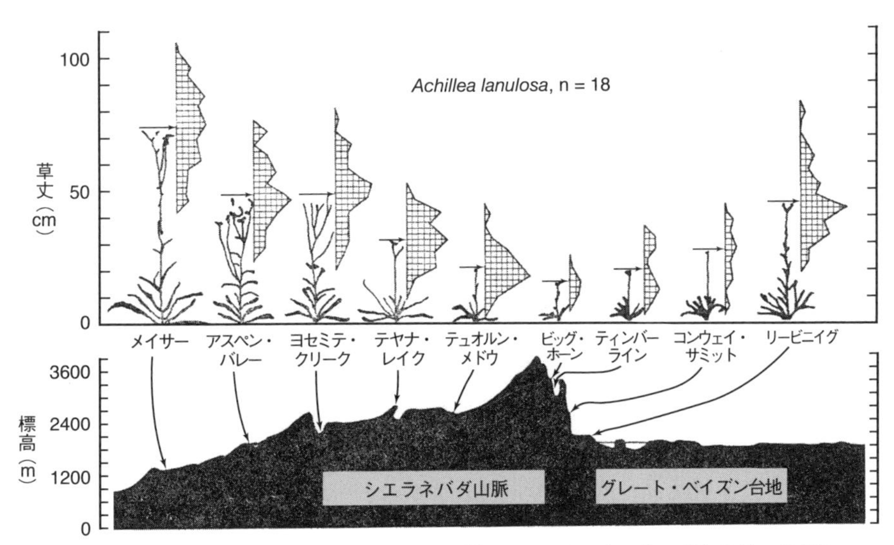

図 3-3 北米西部におけるノコギリソウの一種 *Achillea lanulosa* (n = 18) に見いだされた生態型 (Clausen et al. 1948 より)。

理的特徴にも見られる。これらの一連の栽培実験により，同じ種でありながら環境によりさまざまな形態および繁殖特性を示す，種の実態が浮き彫りにされたのである。

これらの栽培実験を礎として生まれてきたのが，Turesson (1922, 1925) の「生態型 (ecotype)」の概念である。これは，ある意味，種の補助的概念と言える。彼は，同一種に属する個体の群が異なる環境のもとに生育し，その場の環境条件に適応して分化した形質が，淘汰圧により遺伝的に固定して生じたものを「生態型」と定義した。クラウセン (Clausen 1891-1969) らの実験より時は遡るが，チューレソン (Turesson 1892-1970) は，キク科のアキノキリンソウ *Solidago virgaurea* を対象として，移植実験を行った。この植物は，ユーラシア大陸の温帯から亜寒帯の広域に分布する種で，生態的にも低地の海岸草原から高山の草原にかけて広く生育する。彼は，スカンジナビア南部の森林地帯，中央山岳地帯，ノルウェー西海岸，また標高 1350 m の高地から採集した株を移植し，開花期，花茎の高さ，頭状花の直径，花序の形態，ロゼット葉の大きさなどを詳細に調査した。そして，採集場所の違いによるさまざまな形態や生育上の特性の違いを発見するとともに，その分布と気候帯の分布に対応して分化した生態型を，特に「気候的生態型 (climatic ecotype)」と呼んだ。

日本に生育する植物の生態型に関する研究の代表例は，ごく身近に見られるイネ科のスズメノテッポウ *Alopecurus aequalis* を対象としたものである。松村 (1967) は，この種には，水田型と畑地型の二つの生態型があることを明らかにした。この二つの生態型は，形態的に極めて類似しているが，光周性と発芽特性などの生理・生態学的特徴において大きく異なっており，それは生育地と地理的分布と強く関係していた。また，日本列島のような火山の多い地域では，特殊な岩石地帯が発達する。特に，石灰岩地帯と超塩基性岩 (蛇紋岩) 地帯が有名であるが，この特殊岩石地帯に共通するのは，土壌の発達が悪く，乾燥するだけでなく，土壌中のカルシウムやマグネシウムなどの含有量が多く，pH はアルカリ性を示す傾向が強いことである。したがって，このような特殊な生育環境に生理的な適応性をもつ植物群において数多くの生態型が知られている。

チューレソンに始まるアキノキリンソウの生態型分化に関する研究は，その後ビョークマン（Björkman　1933－1989）らによって引き継がれた。彼らは，やはり多様な生育場所から系統を採集し，光条件や温度条件を変えた条件下で栽培し，適応と機能の関係を明らかにしようと試みた（Björkman & Holmgren 1963; Björkman 1966, 1968a,b; Holmgren 1968）。彼らは，スカンジナビアにおける高山・内陸・海岸集団から採集した系統を用いて，純光合成に対する温度依存性を比較した。その結果，スウェーデン南海岸の系統は20℃が最適温度であり，より大陸性であるウプサラ市近くの系統は24℃，ノルウェー北部の極地・ツンドラ系統では16℃に最適温度をもっていた。また，裸地的な陽地に生育していた系統と，林の下の陰地に生育していた系統とを，異なる光の強さのもとで栽培したところ，陰地のものは弱い光条件下で栽培すると非常によく成長し，強い光条件下では成長が極端に悪かった。一方，陽地に生育した系統は，強い光条件下では急速に成長したが，弱い光条件下では，はじめは比較的よく葉を伸ばすが，弱い光条件を続けると，次第に成長が遅くなった（図3-4）。これら一連の生態学的研究により，種内にはそれぞれの環境によく適応した生態型が存在していることが裏づけされた。

このように，「生態型」の認識は，固着性である植物が生育する環境に

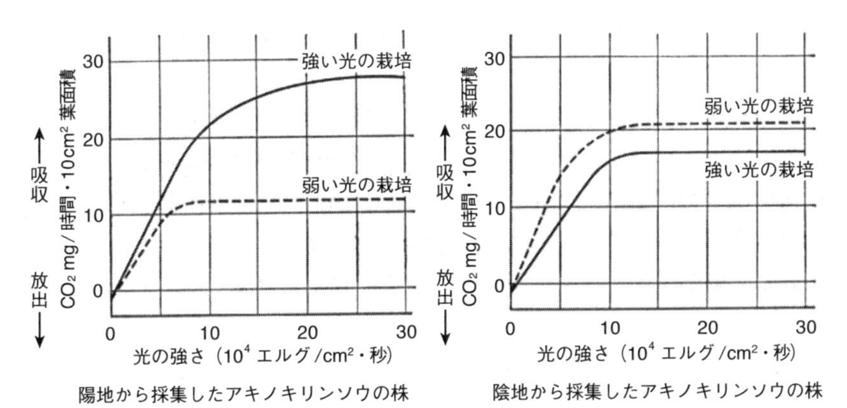

図3-4　ヨーロッパのアキノキリンソウ *Solidago virgaurea* の光合成能力に見られる分化（Björkman 1966 より）。

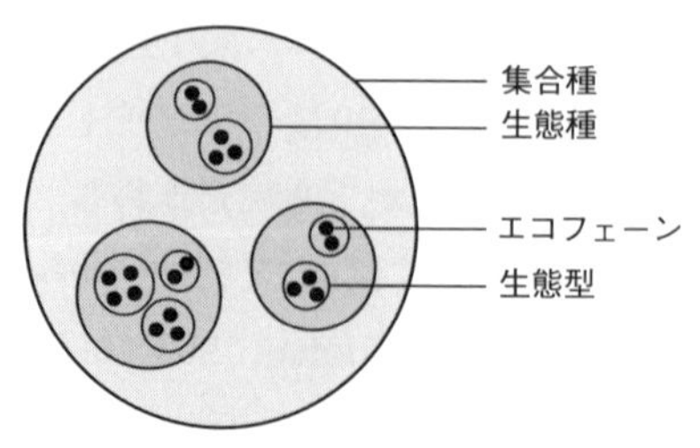

図 3-5　生態型，生物種および集合種の概念（Turresson 1922 に基づく）。

適応して種（species）としてその子孫を残す，生きた実態としての存在を理解するうえで非常に大切な概念である。Turesson (1922, 1925) は，生態型より上位には生態種（ecospecies）と集合種（coenospecies）を認めている（図 3-5）。生態種とは，「生育地を異にしているが，交配は自由に行われる生態型の集合したもの」，そして集合種は，「自然状態では隔離が働いて遺伝子の交流が妨げられているが，人工交配などを通してある程度交雑する可能性のあるいくつかの生態種よりなるもの」と定義した。また，生態型のもとに，自然における極端な環境要因の組み合わせと働きにより生じる個々の反応型を認め，それらをエコフェーン（ecophene）と呼んでいる。

現在，アブラナ科のシロイヌナズナ *Arabidopsis thaliana* やマメ科のミヤコグサ *Lotus japonicas* が，植物の形質発現や発生のメカニズムを明らかにするモデル植物として研究に用いられている。これらの植物では多くの変異体が誘導され，実験に用いられているが，そもそもは，これまで紹介してきた多くの生態学者および生理学者たちの野外における鋭い観察力と，地道な実験による「生態型」の発見によるところが大きい。

3-3　生物学的種概念

このように，種をめぐる研究が進む過程で示される多くの新事実により，種や種以下の分類群に関して，もはやリンネ種を基礎とする古典的概念を生物種群に一様に適用することだけでは不十分であると考えられるようになった。その結果として，種の概念は著しく混乱するようになった。Mayr (1957) は，古典分類学から始まる種の概念と種の定義に関する問題点を以下のように整理している。これがいわゆる「生物学的種概念 (biological species concept)」である。つまり，種とは，また種の区別は，

（1）主観的なものであるか，客観的なものであるか，

（2）科学的なものであるか，単に実用的なものであるか，

（3）量的な程度の差異によるものか，質的な違いによるものか，

（4）個体からなるのか，個体群 (集団) からなるのか，

（5）単一の種類の種のみであるか，何種類もの種があるのか，

（6）形態的に定義されるのか，または生物学的に定義されるのか，

などである。

このマイア (Mayr 1904-2005) の「生物学的種概念」は，大きく三つのポイントに整理される。一つ目は，種は単なる量的な違いによって区別されるのではなく，質的な違いに基づいているものであり，単に形態に基づいて定義されるだけでなく，生物学的な視点 (個体間に存在する有性的な交配によるつながり) から定義される。二つ目は，種は単なる個体の集合からなるのではなく，個体群からなる。三つ目は，種は同種個体間関係によってではなく，異種個体間に存在する生殖的な隔離によって定義される。

遺伝学者である Dobzhanski (1937) も，「種とは以前に交配を行っていたもの，またはその能力をもっていた集団が，現在は生理的に交配することができなくなった進化段階にあるもの」として，種を生殖隔離によるものであるばかりではなく，それが進化の段階に位置づけられることを明確に示している。Stebbins (1950) も豊富な植物のデータに基づき，「種とは他の変異型のうえで断絶がある集団構造からなり，その断絶は遺伝的なものである。すなわち，それらは遺伝子の移動が阻止される隔離機構の存在にも続くものである」と述べている。

これに対して，Grant (1957) は，高等植物では，（1）しばしば形態的な差異も不明瞭な種が存在する，（2）種形成が漸次的に生じている場合

には，種の境界の不明瞭な中間段階のものが多く存在する，(3) 種間で自然交雑集団が頻繁に形成され，そのために生殖的隔離が存在しない場合がある，(4) 栄養繁殖が存在する，などをあげ，植物におけるマイアの「生物学的種概念」の適用の難しさを指摘している。このように「生態学的種概念」は普遍的に受け入れられる概念ではないが，「種」の考え方に「交雑」や「生殖隔離」という遺伝学的要素が入り，分類学者，遺伝学者を中心に「種」の議論が動的要素を含めて拡大した。

前述したように，種の問題は生物学において最も古い問題であると同時に最も新しい問題である。しかし，類型的分類学から始まった種をめぐる議論のなかで，種を単なる個体ではなく，種は適応と多様な変異を示す個体群を構成することや，生殖に関わる個体間の遺伝的関係の存在など，現代の生態学へと発展していく重要な視点が芽生えたことは間違いない。

4 種の分化と適応

雑種起源のカワユエンレイソウ（中央上）と，母種オオバナノエンレイソウ

前章で述べてきた種内変異は種分化への一つの道筋ではあるが，種内変異の全てが種分化へと結び付いていくわけではない。種内変異は種の中身が多様化することであるが，種分化（speciation）は，種のもつ，形態的，生理的，遺伝的などの統一性が分離されることである。それをもたらす要因には，種内変異の遺伝的制御系，交配様式，繁殖様式，隔離機構の存在，生態地理的分布，個体群の分散力，淘汰圧の種類などが含まれる。

種分化のカテゴリー分けは，Mayr（1963）による地理的レベルを中核に考えるものや，Templeton（1982）の集団遺伝学の考え方に基づくものなど，いろいろあるが，植物の種分化に関してはいくつかの特有な型が存在するため，ここでは，カテゴリー分けにこだわらず，植物に見られるさまざまな種分化のモードとメカニズムを見ていくことにしよう。

4-1　地理的種分化

地理的種分化は，動物，植物を問わず，普遍的な種分化のパターンと言える。そもそも，種個体群のなかには遺伝的変異性が潜在的に存在する。例えば，ある一定の地域に分布する種において，それまでその種が生育していた環境が変化したり，あるいはその種の分布域がある程度異なる環境に広がったとしよう。すると，その環境の変化の影響を受け，これまでとは異なる遺伝的組成をもつ個体群が種内に発達する。そのような個体群の間に地理的分断が起こり，個体群内の遺伝的交流が途絶えると，それぞれの個体群内で新たな突然変異が生じたり，遺伝的組換えや自然選択の作用が進行していく。そして，個体群間の分化がさらに進行し，それぞれの個体群が独自の特性をもつようになり，地理的に隔てられた個体群の分化の結果として，新たな種の誕生がもたらされる (図 4-1)。

現在の北半球の植物の分布を見ると，日本を含む東アジアと北米大陸東部の地理的には大きくかけ離れた地域に，非常に多くの共通する属の植物が分布している。この近縁種群の隔離分布に関しては，長い地球環境の変動との関係が要因と考えられている。地球は，新生代の第三紀は気候的には温暖な時期であり，当時の北半球では，ブナ，ミズナラ，トチノキ，クル

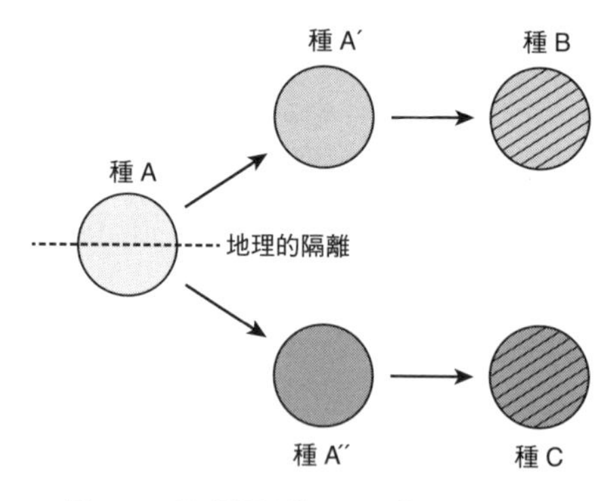

図 4-1　地理的隔離による種分化過程。

図 4-2　日本と北米東部に隔離分布するカタクリ属植物。ピンクの花弁をもつ日本の *Erythronium japonicum*（①）と，黄色い花弁をもつ北米東部の *E. americanum*（②）。

ミ，ニレなどの落葉広葉樹林がベーリング海域を結び，さらに極域を含め，広く分布していた。そして，その林床には，カタクリ，フッキソウ，サンカヨウ，ルイヨウボタン，イワウチワなども広く分布していたと考えられる。しかし，寒冷期の第四紀になり，北半球の広範囲を氷河が覆うようになると，これまで温暖な地域に生育していた生物たちは，分布を南下させた。そして，再度，地球が温暖になり，これらの温帯域の植物群は再び北上し，現在のような分布に至ったと考えられている（図 4-2）。

文章で書いてしまうと，このような地理的隔離と植物の分布の変動，定着が，単純で，短期間の出来事のようである。しかし，植物の分布が変化することは，環境の変化を移動により回避できる動物以上に，環境の変化に対して自らの生活史戦略を適応，進化させなくてはいけなかったはずである。当然のことながら，環境の変化に適応できずに消滅していった種も数多く存在したであろう。

もう少し狭い地域において，周期的な隔離が新しい種分化をもたらす事例を紹介しよう。ニュージーランドは，北島と南島の二つの島から成り立っているが，その島には多くの高山性のキンポウゲ属（*Ranunculus*）の植物が生育する。そして，これらの種は，以下のような標高と地形の

Box 4-1 ケンブリッジ科学クラブの論争

1858 年 12 月 10 日，北米東部の海岸に面した都市ボストンから目と鼻の先にある小さな町ケンブリッジでの出来事である。恒例のケンブリッジ科学クラブの講演会の催しが開かれようとしていた。ハーバード大学の植物学者アーサー・グレイ教授（Asa Gray 1810-1888）のその日の演題は「北米東部ー東アジアの植物分布論」というタイトルであった。彼はこの講演にある一つのもくろみをもっていたのである。それは他ならぬ，同じハーバード大学の教授でスイス生まれの動物学者ルイ・アガシ（Louis Agassiz 1807-1873）―― キュービエ（G. Baron Cuvier 1769-1832）に師事し，ドイツ観念論哲学とシェリングらの自然哲学の影響を強く受け，「種の不変」と「天変地異ー神の創造物説（Progressionism）」を唱えていた誇り高き一人の男 ―― に対する，彼の反撃のもくろみであった。

折しも当時は，ダーウィンによる『種の起原』の出版と進化論の波紋がアメリカ国内にも爆発的に広がるちょうど一年前でもあった。グレイは，ダーウィンと親しく手紙を取り交わして，ダーウィンのこの考え方を知って驚いたが，それ以前からアガシの学説には批判的であったし，逆にまた，グレイのいだく種の遺伝的な結び付きという考えかたに対するアガシの攻撃に答える必要もあったのである。彼は秘かに反論の資料を集めていたが，日本と北米の植物の比較研究を終えると，グレイはすぐさまこの植物地理学上の事実ーつまり東アジアと北米東部の植物の類縁関係ーを科学的に論証することでアガシ攻略の材料にしようと思いたったのである。

話はここでさらにこれより数年前に遡らなければならない。1852 年，かの有名なペリー提督の率いるアメリカ艦隊は突如として浦賀沖に姿を現わし，“すわ黒船襲来”と当時の日本人の心胆を寒からしめたが，このさわぎの最中にも，その乗員のなかの二人，グレイの幼なじみで，宣教師のウィリアムスと農学者のモローとが上陸した折に，幾点かの付近の植物を採集し，押し葉標本を作っていたことなど，ただでさえ大騒ぎしていた当時の日本人のだれ一人として知る由もない出来事であった。これらの植物標本はケンブリッジにいたグレイに送られたのである。

グレイは，さらにそれから 1 年後にロジャース提督に率いられたアメリカの北太平洋探検艦隊の乗員として来日したチャールズ・ライトが伊豆の

(Box 4-1　続き)

下田と蝦夷地（今の北海道）の函館で集めたかなりの数のコレクションを目の前にして思わず考え込んでしまったのである。

17年も前，既に，シーボルトから贈られた，シーボルトとツッカリニとの共著『日本植物誌（Flora Japonica)』の批評文のなかでいち早く，彼は非常に多くの植物が東アジアと北米東部で共通であることを指摘していたのだが，彼自身，「なぜ遠く離れたこの二つの地域の植物相がこうも似ているのだろうか」という点になると，明確な答えを持ち合わせていなかったからである。1858年，既にペリーに同行したモローとウィリアムスのコレクション，ライトのコレクションの全ては，ケンブリッジの彼の手もとにあったのである。

彼はこれらの植物の種類を調べ，それを一覧表にして整理してみた。580種に及ぶ日本からのコレクションのうち，ヨーロッパ，北米西部と共通のものはごくわずかであったが，非常に多くのものは北米東部との共通種か，ごく近縁な群であることを見いだした。属のレベルでは実に40属もが共通であった（表4-1)。しかし，グレイのすぐれていたところは，彼はすぐこの事実と北半球の地質時代の変遷史とを結び付けて考えたこと

表4-1　東アジア-北米東部型の分布を示す代表的植物（河野1969より）

属　名	種類数	
	東アジア	北米
サンカヨウ属	2	1
ルイヨウボタン属	1	1
コウモリカズラ属	1	1
フッキソウ属	3	1
ミツバ属	1	1
ニンジン属	3	2
イワナシ属	1	1
ハエドクソウ属	1	1
ツルアリドウシ属	1	1
イワウチワ属	3	1
タニウツギ属-*Diervilla* 属	12	3
ナベワリ属	2	1
ザゼンソウ属	2	1
タツノヒゲ属	3	1
コウヤザサ属	1	1

(Box 4-1　続き)

である。事実は明白であった。彼は友人である地質学者デェィナの助けをかりて，ある一つのストーリーを書きあげたのである。新生代の第三紀は気候的には温暖な時代であった。まぎれもなく，北半球は極圏に近い地域までが，今日温帯に見られるような，典型的な落葉性広葉樹林－夏には葉が繁り，冬には葉が落ちる－によって被われていたにちがいない。ミズナラ，トチノキ，クルミ，ニレ，イタヤカエデ，ブナなどがベーリング海域を結んだ一帯に連続的に広がり，北極をとりまいて分布していた。その林の下には，こうした林の林床に特有な植物が繁っていたことであろう。

しかしながら，第四紀は地球の歴史上かつてないほど寒い時代であった。巨大な氷河が北半球の広大な地域を被いつくし，温暖な地域を生活の場とする生物群は全て南へ駆逐されてしまった。しかし，やがて，再び地球上全体が温暖になり，氷河のほとんどが後退し，消えてしまうとこれらの温帯の植物群は再び北上を開始し，現在のような位置を占めるようにいたったに違いない。もしもそうであれば，現在，東アジアと北米東部に分布している共通な植物群や近縁な植物群も，同一の起源より由来するものと考えることができる。初めのうちは，ダーウィンの言う「種の漸次的変化（進化）(transmutation)」という考えに必ずしも全面的に賛成でなかったグレイも，こうした極端な隔離分布を示す植物群と共通な祖先型との系統的なつながりを考えるほうがより論理的な思考であることに，次第に気づきはじめたのである。

彼は，フランスの植物学者ド・カンドールの著作に幾度も目を通したり，当時イギリスにあって彼と親交のあったダーウィンやジョセフ・フーカーらとの絶え間ない書簡の往復などを通じて，自分の論をねりあげるなど，アガシとの論争には用意万全を期する用心深さであった。こうしてダーウィンの「進化論」発表という歴史的瞬間とほぼ時を同じくして，グレイの「北米東部とアジアにまたがる植物分布論」は作り上げられたのである。

歴史的には，これより先83年も前の1775年に，リンネの弟子でスウェーデン人のチュンベリーが長崎に来航し，800種余りの植物標本を集めてスウェーデンのウプサラ大学に送っていた。であるから，事実上限られていたとはいえ，日本の植物についてはヨーロッパの植物学者もある程

(Box 4-1 続き)

度の知識をもっていたのである。しかし，グレイの偉大さは，ボストンというアパラチア山脈に近い北米東部の温帯林のまっただ中に彼の研究の本拠地があったという恵まれた点はあるにしても，その当時の乏しい資料を土台として，これだけ温帯要素の起源の問題を煮つめたところにあった。これは彼の並外れた洞察力の鋭さを裏書きしている。また，彼の自然観における動的な，歴史的な理解の進め方は生態学的な見方がほとんどないという欠点はあったにせよ，彼の論敵アガシの静的な，実証の羅列的なやり方とは誠に対照的であった。

その日のグレイの講演は，当時ボストンの学界，社交界に隠然たる力のあったアガシとその学説に対する痛烈な一撃でもあったのである。

(河野 1977『種と進化(新版)』より)

異なる明瞭な四つの生育環境に生育している。(1) 万年雪に覆われる高い標高の岩の露出した場所(標高 2130～2740 m)。(2) 雪原域の下の岩場(標高 1220～2130 m)。(3) 岩場の斜面(標高 610～1830 m)。(4) 標高の低い沼沢地(標高 706～1525 m)。Fisher (1965) は，山岳氷河の周期的に繰り返される前進(個体群の隔離)と後退(個体群の連続)により，*Ranunculus* の多様な種分化が生じたと考えた。つまり，氷河が後退すると，個体群はより標高の高い地域に隔離され，種分化が生じる。そして，次の氷河の前進により，これらの新しい種は，標高の低い地域まで分布するようになり，個別の山で分化した種が出会うことになる。このように，隔離と出会いを繰り返して，多くの *Ranunculus* の種が進化したというストーリーが考えられた(図 4-3)。

地理的種分化は，考えやすい種分化概念ではあるが，ここで，注意しておかなければならないこともある。地理的種分化において，種個体群間に地理的に分断(隔離)が生じることは大きな要因ではあるが，地理的に分断そのものが種分化を引き起こすのではない。隔離によって生じた環境の変化に対応したそれぞれの個体群間で，交配様式，繁殖様式，遺

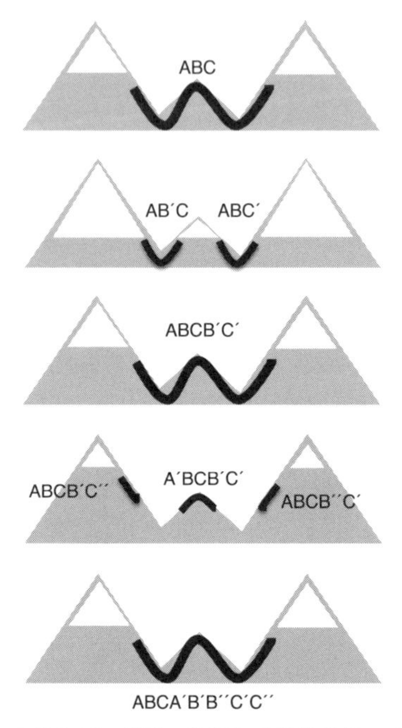

図 4-3　山岳氷河の前進・後退による種分化のイメージ。

伝的組成，個体群の分散力，淘汰圧などの差異が発達した結果として種分化が生じるのである。

4-2　跳躍的種分化

地理的種分化は，植物種が定着しているバックグラウンドの環境の変化に伴い漸次的に進むのに対し，跳躍的種分化は，娘種を特徴づける新しい遺伝的特徴，および母種との間の生殖的隔離がより短期間で進むことである (図 4-4)。

この跳躍的種分化の古典的な研究例としては，Lewis & Roberts (1956)，Lewis (1962) によるアカバナ科の *Clarkia* (サンジソウ) 属の事例がある。この研究のなかで，彼らは，*C. lingulata* が，*C. biloba* を母種

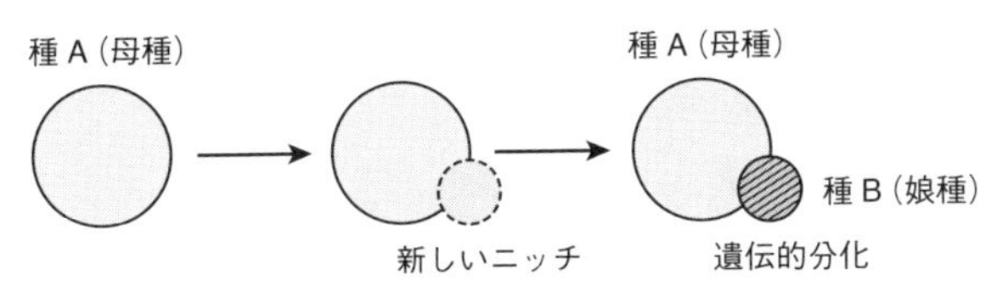

図 4-4 跳躍的種分化の過程。

として跳躍的種分化により生じた娘種であることを明らかにした。この両種は，外部形態的に非常に似ているが，花弁の形態が異なっているほか，*C. biloba* はカリフォルニア州の中央部に広く分布する一方，*C. lingulata* は *C.biloba* の分布の周辺部で，*C. biloba* よりやや乾燥した地域に生育する。また，*Clarkia* 属の基本染色体数が 7 であるため，二倍体は元来 2n＝14 であるが，*C. biloba* は 2n＝16 で，*C. lingulata* は 2n＝18 である。彼らは，人工交配による雑種を作り，減数分裂を観察し，両種の染色体の間に逆位や転座が生じていることを確認することにより，*C. biloba* はより祖先型に近く，さらに *C. lingulata* とは，母種と娘種の関係にあることを示した。

このような種分化が生じたシナリオとしては，母種の分布域の周辺部にある個体群が，時に厳しい環境（この場合は，乾燥）にさらされ，個体群が縮小し，個体数も減少した。そのなかで，生き残った数少ない個体は，自家受粉により種子を形成することができた。それとともに染色体突然変異の可能性が高くなり，母種とは異なる染色体配列をもつものが定着するようになった。さらに自家受粉および小さな個体群内の限定された個体間での交配が促進されることにより，染色体部分配列にホモの個体が生じ，稔性が正常化するようになった。そして，そのホモ個体が急速に自己の個体群を確立するようになったのである。生育地的にみても，乾燥した場所は母種には適しておらず，娘種にはより好的である。

さらに，母種と再び接して仮に交雑が生じたとしても，染色体部分配列の違いのために，雑種が不稔となり，娘種のアイデンティティが確立される。この *Clarkia* の事例のように跳躍的種分化は，自殖性の植物（7 章参照）においてより生じやすい。つまり，生じたばかりのまだ遺伝的に安定していない種個体群においては，母種と物理的にも，生殖的にも隔離されたほうが，種分化が進みやすいということになる。

4-3　倍数性進化

通常，生物では母親から受け継いだ1組の染色体と，父親から受け継いだ1組の染色体と，あわせて2組の染色体をもっている。これら2組の染色体は1本，1本が厳密に対応しており，減数分裂ではそれぞれの対応した染色体がペアを組む。この生物が生きるために必要な最小限の遺伝子をもつ染色体のセットをゲノム（genome）と呼び，倍数性（polyploidy）は，そのゲノムを複数もっている。例えば，ヒトは23対（=46本。相同の染色体2本で1対）の染色体からなるゲノムを一つもつ。動物の多くは，両親からの配偶子を通してそれぞれ1セットのゲノムを受け取り，計2セットのゲノムをもつ二倍体（ヒトの場合は2n=46）である。それに対して，植物にはさまざまな倍数体が存在する。

倍数体は，同じタイプの染色体セットをもつ「同質倍数性（autopoly-ploidy）」と，異なるタイプの染色体セットをもつ「異質倍数性（allopoly-ploidy）」に大別される。しかし，実際の倍数体の中身は複雑である。例えば，ある種が地理的に隔てられ，個体群が多少とも異なる特徴をもつことはよくある。それをゲノムで表現するとA, A′, A′′のように表すことができ，AAA′A′のゲノムで表現される四倍体の場合は，厳密な意味では同質とも異質とも決めかねる。さらに，AAAABBのような六倍体は，部分的に同質倍数体でもあり，異質倍数体でもある。したがって，倍数体を類型化することはなかなか難しいが，同質倍数体（autopolyploid; AAAA），部分異質倍数体（segmental allopolyploid; AAA′A′），異質倍数体（allopoly-ploid; AABB），同質異質倍数体（autoallopolyploid; AAAABB）のように分けられることが多い。

4-3-1　同質倍数性

同質倍数体は，同じ種類のゲノムを複数もつ倍数体である。同質倍数体では，細胞，器官，植物体全体が大きくなる傾向があり，農作物の遺伝的改良（育種）で利用されている。倍数体は種子ができにくいこと（不稔・部分不稔）もあるが，逆に三倍体の不稔を利用して「種なし」の品種を作ることにも利用されている。

花を介した種子形成を行わず，栄養繁殖に依存する植物では，同質三倍体（三倍体）であることがそれほど珍しくない。園芸植物などでも見られ，作物としてはバナナがそうである。人工的に作った同質三倍体の代表例は「種なしスイカ」である。スイカをはじめとするウリの仲間は，果実の中に多数の硬い種子を作る。キュウリは種子が未発達の薄く柔らかい状態で果実を食用とするため，種子の存在は気にならない。また，メロンやカボチャは果実の中心部に種子がまとまっているために，その部分を取り除いて食べればよい。しかし，スイカに関しては食用とする果肉の中に多数の種子が散在しており，4～5 kg のスイカでは約 500 粒の種子ができる。この種子を作るスイカは A ゲノムを 2 組もつ二倍体（AA; 2n＝22）である。二倍体スイカは，減数分裂のとき，相同染色体が対合して規則的に分かれ，ちょうど 1 組のゲノム A を構成する 11 本の染色体が，どの生殖細胞にも取り込まれる。ところが 3 組のゲノム（AAA; 2n＝33）をもつ三倍体のスイカでは，減数分裂のときに，3 本の相同染色体が対合するが，対合した 3 本の相同染色体が二つに分かれるときには，1 本と 2 本，あるいは 2 本と 1 本となる。このため生殖細胞は 11 本から 22 本のさまざまな数の染色体をもつことになる。A ゲノムを構成する 11 本の染色体をもつ細胞は，確率的にごくわずかしか作られない。そのほかの，大部分の生殖細胞は，不規則な減数分裂によって余分の染色体をもつことになり，正常な種子はほとんど作られないことになる。

このような仕組みをもった三倍体の「種なしスイカ」は以下のようにして作られた。まず，二倍体スイカにコルヒチンというホルモン処理を行い，人工的に染色体数を増加（倍加）させ，44 本の染色体をもつ四倍体（AAAA; 2n＝44）のスイカを作り出す（図 4-5）。そして，二倍体と四倍体の交雑により，33 本の染色体をもつ三倍体スイカの種子が得られる。この種子を用いて作られたのが，同質倍数性を応用した「種なしスイカ」で

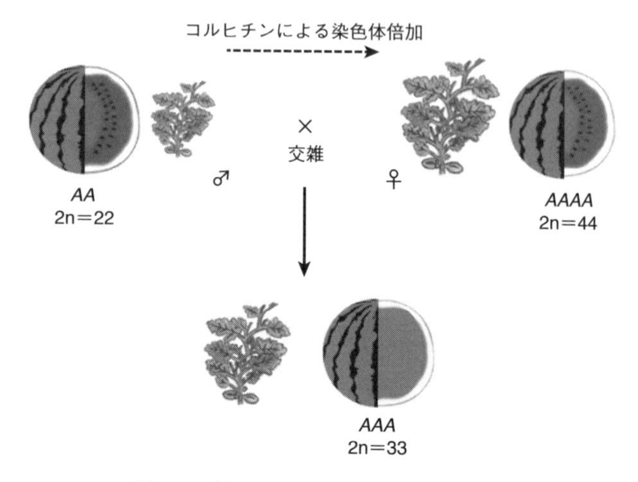

図 4-5 種なしスイカ（三倍体）の作り方。

ある。

ちなみに，同じ「種なし」ではあるが「種なしブドウ（代表的な品種はデラウエアだが，近年では巨峰やピオーネでも種なし品種がある）」は，倍数性の仕組みを利用したものではない。種なしブドウを作るには，植物の成長ホルモンの一つであるジベレリンを使う。開花前の果房にジベレリン処理をすることにより，花粉粘性が低下し，花粉が柱頭に付着しにくくなる。さらに，柱頭上での花粉管伸長を抑制し，受精が妨げられる。その一方で，子房の発達だけが発達誘導されるため，種なしブドウができる。この種なしブドウの技術は日本が世界で初めて開発したものである。

4-3-2 部分異質倍数体

私たちの食卓にのぼる普通のジャガイモ *Solanum tuberosum* subs. *tuberosum* は四倍体種（2n＝48）で，AAAtAt のゲノムをもつ。したがって，ジャガイモを同質倍数体として扱っている場合もある。図 4-6 に，ジャガイモの栽培化を伴う進化について示した。ナス属（*Solanum*）にイモ（塊茎）をもつ野生ジャガイモが登場したのは，約 7,000 万年前（白亜紀

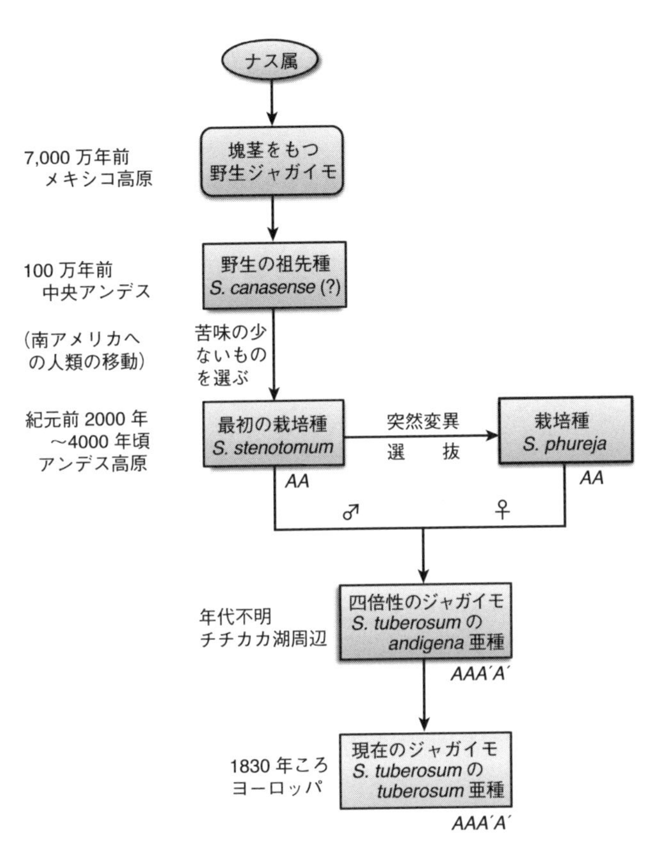

図 4-6 ジャガイモの祖先種と栽培種（*Solanum tuberosum* subsp. *tuberosum*）の生い立ち。

末～第三紀初）のメキシコ中央高原と考えられている。その一部が南米に伝播し，中央アンデスで多くの野生種に分化した。

現在でもアンデス地方には多様な栽培種が見られるが，最初に栽培化されたのが二倍体（2n＝24）の *S. stenotomum* であった。この *S. stenotomum* の祖先となったのが，*S. canasense* と考えられている。栽培種は野生種に比べて，イモが大きく，イモをつけるストロン（匍匐枝）が短く収穫しやすい。また，ソラニンというアルカロイドによる苦みが少ないのもその特徴であった。この *S. stenotomum* が栽培されている間に，自然突然変異により形態，生理的特性の異なる *S. phureja* が誕生した。この *S. phureja* の最大の特徴は，イモの休眠性がないので，早熟で短期間で収穫できることである。

前述したように，いま食卓にのぼるジャガイモは，四倍体の *S. tuberosum* subsp. *tuberosum* で，かつ異質倍数体である。つまり，現在のジャガイモの誕生には，二つの要素が関与していることになる。一つは，二つの二倍体種の存在，もう一つは，倍数体の形成である。まず，二つの二倍体種は，*S. stenotomum* と *S. phureja* と考えられている。*S. stenotomum* の花粉が *S. phureja* に受粉すると二倍体の雑種ができる。この雑種に倍数化が生じてできたのが四倍体種 *S. tuberosum* subsp. *andigena* である。この種は，それまでの二倍体種よりも重量が高く，現在でもアンデスで栽培されているが，茎が弱く折れやすいことや，短日にならないとイモが大きくならない特徴（弱点）があった。そして，この *S. tuberosum* subsp. *andigena* は 1570 年ごろに南米からスペインに持ち込まれた。その後，疫病抵抗性，イモの肥大性，長日適応，早熟性などのヨーロッパの気候への適応性の研究の結果，1830 年ごろに現在の *S. tuberosum* subsp. *tuberosum* の原型が誕生したと考えられている。

4-3-3　異質倍数性

2 種類以上のゲノムで構成されている異質倍数体は，異なるゲノムをもつ植物間の雑種に由来すると考えられている。

（a）コムギの場合

この植物における異質倍数体による種分化の代表的な研究事例は，栽培コムギの細胞遺伝学的研究である。Kihara（1954, 1958）は，ゲノム分析法（Kihara & Nishiyama 1930）により，栽培コムギ（*Triticum aestivum*）は，六倍体種で，三つの異なる基本ゲノム A, B, D からなること，さらに D ゲノムは *Triticum* 属に近縁な *Aegilops* 属のタルホコムギ *A. squarrosa* に由来することを明らかにした。

栽培コムギはパン作りに用いられることから「パンコムギ」とも呼ばれるが，コムギ属には野生種，栽培種を含め，非常に多くの種が知られて

表 4-2 パンコムギの生い立ちに直接または間接に関連するコムギ属 (*Triticum*) とエジロプス属 (*Aegilops*) の種

属	分類群	和名	学名	ゲノム
コムギ属 (*Tritium*)	一粒系	野生ヒトツブコムギ	*T. aegilopoides* (=*T. boeoticum*)	AA
		ヒトツブコムギ[1]	*T. monococcum*	AA
	二粒系	野生エンメルコムギ	*T. dicoccoides*	AABB
		エンメルコムギ	*T. dicoccum*	AABB
		ペルシアコムギ	*T. persicum*	AABB
		リベットコムギ	*T. turgidum*	AABB
		ポーランドコムギ	*T. polonicum*	AABB
		マカロニコムギ	*T. durum*	AABB
		チモフェーヴィコムギ	*T. timopheeri*	AAGG
	普通系	スペルトコムギ	*T. spelta*	AABBDD
		マッハコムギ	*T. macha*	AABBDD
		クラブコムギ	*T. compactum*	AABBDD
		インドコムギ	*T. sphaerococcum*	AABBDD
		パンコムギ[1]	*T. aestivum*	AABBDD
		ジュコブスキーコムギ	*T. zhukovskyi*	AAAAGG
エジロプス属 (*Aegilops*)		ヤリホコムギ	*Ae. caudata*	CC
		タルホコムギ[1]	*Ae. spuarrosa*	DD
		クサビコムギ[1]	*Ae. speltoides*	BB (?)
		ツツホコムギ	*Ae. cylindrica*	CCDD

1) パンコムギおよびその祖先種。

いる (表 4-2)。まず，コムギ属は，小花数，小穂の形などから「一粒系」，「二粒系」，「普通系」に分けられ，また，それぞれが二倍体，四倍体，六倍体である。栽培コムギは，自然が長い間をかけて作り出した作物の傑作と言えるが，AABBDD のゲノム型をもつ栽培コムギ (六倍体) ができるまでには，3 種類のゲノムの異なる種間での少なくとも 2 回の種間交雑と染色体の倍数化が生じた (図 4-7)。

第一段階として，野生ヒトツブコムギ (二倍体) とクサビコムギ (二倍体) の間で交雑が生じて雑種ができ，その後，染色体数が倍加して，野生エンメルコムギ (四倍体) ができた。野生エンメルコムギは，A ゲノムを野生ヒトツブコムギから，B ゲノムをクサビコムギから受け継いだ。野生エンメルコムギは，「肥沃な三日月」として知られるチグリス・ユーフラテス川の流域に現在も分布する。この地域で約 1 万年前に始まったム

Box 4-2　日本人研究者たちの熱き研究リレー

ゲノム分析に基づき，栽培コムギの進化の全容をまとめた木原均博士の功績は多大なものがあるが，栽培コムギのルーツは，多くの日本人研究者たちのリレーにより明らかにされた。コムギは，そもそも中央アジアのコーカサス地方から西アジアのイラン周辺が原産の植物である。その栽培化の道筋がヨーロッパではなく，日本で明らかになった。その研究のスタートは，北海道大学の前身，札幌農学校時代に遡る。1876年に設立された札幌農学校の二期生に，内村鑑三，新渡戸稲造，宮部金吾らとともに，南鷹次郎がいた。寒冷な北海道では，明治の開拓当初より本州の作物は不適と考えられ，主要作物としてムギ類が推奨された。南は，北海道の農業の発展のため，ムギ類の収集に力を入れ，栽培品種だけでなく，近縁野生種まで幅広く集めた。

札幌農学校が，北海道帝国大学となった1918年，坂村徹は，南が収集したパンコムギとその近縁種を用いて，染色体の研究を開始した。その結果，坂村は，各種で染色体数が異なり，そこに三つのタイプが存在することを発見した。ヒトツブコムギは14本，エンメルコムギ，マカロニコムギ，ポーランドコムギ，リベットコムギは28本，パンコムギ，スペルトコムギ，クラブコムギは42本であった。つまり，コムギ属には，7を基本数とする二倍性，四倍性，六倍性があるということである。さらに坂村は，染色体の遺伝様式を明らかにするため，四倍体のコムギ（二粒系）に，六倍体のコムギ（普通系）の花粉を交配させ，種間交雑を行った。

その F_1 雑種の種子が，当時，宮部金吾博士のもとで研究を始めた木原均に委ねられたのである。木原は，その雑種種子を圃場に播種し，雑種一代目の植物の減数分裂期第一中期の染色体の観察を行った。その結果，雑種は五倍体で，35本の染色体のうち，二粒系の母からは14本，普通系の父から21本が由来していた。二粒系からの14本の染色体は，普通系の14本と対合して二価染色体となり，普通系の残りの7本は対合の相手がなく，一価染色体になった。

雑種第二代では，28本から42本まで，個体によって多様な染色体数が観察されたが，引き続き，系代を追って染色体数を調べていくと，雑種第一代のような両親の中間的な染色体数をもつ個体が急減し，結局，染色体数の安定した系統としては両親の四倍性か六倍性に近い個体しか

(Box 4-2 続き)

得られなかった。また，生育や稔性は雑種第一代では悪かったが，その後代では回復した。これらの結果から，木原は，コムギは1セット7本の染色体が揃ったときに最も安定で，生育も稔性も最良になると考えた。これがゲノム説の誕生である。このゲノム分析により，栽培コムギはA，B，Dの三つのゲノムをもつことが分かり，上述したような交雑と倍数化による栽培コムギの進化が明らかにされた。このように，未開の北の大地に作物を育てることに端を発し，北海道で培われた開拓者魂は，多くの研究者たちに引き継がれ，世界的な研究へと実を結んだのである（藤巻・鵜飼 1985を参照）。

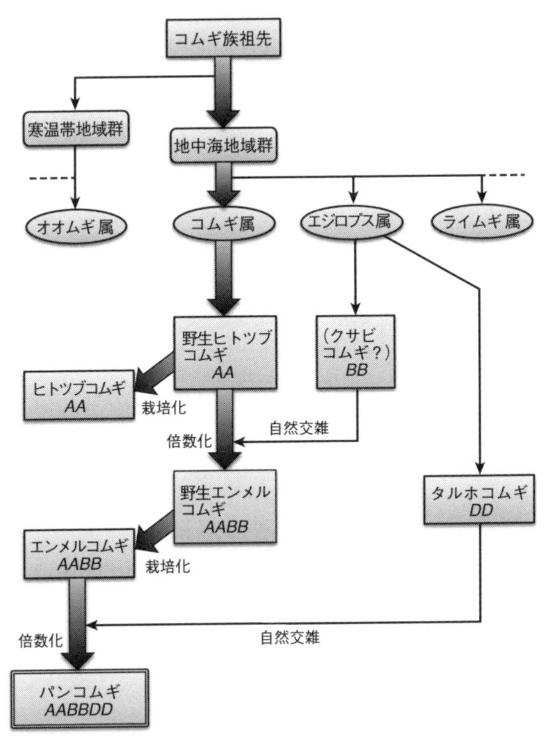

図 4-7 栽培コムギ（パンコムギ：*Triticum aestivum*）の祖先種と生い立ち。分類群，学名は表4-2参照。

Box 4-3　ゲノム分析

ゲノム分析とは，染色体の対合を利用してゲノム間の相同性を調べ，ゲノムの変遷や種の由来を分析する方法である。そのため，まずゲノム組成の明らかになっている基本的な種をできるだけ多く集め，種間で F_1 を作り，F_1 の減数分裂における染色体の対合状態を調べて，両親が相同ゲノムをもつか，あるいは異質性のゲノムをもつかなどを判定する。

これまで述べてきたように，倍数体には同質倍数体と異質倍数体が存在する。同質四倍体は二倍体の染色体が単純に 2 倍（AA が AAAA）になればできる。一方，異質倍数体は異なったゲノムをもつ二倍体の間で雑種（例えば，AA×BB から AB）ができ，その染色体数が倍数化（AB が AABB）することによってできる。倍数化は自然界でも生じるほか，スイカの事例のように，コルヒチンを用いて，人為的に行うこともできる。

それでは，どのようにして，異質倍数体と同質倍数体を見分けるのだろうか。倍数体を作り上げているゲノムが同じか，異なるかの判別を，六倍体のパンコムギと四倍体のマカロニコムギの雑種を例として説明しよう。この雑種はパンコムギから 21 本，マカロニコムギから 14 本の染色体を受け継ぎ，合計 35 本の染色体をもつ。減数分裂では 14 個の二価染色体と 7 個の一価染色体が形成されることから，この雑種では，栽培コムギの 14 本とマカロニコムギの 14 本の染色体は相同で，二価染色体を形成し，栽培コムギからきた残りの 7 本の染色体には相同な相手がなかったことが分かる。別の研究から四倍体のマカロニコムギは AABB ゲノムをもつ異質四倍体であることが分かっているので，栽培コムギは AABB ゲノムのほかに，相同な相手の見つからない特有な 7 本の染色体（一つのゲノム）をもっていると考えることができる。普通系はドイツ語で Dinkel Reihe と呼ばれることから，木原博士はその頭文字をとって，この系に特有なゲノムを D ゲノムと名付けた。それゆえ，栽培コムギを含む普通系コムギのゲノムは AABBDD で表されるのである。

ギ農耕では，野生エンメルコムギのほかに，野生ヒトツブコムギも栽培されるようになり，その結果，ヒトツブコムギとエンメルコムギの栽培化も進んだ。これらの初期の栽培コムギは硬い殻で包まれており，容易に脱穀できなかったが，その後，突然変異で殻の柔らかい，マカロニコムギが生まれた。野生エンメルコムギの誕生から普通系の栽培コムギの誕生は，エンメルコムギ（AABB）とDゲノムをもつ野生二倍性種タルホコムギ *A. squarrosa* との交雑によってできた。最初の普通系コムギは，栽培型のエンメルコムギにタルホコムギの花粉がかかって雑種ができ，その染色体数が倍加して生じた。このため，普通系コムギには野生型が存在しない。最初にできた普通系コムギは固い殻に包まれたスペルトコムギ *T. spelta* だったが，マカロニコムギ同様に，突然変異が起こって，殻の柔らかい現在の栽培コムギ（パンコムギ）になった。

(b) 日本産エンレイソウ属植物の場合

エンレイソウ属植物（*Trillium*）は，現在，日本を含む東アジアと，北米大陸西部と東部の大きく三つの地域に約50種が隔離分布している。東アジアには11種，北米西部には7種，残りの約30種が北米東部に分布

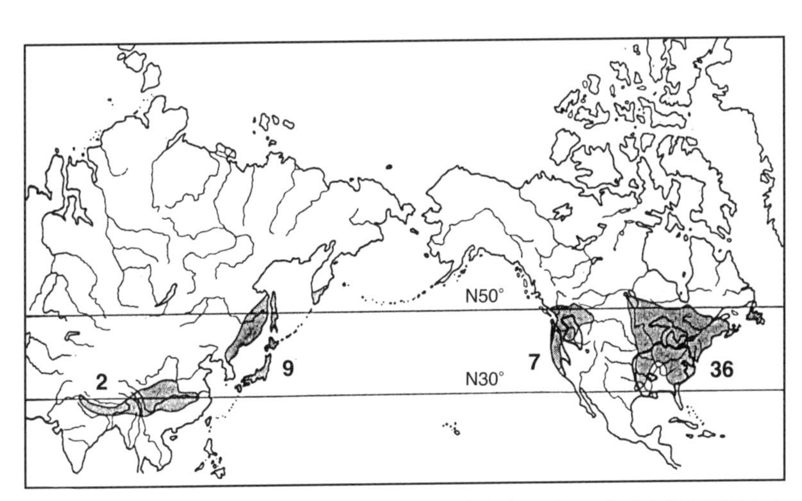

4-8　エンレイソウ属（*Trillium*）の分布。日本を含む東アジア，北米大陸の東西を中心に分布する。数字は，各地域に生育する種数（Ohara 1989 より）。

する（図 4-8）。この分布パターンから見るとこの種群全体では，地理的種分化が生じたと言えるが，その種分化のメカニズムは単純ではない。

種数も多く，外部形態的にも非常に多様な北米の種が全て二倍体（2n＝10）であるのに対し（図 4-9），東アジアのエンレイソウ属植物には著しい倍数性が存在する。上述したコムギは栽培種のゲノム分析によりその系統関係が明らかになった研究であったが，日本産エンレイソウ属植物は，野生植物においてその種間の類縁関係が明らかになった画期的な研究であ

図 4-9　多様な外部形態を示す北米大産エンレイソウ属植物（*Trillium*）。*T. grandiflorum*（①：直立有花梗），*T. undulatum*（②：直立有花梗，花弁に絞りあり），*T. catesbaei*（③：下垂有花梗），*T. luteum*（④：無花梗，花は柑橘系の芳香あり），*T. decumbens*（⑤：無花梗，S字状に茎がリター層を這うため，葉が地表に浮いたように見える）。

る。この日本産エンレイソウ属植物の倍数性進化の謎解きも，多くの日本人研究者のたゆまぬ探究心の賜物である。

図 4-10 には，倉林正尚博士をリーダーとして解明された日本産エンレイソウ属植物の，ゲノム構成と種形成過程を示した。日本のエンレイソウ

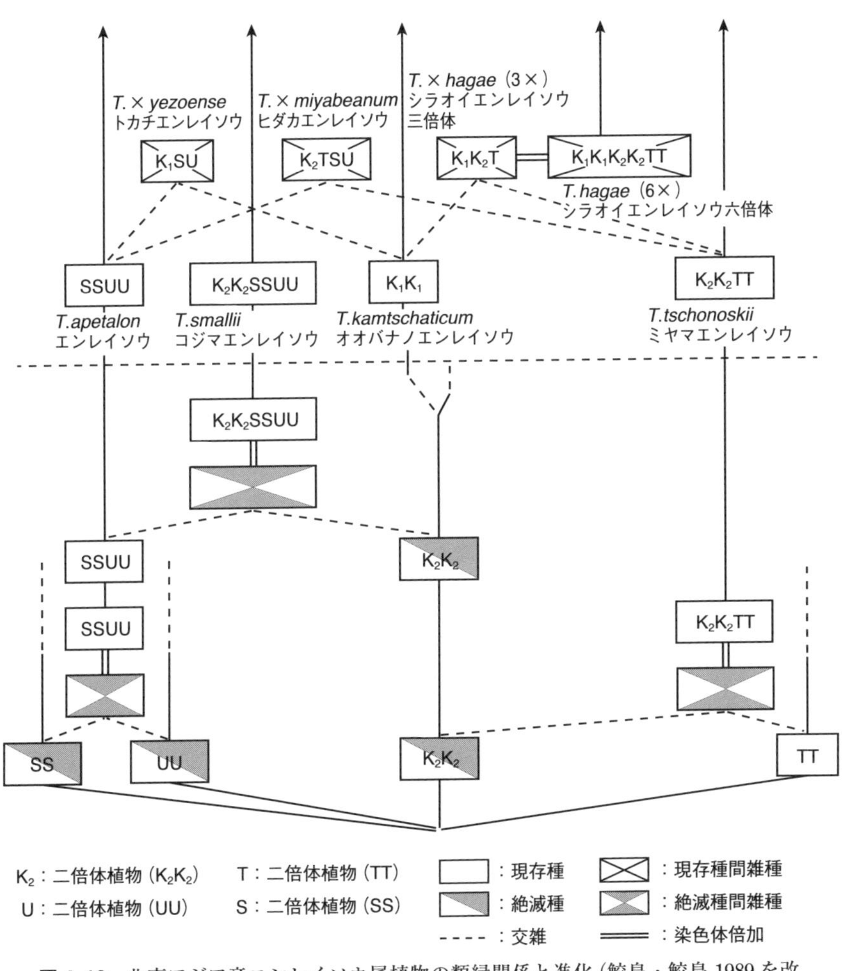

図 4-10 北東アジア産エンレイソウ属植物の類縁関係と進化（鮫島・鮫島 1989 を改変）。注：この段階では，オオバナノエンレイソウの学名（現在は *T. camschatcense*）は *T. kamtshcaticum* であったため，その時点の記載にそっている。

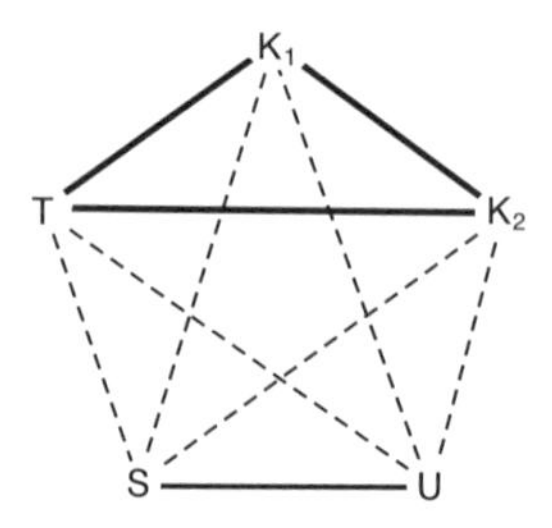

図 4-11 北東アジア産エンレイソウ属植物のゲノム構成とゲノム親和性（芳賀・倉林 1950 より）。

属植物は K_1, K_2, T, S, U の五つの異なる基本ゲノムの組み合わせからなるが，そのなかで，K_1 と K_2，S と U とは比較的親和性が高いことが明らかになった（図 4-11; Kurabayashi 1958）。そして，二倍性の種はオオバナノエンレイソウ *T. kamtshcaticum*（2n＝10; K_1K_1）のみで，他は全て三倍体（2n＝15），四倍体（2n＝20）および六倍体（2n＝30）である。そして，日本産エンレイソウ属植物は，二倍体のオオバナノエンレイソウと四倍体のミヤマエンレイソウ *T. tschonoskii*（K_2K_2TT），同じく四倍体のエンレイソウ *T. apetalon*（SSUU）の 3 種が基本種となり，それらの種間交雑と倍数化により進化してきたことが明らかにされた。四倍体のヒダカエンレイソウ *T. miyabeanum*（2n＝20）は，ミヤマエンレイソウとエンレイソウの雑種であり，三倍体のトカチエンレイソウ *T. yezoense*（2n＝15）は，オオバナノエンレイソウとエンレイソウの雑種である。

そして，シラオイエンレイソウ *T. hagae* は，オオバナノエンレイソウ（二倍体）とミヤマエンレイソウ（四倍体）の交雑により形成されるもので，三倍体（K_1K_2T）と六倍体（$K_1K_1K_2K_2$TT）が存在する。この場合，三倍体は不稔であるが，六倍体は稔性をもつ。このことは自然交雑の結果生み出される不稔性の三倍体において倍数化が生じることが，自らの子孫を残す種（species）が作られる，まさに種形成の大きなステップであることを示している。

染色体のゲノム組成による種分化のメカニズムでは，六倍体コジマエンレイソウ *T. smallii* のゲノム構成は K_2K_2SSUU で，K_2SU の三倍体は見いだされていなかった。そのため，シラオイエンレイソウの三倍体と六倍体の関係のような明瞭な種形成のシナリオは描けなかった。しかし，近年の分子遺伝学の進展により，私たちはAFLP (amplified fragment length polymorphism) 法を用いて，コジマエンレイソウの起源を明らかにすることができた (図 4-12; Kubota et al. 2006)。まず，この研究からも，やはりオオバナノエンレイソウ (*T. camschatscense* と学名が変更)，ミヤマエンレイソウ，エンレイソウが基本種となっていることが分かる。そして，ゲノム解析の結果と同様にヒダカエンレイソウはミヤマエンレイソウとエンレイソウの雑種であり，シラオイエンレイソウは三倍体，六倍体ともに，オオバナノエンレイソウとミヤマエンレイソウの間に位置する

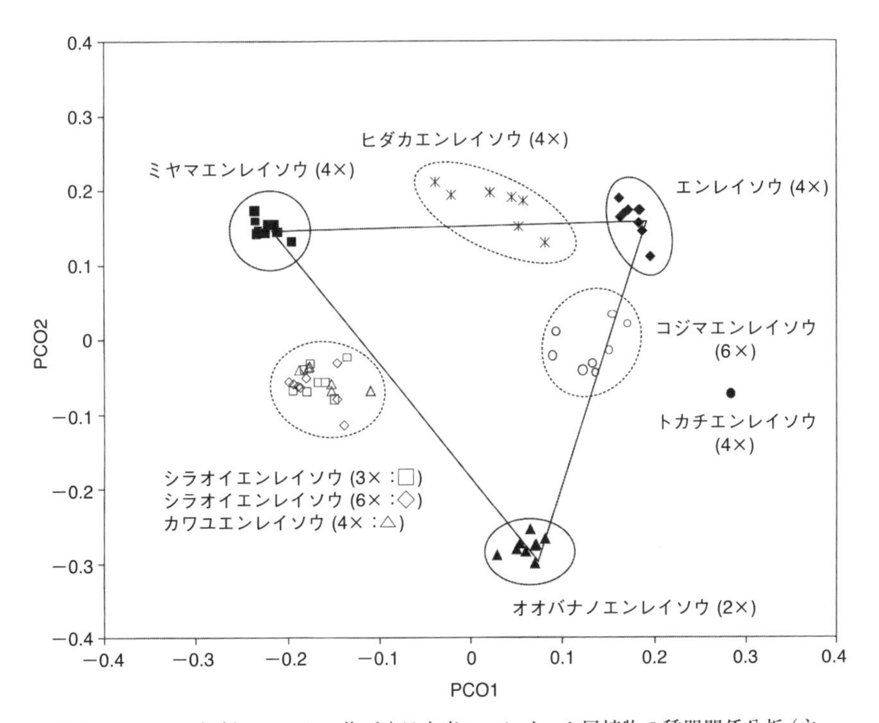

図 4-12 AFLP 解析のデータに基づく日本産エンレイソウ属植物の種間関係分析 (主座標分析：Principal Coordinate Analysis; PCoA)。第 1 軸 (PCO1) の寄与率は，11.5%，第 2 軸 (PCO2) は，9.1% (Kubota et al. 2006 より)。

ことから，両種間で三倍体の雑種（不稔）が形成され，倍数化により稔性をもつ六倍体シラオイエンレイソウが形成されたことが再確認された。

その一方，コジマエンレイソウ（K_2K_2SSUU）は，オオバナノエンレイソウ（K_1K_1）とエンレイソウ（SSUU）の間に位置すること，さらに，コジマエンレイソウの葉緑体DNAにおける対立遺伝子の組み合わせであるハプロタイプがオオバナノエンレイソウに類似していることから，K_2 ゲノムをもつミヤマエンレイソウとの類縁関係は低いことが分かった。また，三倍体トカチエンレイソウとコジマエンレイソウがともにオオバナノエンレイソウとエンレイソウの中間に出てくることから，シラオイエンレイソウの三倍体と六倍体の関係のように，コジマエンレイソウは，三倍体トカチエンレイソウ（K_1SU）が倍数化して稔性をもつ六倍体コジマエンレイソウへと種分化したと考えられる。つまり，当初のゲノム解析では，K_2 ゲノムと考えられていたものは，K_1 ゲノムの読み間違えであった可能性が高い。Mykoshina et al.（2004）による染色体研究でも，エンレイソウ属植物における K_2 ゲノムは K_1 よりも T に類似していることも示されている。

このようにして，東アジアのエンレイソウ属植物は，オオバナノエンレイソウ，ミヤマエンレイソウ，エンレイソウの 3 種を基本とした種間雑種と倍数化による種分化を遂げた，と一件落着のように思えたが，1996 年に四倍体で稔性をもつカワユエンレイソウ *T. channellii* が新種として報告された（Fukuda et al. 1996）。その名のとおり，この種は北海道東部の弟子屈町川湯温泉の近くに生育している。図 4-12 からも分かるように，カワユエンレイソウは，オオバナノエンレイソウとミヤマエンレイソウの中間に位置することから，そのゲノム構成は $K_1K_1K_2$T と考えられる。このゲノム構成ができ上がるためには二つのシナリオが考えられる。一つは，減数分裂しなかったオオバナノエンレイソウ配偶子（K_1K_1）と通常のミヤマエンレイソウの配偶子（K_2T）の交雑による場合。もう一つは，通常のオオバナノエンレイソウ配偶子（K_1）と六倍体シラオイエンレイソウの配偶子（K_1K_2T）の交雑である。残念ながら，このシナリオの検証にはまだ至っていない。

ここまで日本産エンレイソウ属植物の種分化の第一段階には，種間交

図 4-13 オオバナノエンレイソウ（二倍体），ミヤマエンレイソウ（四倍体）と，その両種の種間雑種シラオイエンレイソウ（三倍体）。

雑が大きな役割を果たしていることを紹介してきた。では，実際の「野外条件下」ではどのようにして種間交雑が生じ，雑種形成が行われているのであろう。ここで，三倍体のシラオイエンレイソウが生まれる実態を紹介しよう。三倍体シラオイエンレイソウは，二倍体オオバナノエンレイソウと四倍体ミヤマエンレイソウの種間雑種である。オオバナノエンレイソウは秋田県，岩手県，青森県，北海道全域に分布し，主に低地林の林床に生育する。一方，ミヤマエンレイソウのミヤマ（深山）の名のとおり，本州，四国，九州では山地に生育するが，緯度の高い北海道ではオオバナノエンレイソウと同所的な低地林に生育する。そのため，本州以南では出会うことのないこの 2 種が北海道では出会い，交雑が生じる。したがって，この親種 2 種が同所的に生育する場所には，シラオイエンレイソウの出現が見られる（図 4-13）。シラオイエンレイソウの花形態も見事に両親種の中間的特徴を示す（図 4-14）。

この三倍体シラオイエンレイソウができるためには，オオバナノエンレイソウとミヤマエンレイソウの間で花粉の授受が必要である。この両種の花にはコウチュウ目やハエ目の昆虫が訪花することから，これらの昆虫が花粉を媒介すると考えられる。まず，オオバナノエンレイソウとミヤマエンレイソウの花粉を双方の柱頭に人工的に受粉させた場合には，どちらが花粉親（父親）あるいは種子親（母親）になっても，種子（三倍体シ

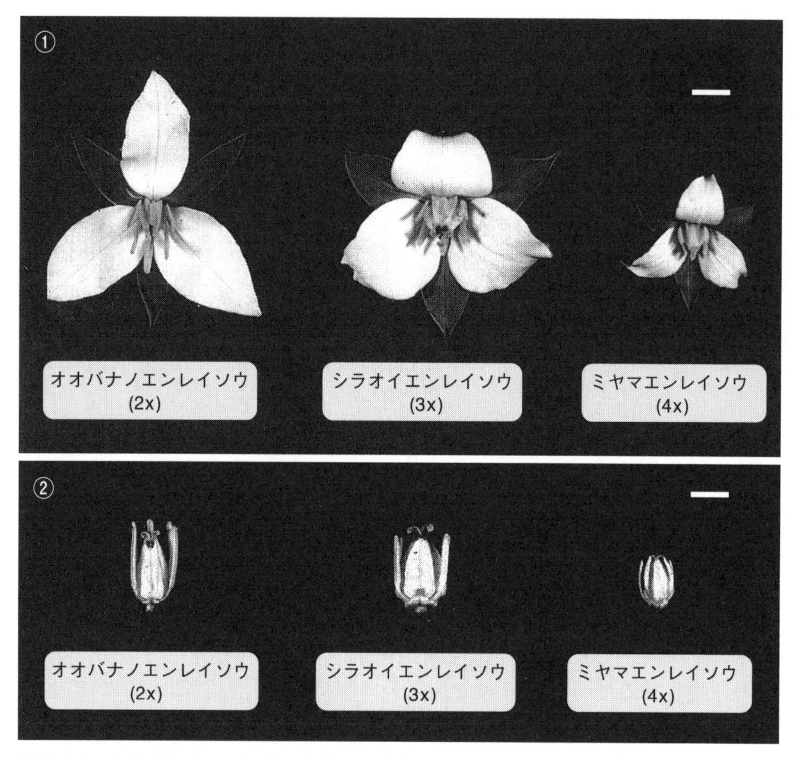

図 4-14　オオバナノエンレイソウ（2 x：左），ミヤマエンレイソウ（4 x：右）と，種間雑種シラオイエンレイソウ（3 x：中央）の花器形態の比較。図中の白線は 1 cm を示す。シラオイエンレイソウは，オオバナノエンレイソウと同様の大型の花弁をもつが，花弁の反り返りはミヤマエンレイソウの特徴をもつ（①）。オオバナノエンレイソウは雄しべが雌しべよりも長いが，ミヤマエンレイソウでは，雄しべが雌しべよりも短い。そして，シラオイエンレイソウは，雄しべと雌しべの長さがほぼ同長である。また，シラオイエンレイソウの雌しべの先端には，オオバナノエンレイソウ由来の赤紫の絞りが入ることが多い。ミヤマエンレイソウの雌しべの先端には，斑が入っていない（②）。

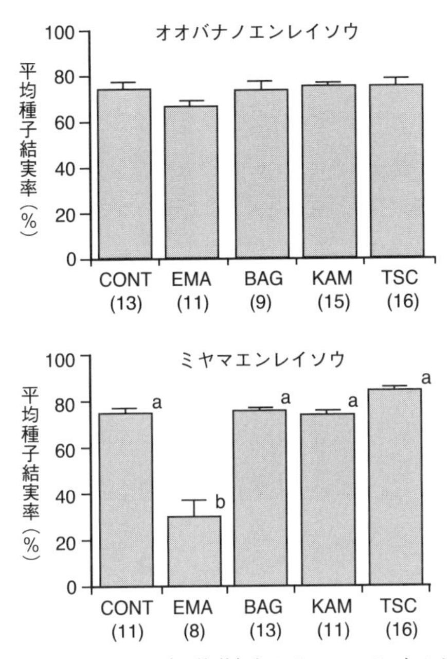

図 4-15　オオバナノエンレイソウ（二倍体）とミヤマエンレイソウ（四倍体）の野外における交配実験の結果。グラフ上の相互に異なるアルファベットは，各処理間の有意差（Turkey-Kramer test，$P<0.05$）を，グラフ内の棒は標準誤差（SD）を表す。各処理の括弧内の数字は調査個体数を示す。
CONT：無処理，EMA：除雄処理，BAG：袋掛け処理，KAM：除雄＋オオバナノエンレイソウの花粉を強制受粉，TSC：除雄＋ミヤマエンレイソウの花粉を強制受粉。

ラオイエンレイソウ）が形成される（図 4-15）。しかし，母性遺伝する葉緑体 DNA をマーカーとして用いて，野外で自生するシラオイエンレイソウの「開花個体」の葉緑体 DNA を調べてみた。すると，全ての個体が，オオバナノエンレイソウと同じハプロタイプをもっていることが分かった。つまり，この結果は，シラオイエンレイソウは，ミヤマエンレイソウが花粉親，オオバナノエンレイソウが種子親という，非対称な（一方向性の）花粉流動により形成された雑種ということになる。

この非対称な雑種形成のメカニズムを明らかにするため，私たちは，まず両親種の「開花フェノロジー」に着目した。オオバナノエンレイソウとミヤマエンレイソウは同所的に生育しながらもミヤマエンレイソウの

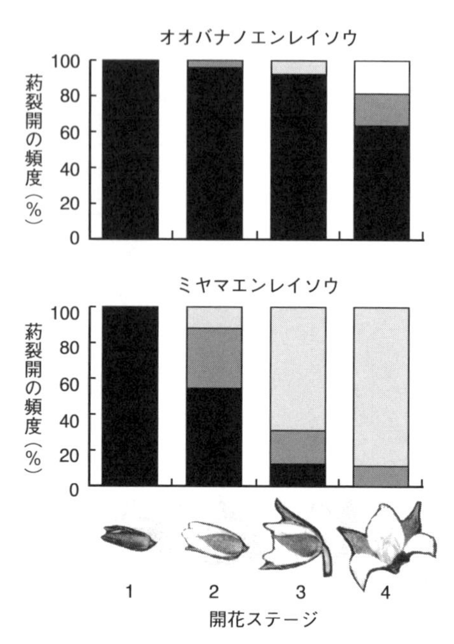

図 4-16 開花ステージと葯裂開との関係。■ 未裂開，■ 1〜3 本裂開，□ 4〜6 本裂開。

ほうが先に開花し，やや遅れてオオバナノエンレイソウが開花する（図 4-16）。また，一つの花の中で，葯の裂開と柱頭が熟する（花粉を受け取ることができるように先端が粘性をもつ）タイミングも，ミヤマエンレイソウでは，ほぼ同時期であるのに対して，オオバナノエンレイソウでは，柱頭が熟するよりも葯の裂開がやや遅れる傾向がある。したがって，ミヤマエンレイソウの柱頭には，より自花およびミヤマエンレイソウの他個体の花粉が付着する可能性が高い（図 4-17）。さらに，同種の花粉と異種の花粉を人工的に柱頭に付着させた場合，オオバナノエンレイソウのほうが，ミヤマエンレイソウより，より異種の花粉を受け取りやすい傾向があることが分かった（図 4-18）。野外からオオバナノエンレイソウとミヤマエンレイソウで結実した果実を採集し，その果実の中で，異なる種の花粉由来によりできた種子の割合（例えば，オオバナノエンレイソウが

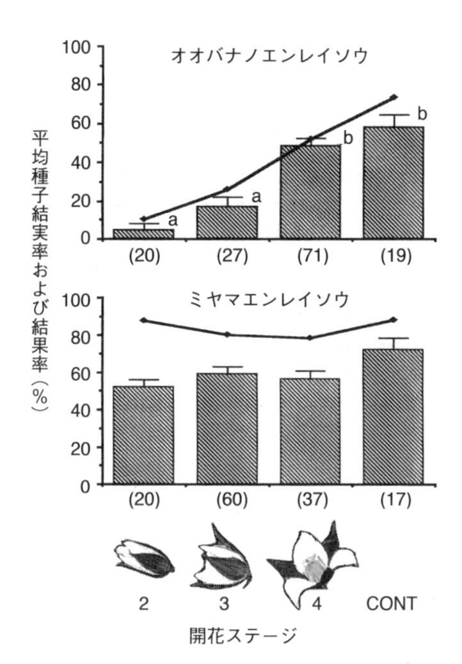

図 4-17　開花ステージの移行に伴う平均種子結実率（棒グラフ）および結果率（折れ線グラフ）の変化。グラフ上の相互に異なるアルファベットは，各処理間の有意差（$P<0.05$）を，グラフ内の棒は標準誤差（SD）を表す。各処理の括弧内の数字は調査個体数を示す。

作った種子のうち，ミヤマエンレイソウの花粉によりできた種子の割合）は，上述した異種花粉の受け取りやすさを裏づけるように，オオバナノエンレイソウのほうがより高い傾向にあった（図 4-19）。

また，エンレイソウ属植物は多年生で，その生活史段階は，大きく，実生，1 葉，3 葉，開花の 4 段階に分けられる（10 章参照）。実際に生育しているさまざまな生育段階の個体を採集し，同じく葉緑体 DNA をマーカーとして種を特定したところ，調査した 476 個体中，320 個体（67.2%）がオオバナノエンレイソウ，129 個体（27.1%）がミヤマエンレイソウで，27 個体（5.7%）がシラオイエンレイソウであった（表 4-3）。さらにそのうち，ミヤマエンレイソウが種子親になっている個体は，オオバナノエンレイソウが種子親になっている個体より少なく，開花段階の個体は全く存在しなかった。後ほど10章で紹介するが，エンレイソウ属植物では，野外条件下では多くの実生が種子から発芽しても，実生，1葉段階から，3葉，開花段階へと順調に生育段階を移行できる個体は少ない。この一般的な生活史の背景に加え，ミヤマエンレイソウが種子親として生まれた個体は，開花段階まで到達できない，何らかの選択圧などが存在するのか

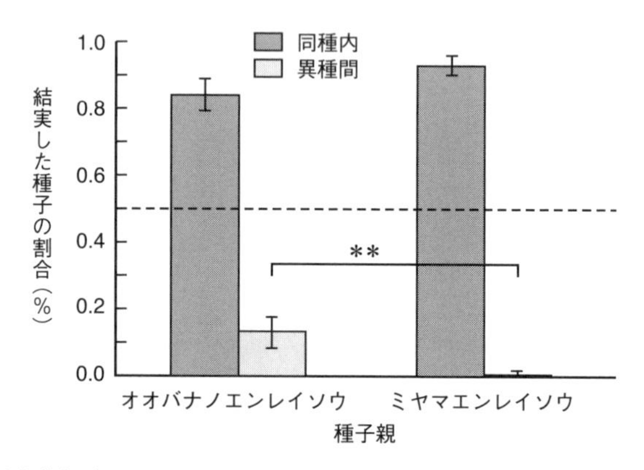

図 4-18　混合花粉（オオバナノエンレイソウ：ミヤマエンレイソウ＝1：1）受粉実験の結果。各種子親における種内花粉あるいは種間花粉により作られた種子の割合を表示。破線は，種内，種間の花粉が均等に種子を作った場合の期待値（0.5）。**；P＝0.01（t-test；t＝2.703）。

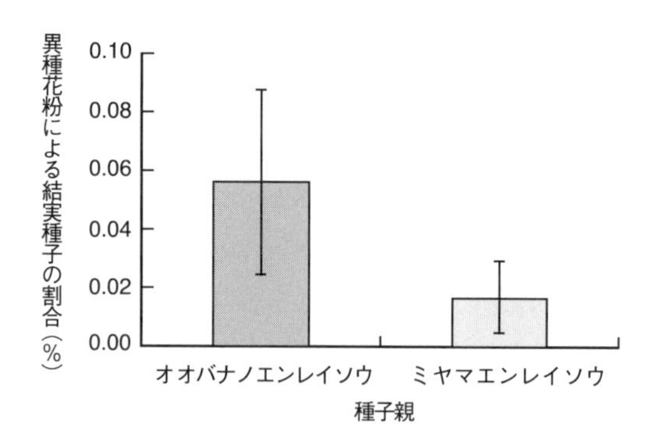

図 4-19　野外条件下における異種花粉により結実した種子の割合。グラフ内の棒は標準誤差（SD）を表す。種子親種間で統計的有意差は認められなかった（P＝0.42；t＝0.820）が，オオバナノエンレイソウがより異種（ミヤマエンレイソウ）の花粉を受け取る傾向がある。

表 4-3　生活史段階別に見たオオバナノエンレイソウ，ミヤマエンレイソウ，シラオイエンレイソウの数

生活史段階	オオバナノエンレイソウ	ミヤマエンレイソウ	シラオイエンレイソウ	
			種子親(C)	種子親(T)
実生段階	142	33	4	1
1 葉段階	103	25	8	1
3 葉段階	42	46	5	3
開花段階	33	25	5	0
合　計	320	129	22	5

(C)：オオバナノエンレイソウが種子親，(T)：ミヤマエンレイソウが種子親。

もしれない。いずれにしても，三倍体シラオイエンレイソウは，二倍体オオバナノエンレイソウと四倍体ミヤマエンレイソウの交雑により生じるが，花粉流動，受粉・受精段階で生じる，接合前隔離の影響を大きく受け，実際の野外では，オオバナノエンレイソウが種子親(♀)，ミヤマエンレイソウが花粉親(♂)として形成されていることが明らかになった(Ishizaki et al. 2013)。

しかし，このような現代の分子生物学的手法を用いた研究も，ゲノム解析などを丹念に行った先輩研究者の礎があったからこその研究成果であることを忘れてはいけない。

4-3-4　雑種群落

種間交雑によってできた F_1 雑種がある程度の稔性をもっている場合，両親との戻し交雑 (backcross) や，F_1 の自家受粉などにより F_2 が作られる。戻し交雑によって生まれた個体 (B_1) や F_2 のなかには，F_1 より稔性の高いものができることがある。それらがさらに母種と交雑したり，F_1 と交雑したり，あるいは B_1 との間，または F_2 との間で交配してさまざまな遺伝組成の後代が作られる。そして，その多様な遺伝的組成をもった個体が生育できる生態的環境が整うと，個体群全体としていわゆる雑種群落 (hybrid swarm) が形成される。

図 4-20 は，ハワイに生育するキク科センダングサ属植物 *Bidense cteno-*

phylla と *B. menziesii* var. *filiformis* の 2 種の間の F_1 雑種および F_2 雑種に見られた葉形の変異について示したものである（Mensch & Gillett 1972）。図に示された葉のシルエットからも分かるように，F_1 に見られる葉形の変異はそれほど大きくないが，F_2 においては多様な葉形が生じていることが分かる。

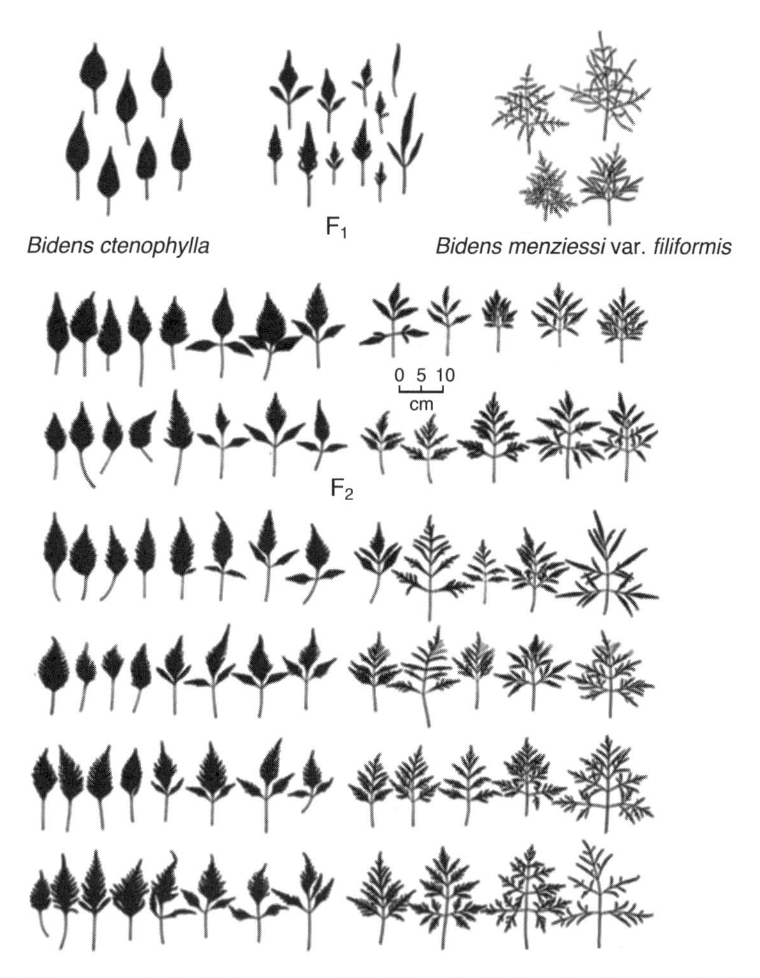

図 4-20　ハワイに生育するセンダングサ属（*Bidens*）2 種と、それぞれの F_1 および F_2 雑種に見られた葉形の変異（Mensch & Gillet 1972 より）。

これは交雑実験によるものであるが，雑種群落の形成の背景には生育地の生態条件が非常に重要である。つまり，さまざまな遺伝的組成，さらには稔性の異なる多様な個体の共存を許す環境が必要である。

4-3-5　浸透性交雑

Anderson（1949）は，植物の種間交雑の結果，単に F_1 個体が形成されたり，または上述したようなモザイク状の雑種個体群ができるのではなく，F_1 個体が一方の母種に何代にもわたって戻し交雑が続くことにより，一方の母種によく似ているが，他方の母種の遺伝的内容をも取り込まれている，という後代が登場することを明らかにした。この現象が，あたかもその種の形質が一方の種に浸透するかのような状況になることから，浸透性交雑（introgression または introgressive hybridization）と呼ばれる（図 4-21）。F_1 個体が自家受粉をするか，しないか，またはどの方向（どちらの母種と）の戻し交雑をするかは，F_1 個体のもつ遺伝的親和性にも依存するほか，やはり生育地の生態条件にも大きく影響される。

以下に，Riley（1938）が行った，アヤメ属（*Iris*）における浸透性交雑の古典的は研究例を紹介する。*Iris hexagona* var. *giganticaerulea* と *I. fulva* の 2 種は，ともに北米のミシシッピー川のデルタ地帯に生育するが，前者は，より湿地帯に，後者はより乾燥した河岸や林内に生育するため，

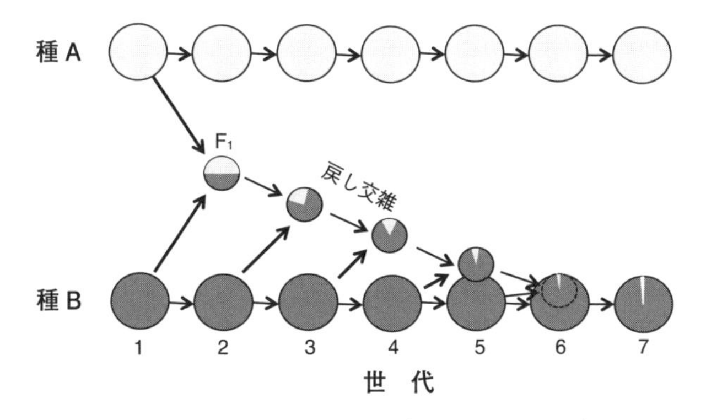

図 4-21　浸透性交雑のモデル（Benson 1962 より）。

通常では両種は交雑することはない。しかし，人間活動による開発の結果，自然植生が改変され，両種の中間型と考えられる個体が見られるようになった。そこで，この中間型がこの両種の種間雑種と考え，母種それぞれの純粋個体群（G と F）と，中間型を含んだ個体群（H1 と H2）の四つの個体群を選定し，調査が行われた。

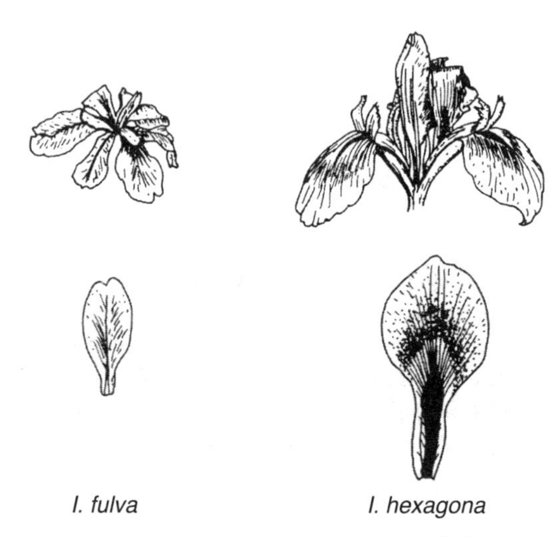

図 4-22　*Iris fulva* と *I. hexagona* var. *giganticaerulea* の花の形態（Anderson 1949 より）。

表 4-4　*Iris fulva* と *I. hexagona* var. *giganticaerulea* の花の外部形態的特徴とその指数（Riley 1938 より）

形態形質	*I. fulva*	指数	*I. hexagona* var. *giganticaerulea*	指数
1）花床筒の色	黄色	0	緑色	2
2）萼片の色	赤橙	0	青紫	4
3）萼の長さ（cm）	5.1-6.4	0	8.6-11.0	3
4）花弁	狭卵型	0	くさび型-へら型	2
5）花糸	花柱より長い	0	花柱より 1 cm 短い	2
6）花柱の付属体	やや分岐	0	著しく分岐	2
7）萼片上の突起	無 or 小さい	0	顕著	2
合計		0		17

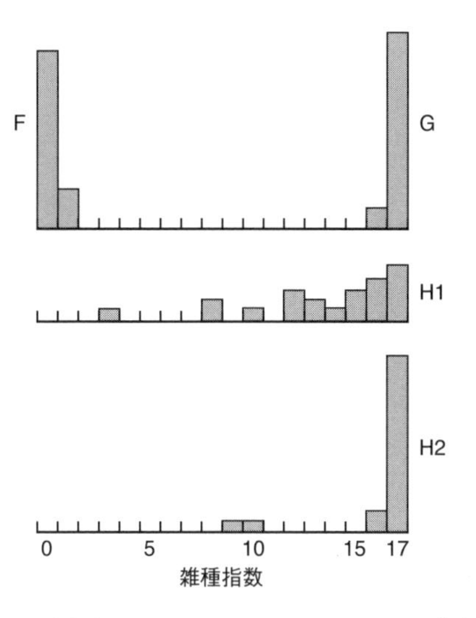

図 4-23　典型的 *Iris fulva*（F）と *I. hexagona* var. *giganticacrulea*（G），およびそれらの雑種を含む二つの群落（H1 と H2）の雑種指数の頻度分布。それぞれの群落から 23 個体をサンプリングして調査（Riley 1938 より）。

それぞれの個体群から 23 個体をサンプリングし，七つの外部形態（図 4-22，表 4-4）の形質に基づいて雑種指数を算出した。その結果，*I. fulva*（F）の純粋集団では雑種指数が 0〜1，*I. hexagona* var. *giganticaerulea*（G）の純粋集団では 16〜17 であった。H2 個体群は G の純粋集団に近いが，わずかの雑種性を示している。一方，H1 個体群は，非常に変異に富み，F そのものは見られないが，それに近いものもあり，雑種指数が 8 と，非常に中間型からほぼ G までの，幅広い型から構成されていた。つまり，H2 個体群で両母種間の F_1 雑種と *I. hexagona* var. *giganticaerulea* 間の浸透性交雑が生じている可能性が高いことが示された（図 4-23）。

近年は，酵素タンパク質や DNA 分子マーカーの利用により，この種間での遺伝子流動の実態をより正確に把握することが可能になってきている。綿野ら（Watano et al. 1995, 1996, 2004; Senjo et al. 1999）は，日本の高山帯に生育するハイマツ *Pinus pumila* とキタゴヨウ *P. parviflora* var. *pentaphylla* の交雑帯の研究を行い，葉緑体 DNA（cpDNA）は山の下に生育するキタゴヨウから山の上に生育するハイマツへ，一方，ミトコンドリア DNA（mtDNA）はハイマツからキタゴヨウという逆の一方向性のユニークな浸透を起こしていることを明らかにした。これは，マツ科植物では cpDNA が父性遺伝，mtDNA が母性遺伝と，独立した遺伝をするという特徴を生かしたスマートな研究である。

このように，遺伝解析の技術は日進月歩である。植物におけるさまざまな交雑帯において量的形質に関与する遺伝子座，すなわち量的形質遺伝子座（quantitative trait locus； QTL）に関する遺伝子の浸透パターンの解析も盛んに行われるようになっている。今後，植物の種分化メカニズムもさらに詳しく解明されていくことであろう。

Box 4-4　ナンキョクブナの隔離分布の謎

本書のカバー写真は，パタゴニア北部のナンキョクブナ（*Nothofagus betuloides*）の森である。本章では，主に北半球に生育する植物群の隔離分布を紹介してきた。そして，同じブナ科のブナ属（*Fagus*）は，多くの化石の発見により，北半球の暖帯〜温帯域で起源したと推定されている。

ナンキョクブナ属（*Nothofagus*）は，現在，ニューギニア，ソロモン，ニューカレドニア，タスマニア，ニュージーランドなどの南半球で隔離分布する。また，化石の記録によると，ナンキョクブナは北半球に分布した報告はない。

この植物の種子は風や鳥によってほとんど運ばれない。したがって，このような隔離分布の形成には，何らかの陸地の連続性を考える必要がある。すると，ゴンドアナ大陸時代（図 2-8）が問題になる。しかし，白亜紀以前に南半球でゴンドアナ大陸の一部を形成していた，インドや南アフリカからはナンキョクブナの化石は発見されていない。どのようにして，現在のナンキョクブナの隔離分布は生じたのであろうか？　謎は深まるばかりである。

5 植物の構造と機能

根の上側が幹にそって板状に発達したサキシマスオウの板根（© 木原 浩）

植物は太陽光からのエネルギーの吸収と，大気や地中から水や栄養分を獲得して生きている。さらに，植物は固着性であるため，自らが移動することなく（例えば，乾燥した所から湿った所へ。日陰から日向へ），それらの資源を大気中や地中の限定されたエリアから獲得しなければならない。第 2 章で紹介したように，地球 46 億年の歴史のなかで，約 1 億 5,000 万年前に最初の被子植物が登場し，6,000 万年の間にこの地球上に爆発的に広がり，現在約 25 万種の植物が生育している。それらの植物たちは，地球上のさまざまな環境に生育し，大きさや形態で多様な姿を見せる一方で，基本的に植物体は「栄養器官（vegetative organ）」と「繁殖器官（reproductive organ）」の二つの器官から構成されている。本章では，これらの各器官の構造と機能について紹介する。

5-1　植物の基本構造

維管束植物（シダ植物と種子植物）の体は，「根（root）」，「茎（stem）」，「葉（leaf）」の三つの「栄養器官」から成り立っており，その構造は，図5-1に示すように，地下部の「根」をまとめた「根系（root system）」と，地上部の「茎」と「葉」をまとめた「シュート（shoot）」からなる「シュート系（shoot system）」の二つの部位に分けられる。また，維管束植物のなかで種子植物は，「繁殖器官」として「花（flower）」を付ける。これらの各部位の外見的な形や構造の発達は比較的厳密に制御されている一方，必ずしも決まった大きさにならず，各部位の大きさや数は，同じ種であっても個体によって変化する。特に，葉，茎や根の発達様式は極めて多様である。

「根」はその植物体を支え，土を貫通して，その植物の栄養として不可欠な無機イオンと水を吸収する。「茎」は光合成をする重要な「葉」の位置を決定づける支柱として働くとともに，葉と根の間での水分，無機養

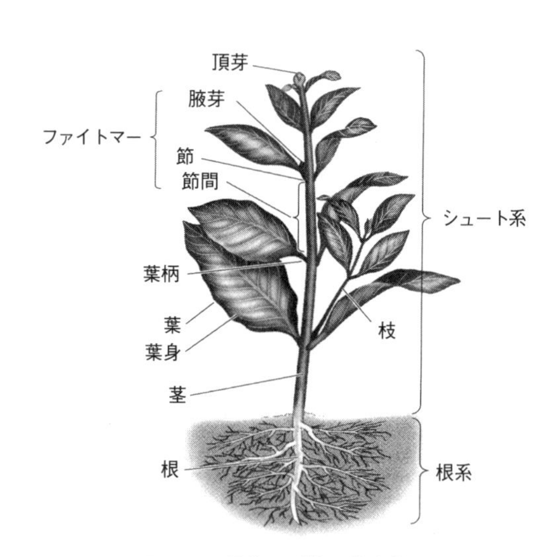

図 5-1　植物の形態の基本構造。

分，有機化合物などの輸送を担っている。葉の位置，大きさや他の特徴は，その植物の有機養分の生産にとって非常に重要である。そして，繁殖器官である「花」もシュートの上に形成される。

5-2　根の構造と機能

根系は，植物体を支え，土壌中から水分や栄養分を吸収するとともに，シュート系で作られた光合成産物を蓄える役目を果たす。光は地中まで届かないため，通常，根は光合成機能をもたない。根は地中に隠れているが，根系は地上に出ているシュート系よりも大きい場合がある。

根には大きく「成熟域」，「伸長域」，「分裂域」，「根冠」の四つの領域が存在する（図 5-2）。根の最も外側は表皮で覆われており，根の先端には「根冠」で覆われた「根端分裂組織」があり，根はここで成長する。「根冠」は，土中にある根が伸長する際に傷つきやすい「根端分裂組織」を守り，重力の感知の役割を果たす。「分裂域」では細胞が増殖し，「伸長域」は根の伸長成長を行う部位で，細胞の長さが横幅より数倍長く

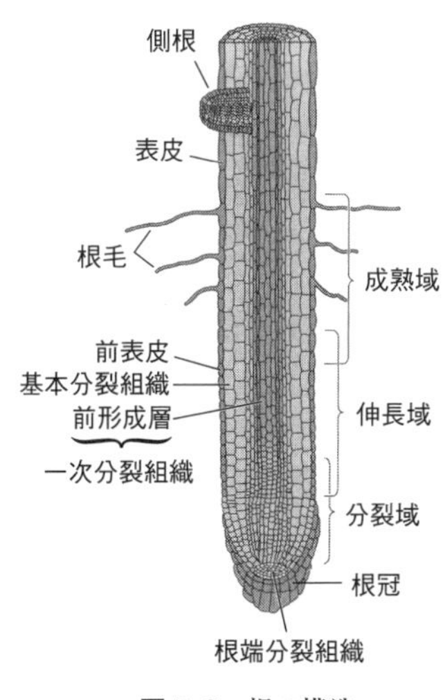

図 5-2　根の構造。

図 5-3 さまざまな根の形態。①：主根系（ニンジン），②：ひげ根系（長ネギ），③：支柱根（トウモロコシ），④：茎から発根して壁を這う（つる性植物）。

なっている。そして，「成熟域」は，細胞の分裂・伸長が終了した領域で，分裂域や伸長域と比較してクチクラ層が厚くなっている。

被子植物の根系は，種子発芽後の幼根から発達するが，単子葉類と双子葉類では，根系の発達様式が異なる。多くの双子葉類では「主根（tap-root）」と呼ばれる大きな根が下方に伸び，主根から外側に向かって，細く，小さな「側根（lateral root）」が形成される。このように主根と側根からなる根系は「主根系（tap root system）」と呼ばれる。ニンジン，ダイコン，サツマイモなどは，主根系をもつ植物で，これらの植物の主根は貯蔵根（storage root）と呼ばれ，茎と根の組み合わせで炭水化物などの栄養分貯蔵機能を果たしている（図 5-3（a））。

一方，多くの単子葉類では，地表面近くの茎から「不定根（adventitious root）」と呼ばれる，たくさんの細い根が発達し，「ひげ根系（fibrous system）」が形成される。長ネギは，身近なひげ根系をもつ植物である（図

5-3 (b))。ひげ根系をもつことで根の表面積が広くなり，地中から水分や栄養分を効率よく吸収するとともに，地面への合着も強化され，イネ科草本のように，急な斜面でも生育できるようになる。ただし，植物によっては，地面への固着と水分・栄養分の吸収の機能に加え，特異的な働きをもった変わった不定根を発達させているものもある。例えば，トウモロコシやマングローブの根のように地下組織以外の部分に不定根が形成されるものもある。このような根は「支柱根 (prop root)」と呼ばれ，地面に向かって下方に伸びることによって，風に対して植物を支える役割を果たしている (図 5-3 (c))。また，ツタのようなつる性植物では，茎から発根することにより，木の幹やブロック塀に茎を固定する根もある (図 5-3 (d))。

このほかにも，ユニークな機能をもった根が存在する。

気根　寄生性のランとは異なり，地面から離れて成長して木の枝に固着する着生性のランなどでは，空中に根を伸ばす。そのため，気根には水分の損失を防ぐ適応として数層の細胞からなる表皮をもつものがある。また，バニラ (ラン科) のように気根が緑化して光合成を行うものもある。

収縮根　ユリ科植物で見られるような鱗茎を形成する植物では，古い鱗茎の上に新しい鱗茎が形成されるが，鱗茎から伸びた根が，らせんを巻くことによって収縮力をもち，鱗茎を下へ引っ張る働きをして，鱗茎が地上に出ないようにしている。根の表面には収縮によってできた横皺(しわ)が見られる。

通気根　沼地や湿地に生育する植物では，水中の根から通気根と呼ばれる海綿状の根を突き出すものもある。通気根は一般的に水面の上，数センチの長さに伸び，水面下の根の酸素の取り込みの補助的役割を果たしている。

寄生根　ネナシカズラのような葉緑体をもたない植物の茎は，「吸根」と呼ばれる杭(くい)のような根を宿主植物に貫通させて絡み付き，宿主から水分や栄養分を得ている。

板根　熱帯多雨林の高木やマングローブ植物に多く見られ，地表近くの側根の上部が，平板状に著しく偏心肥大し，樹木の支持や通気の働きをする。本章の扉の写真を参照されたい。

5-3　茎の構造と機能

「シュート系」は，茎と葉により構成されるが，葉は光合成の主たる器官であり，「茎」はそこから成長・発達する葉を支持する役割を果たすとともに，根と葉の間の物質輸送のパイプの役目も果たしている。

葉は茎に対して，各葉が「互性（互い違いに配置）」したり，「対生（対に配置）」したり，茎の周りに3枚以上の葉が「輪生」したり，さらに地際から「根生」する場合などがある（図5-4）。葉が茎に付いている領域や範囲を「節」と呼び，二つの節の間を「節間」と呼ぶ（図5-1）。葉には「葉身」があり，場合によっては「葉柄」が存在する。葉身あるいは葉柄と茎で挟まれる部分を「葉腋」と呼び，それぞれの葉腋には「腋芽」が形成される。この芽は，一次茎頂分裂組織によって作られたものであり，それに付随した葉原基とともに「頂芽」と呼ばれる。腋芽はしばしば花が発生する分裂組織や枝に発達する。

シュートは，葉，腋芽，節間をまとめた「ファイトマー（phytomer）」と呼ばれる構造単位から成り立っている（図5-1）。ファイトマーはシュート頂で連続的に形成され，植物体は基本単位であるファイトマーが連続

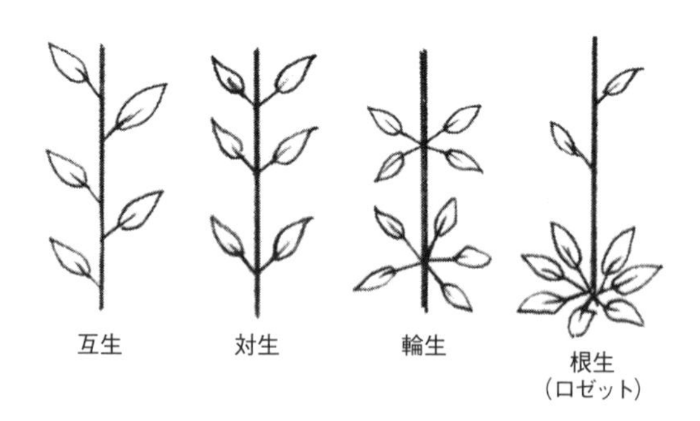

図5-4　シュート系の構造。

したものと考えられる。植物体の体制や形態変化をもたらすのはファイトマーの減少や付加，変異などと考えられるため，植物の発生，成長解析，進化研究などにも使われる重要な概念である。イネ科の植物では，葉の基部から形成される不定根もファイトマーに含めることもある。

茎は植物体の支持器官としての役割が大きいが，栄養分の貯蔵や繁殖に寄与する場合も多い。栄養繁殖は，植物における無性生殖のなかで最も一般的なもので，配偶子形成を経ることなく，成長点に由来する細胞が体細胞分裂により新しい植物体を形成することを言う。植物の栄養繁殖の形態は多様で，また変化に富んでいる (図 5-5)。

地下茎　根茎，鱗茎，球茎，塊茎などの総称である。

根茎 (rhizome) は，地中で水平に伸びる茎で，特にイネ科草本やスゲのような植物にとっては重要な繁殖器官である。親個体から伸長した根

図 5-5　さまざまな茎の形態。①：根茎 (ショウガ)，②：鱗茎 (ニンニク)，③：球茎 (マムシグサ)，④：塊茎 (ジャガイモ)，⑤：走出枝 (イチゴ)，⑥：巻きひげ (ブドウ)，⑦：葉状茎 (サボテン)。

茎上には，節ができ，その節から新しい開花シュートを形成することができる。

鱗茎 (bulb) は，茎の基部に形成される鱗片葉からなる球状の貯蔵器官で，鱗茎から分離した個々の鱗片葉から娘個体が形成され，ユリ属植物では，複数の鱗茎が形成される。

球茎 (corm) は，テンナンショウ属植物のように地上茎の基部が貯蔵物質により球状に肥大した地下茎である。

塊茎 (tuber) もまた貯蔵と繁殖のために特殊化した茎である。ジャガイモは，一つまたはそれ以上の「芽 (eyes)」をもつ塊茎の一部が「たねいも」として栽培されて，次の新たなジャガイモへと成長する。

走出枝 (匍匐枝)　地表面に沿って伸びる細長い茎によって繁殖するものもある。例えば，栽培イチゴでは，葉，花，根が走出枝上のそれぞれ別々の節に形成される。ちょうど，それぞれの二番目の節の先で，枝の先端が現れ，膨らむ。そして，その膨らんだ部分が最初に不定根を形成し，その後新たな走出枝として成長する新しいシュートが形成される。

巻きひげ　ブドウやツタのようなつる性植物で見られる巻きひげは，茎が変化したものである。巻きひげは支持体の周りに巻き付き，よじ登るのを補助する。また，エンドウやカボチャなどの巻きひげは，葉が変化したものである。

葉状茎　サボテンの葉のように見える平らな部分は，実は葉状茎と呼ばれる光合成を行う茎で，本来の葉は葉針に変化している。

5-4　葉の構造と機能

葉は光合成を行う場所であり，植物にとっては必須部位であるため，その配置，形，大きさや内部構造は重要である。植物は，「双子葉植物」と「単子葉植物」に大別される。双子葉植物の葉は，平たい「葉身」と細長い「葉柄」からできていて，網目状の葉脈をもつ。一方，単子葉植物の葉は，通常葉柄がなく，平行の葉脈をもつ。葉身 (いわゆる葉) はさまざまな形をしている。特に，カバやユリノキの葉のように葉身が1枚の

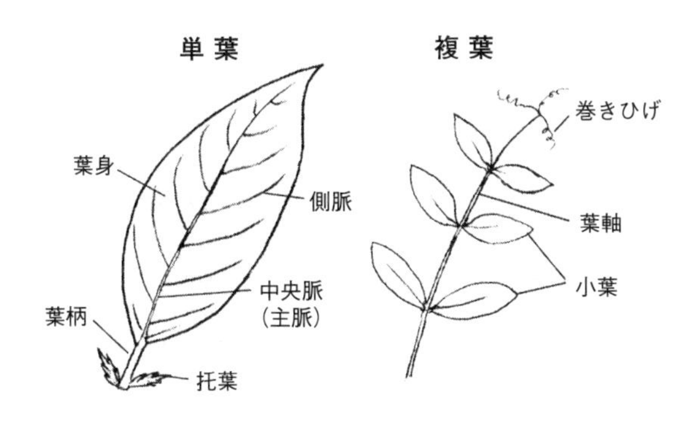

図 5-6　葉の構造。

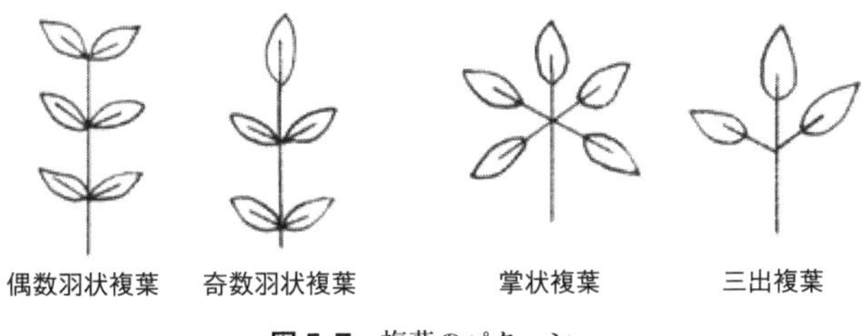

図 5-7　複葉のパターン。

葉で構成されているものを「単葉」，クルミやニワトコの葉のように葉身が「小葉」に分かれているものを「複葉」と呼ぶ (図 5-6)。さらに，小葉が対になって配置されている場合を「羽状複葉」，一方，放射状に配置されている場合を「掌状複葉」と呼ぶ（図 5-7)。ちなみに，シロツメクサの葉は三出複葉と呼ばれる。四つ葉のクローバーになっても，輪生ではなく複葉である。そして，茎の部分でも説明したが，単葉でも複葉でも，葉が相互に配置されている場合を「互生」，対に配置されている場合を「対生」，そして，環状に配置されているものを「輪生」と呼ぶ。

葉の表面は全体が透明な表皮に覆われ，ほとんどの表皮細胞に葉緑体がない (図 5-8)。表皮自体にはさまざまな厚さのクチンやワックス質の「クチクラ (cuticular)」が存在する。クチクラは基本的には植物体全体を

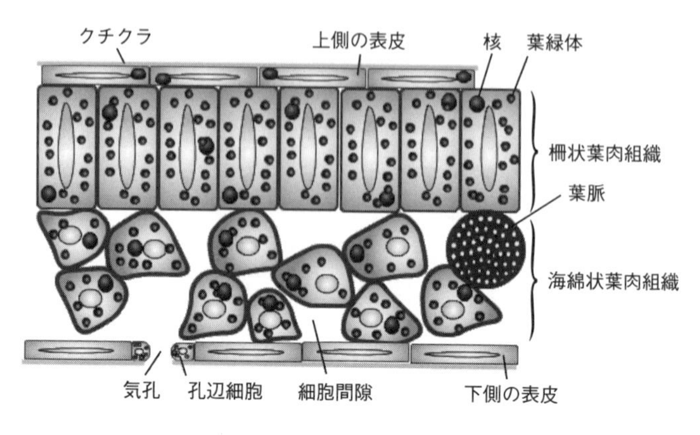

図 5-8　葉の内部構造。

覆っている組織であるが，表面積が大きい葉ではよく発達しており，植物体からの水分の蒸発，紫外線による傷害や，外部からの物質の侵入などを防いでいる。その下には，通常 1 層の「表皮細胞 (epidermal cell)」が存在するが，イチジク属やムラサキツユクサなどでは表皮が複数の表皮層からなることも知られている。

葉は，光合成のための重要な器官であることから，植物全体のガス交換と水の動きの調整を行う「気孔 (stomata)」が存在する。通常，気孔は葉の上側よりも，葉の下側に多数が存在するが，なかには浮葉植物のヒツジグサ (スイレン科) のように上側のみに，そしてガマ (ガマ科)，ベンケイソウ (ベンケイソウ科) などのように両面に均等に存在する植物もある。気孔は対になって存在する 2 個の「孔辺細胞 (guard cell)」と，その間に形成される開口部からなる。

葉の表皮の上側と下側の間の組織を「葉肉 (mesophyll)」と呼ぶ。双子葉植物の多くでは，はっきり異なる 2 種類の葉肉が存在する。表皮の上側には樽型から円筒状をした葉緑体をもつ柔細胞が隙間なく詰まった「柵状葉肉組織 (plaisade mesophyll)」が作られている。この柵状葉肉組織と下側の表皮の間にはゆるく詰まった (多くの空間が存在する)「海綿状葉肉組織 (spongy mesophyll)」が存在する。この空間「細胞間隙 (intercellular space)」は，気孔と同様にガス交換と葉からの水蒸気の通路として機能している。単子葉植物の葉の葉肉は柵状組織と海綿状組織に分化しておらず，上側と下側の表皮に区別がないことが多い。いずれにしても，葉の内部構造を含めたその形態は，水分の損失やガス交換を調節する機能のほか，光合成産物を他の器官へと輸送する機能などと密接に関係している。

5-5　花の構造と機能

図 5-9 には被子植物の花の構造を示した。この図では「花弁」と「萼(がく)片」が区別されているが，チューリップやユリの花を見てみると，この両器官の明瞭な区別はなく，花弁と萼片を合わせて「花被」と呼ばれる。被子植物の大部分の花の花弁は，花の外側の雄しべが不稔化し，赤や黄に着色したものか，萼片が花弁化したものである。また，ヒマワリやスズランのように一つひとつの花が集合したものは「花序」と呼ばれる。

いわゆる雄しべ (stamen) は葯と花糸から構成されており，その葯の中に花粉 (pollen) が入っており，成熟すると葯が裂開して，中に含まれる花粉が放出される。一方，雌しべ (pistil) は，花粉が付着する柱頭，そして柱頭で発芽した花粉からは花粉管が伸び，花柱を通り，子房に到達する。そして，子房の中には種子のもととなる胚珠 (ovule) が包まれている。

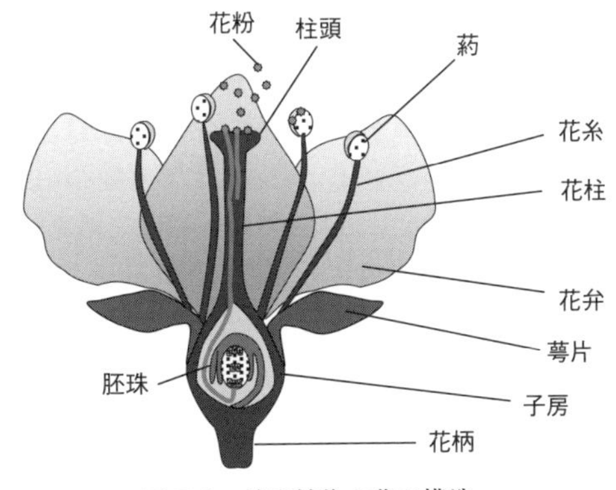

図 5-9　被子植物の花の構造。

花は次の世代を残すための重要な繁殖器官である。したがって，植物には，いつどこに花を形成するかを決定する緻密に制御された過程が存在する。花を形成し始めるためには，それを制御している外的または内的シグナルに反応する能力を獲得しなければならない。いったん植物がこの能力を獲得すると，光，温度などの外的シグナルや，その形成を促進したり，抑制したりする内的シグナルを含むさまざまな要因が組み合わさって，いつ花を形成するかを決定するようになる。これらのシグナルは，萼，花弁，雄しべ，心皮などの花器官をどこに形成するかを特定する遺伝子のスイッチを入れる。そして，細胞が花のどの器官になるかという指示を受けた後も発生は次々と段階的に進み，花の三次元構造ができ上がっていく。

Box 5-1 花の器官形成の分子メカニズム

シロイヌナズナやキンギョソウは，植物における花芽形成や開花に関与する遺伝子を同定したり，その遺伝子の相互作用を理解するうえで，貴重なモデル植物である。花芽の形成には，光依存型，温度依存型，自律型の三つの花成反応経路が関与している。それぞれの反応経路が，成熟個体の分裂組織を，花の分裂組織のアイデンティティ遺伝子を活発化させたり，あるいはその抑制を妨げることによって，開花分裂組織へと分化するように誘導する（図 5-10）。

重要な花の分裂組織のアイデンティティ遺伝子は，*LEAFY* と *APETALA1* である。これらの遺伝子は，分裂組織を花の分裂組織として確立する働きをし，花器官のアイデンティティ遺伝子のスイッチを入れる。花器官のアイデンティティ遺伝子は花の分裂組織を外側から順に，萼片，花弁，雄しべ，心皮と四つの同心円状の輪の境界を定める。Coen & Meyerwitz (1991) は，ABC モデルと呼ばれるモデルを提唱し，どのようにして三つのクラス (A, B, C) の花器官アイデンティティ遺伝子で四つのはっきりした花器官が特定できるのかを説明した（図 5-11）。彼らは突然変異体を調べることにより，以下のことを明らかにした。

（Box 5-1　続き）

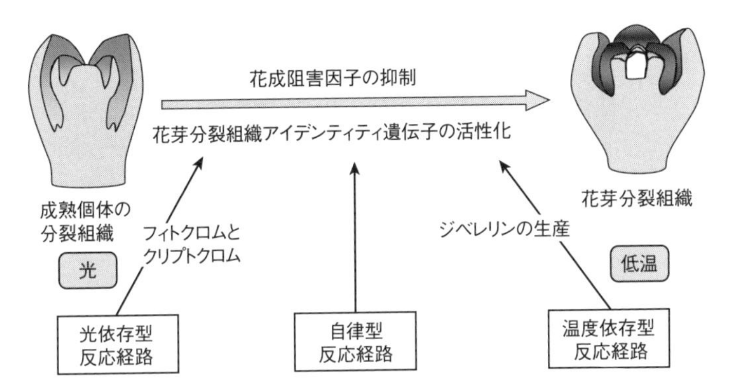

図 5-10　花成のモデル。光依存型，温度依存型，自律型の花成の各反応経路は，花成阻害因子を抑制し，花の分裂組織アイデンティティ遺伝子を活性化することにより，成熟個体の茎頂分裂組織から花芽分裂組織の形成を誘導する（Raven et al. 2005 より）。

1. クラス A 遺伝子は，単独で萼片を作る。
2. クラス A とクラス B 遺伝子は，一緒に花弁を作る。
3. クラス B とクラス C 遺伝子は，一緒に雄しべを作る。
4. クラス C 遺伝子は，単独で心皮を作る

この ABC モデルがすばらしいのは，花器官アイデンティティ遺伝子突然変異体の異なる組み合わせを作ることにより，完全にテストが可能である点である。遺伝子のそれぞれのクラスは，遺伝子産物の四つの組み合わせを作りながら，二つの輪のなかで発現されている。どれか一つのクラスが欠失すると，予想される部分に異常な花の器官が生じる。

しかし，これはあくまで，一つの花の形成の出発点であることを認識することが大切である。これらの器官アイデンティティ遺伝子は，次に実際に三次元の花を作り上げるその他の多くの遺伝子のスイッチを入れる転写要因なのである。例えば，花弁に「色をつける」という別の遺伝子は，複雑な生化学的反応経路によって液胞にアントシアン色素を集積させるのである。これらの色素は，オレンジ，赤，または紫であったり，また実際の色は土壌の pH によっても影響される。

（Box 5-1 続き）

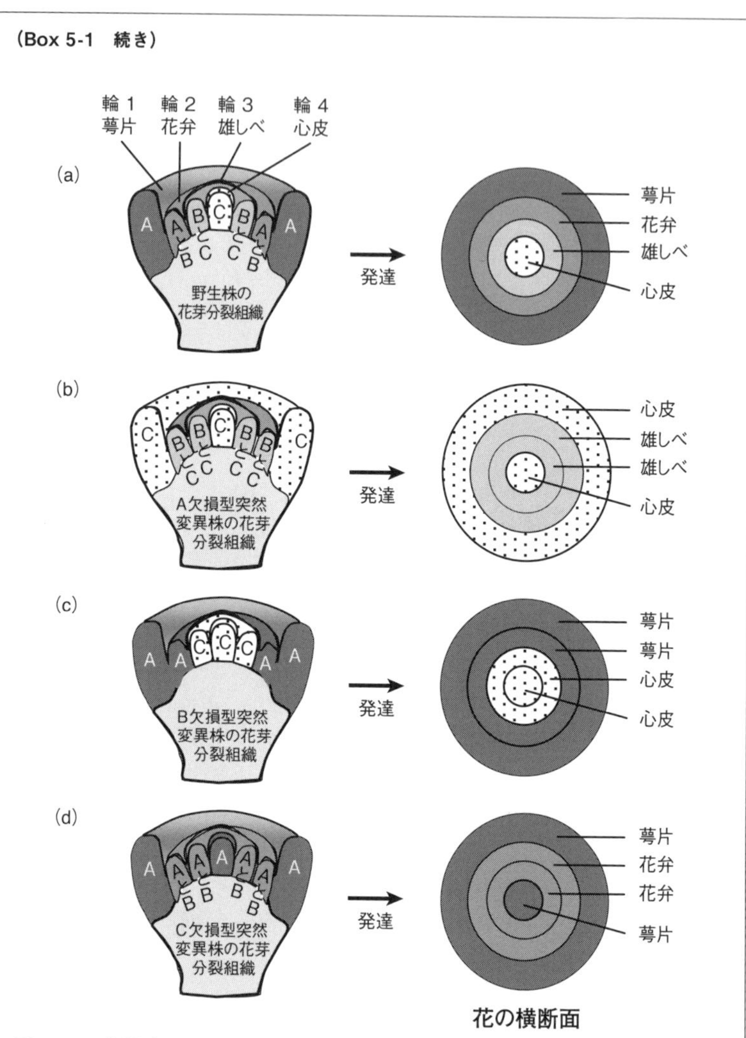

図 5-11 花器官を決定する ABC モデル（Raven et al. 2005 より）。輪に示されている文字は，その遺伝子クラスが機能していることを示す。遺伝子発現のパターンの新しい組み合わせが，それぞれの輪の中でどのような花の構造が作られるかを変化させる。(a) 正常に遺伝子発現した野生株。(b) A の機能が失われ，C が 1 番目と 2 番目の輪にまで発現するようになる。(c) B の機能が失われると，外側の二つの輪に A のみが機能するようになる。そして，内側の二つの輪には C のみが機能するようになり，どの輪にも二つの遺伝子の両方が機能しないことになる。(d) C の機能が失われると，A が内側の二つの輪に機能するようになる。

5-6　植物における性表現

動物では，雄個体と雌個体が別々の個体であることが多いが，植物では「花レベル」，「個体レベル」，「個体群レベル」で多様な性表現が見られる（図 5-12）。図 5-9 で示した花は，一つの花の中に雄しべと雌しべがあり，すなわち一つの花に雄と雌の両方の性が存在することから「両性花」と呼ばれる。それに対して，ヘチマの場合は，花が雌しべだけからなる「雌花」と，雄しべだけからなる「雄花」からなることから「単性花」と呼ばれる。しかし，花レベルでは雄（雄花）と雌（雌花）が別々であっても，ヘチマやトウモロコシのように個体レベルで見ると両方の性が存在する場合も少なくない。このような植物は「両性個体」と呼ばれる。なかでも，両性花のみからなる両性個体は「両全性個体」と呼ばれる。また，両性個体には，単純に同じ個体上に雄花と雌花が存在する以外にも，雄花と両性花（ウメ，ツユクサ），雌花と両性花（カワラナデシコ），雄花・雌花・両性花の全て（オオモミジ）など，多様な性型のコンビネーションが存在する。一方，雄花のみからなる雄個体と雌花のみからなる雌個体をもつフキやイチョウの場合は「単性個体」である。

このように植物では花レベルや個体レベルで多様な性型が存在するが，実際の植物は単体で生育していることは稀で，かつ植物は固着性であるため個体群レベルでの性型の頻度や分布はその生活史特性と密接に関連していると考えられる。その意味で，両全性個体および両性個体からなる個体群は広い意味で「雌雄同株（monoecy）」と言える。その一方で，雄個体と雌個体からなる個体群は「雌雄異株（dioecy）」と呼ばれる。さらに，雌個体と両全性個体からなる場合は「雌性両全性異株」と呼ばれる。

雌雄異株の場合は，雄個体は自らがもつ花粉を雌個体へ移動させ，一方，雌個体は雄個体から花粉を受け取らない限り，自らの遺伝子を残すことができない。例えば，雌雄異株の場合，個体群内に雄個体と雌個体がそれぞれ 50 個体ずつ存在していたとしても，雄個体同士・雌個体同士が集中して存在しては，花粉のやり取りが効率的に行われない。また，

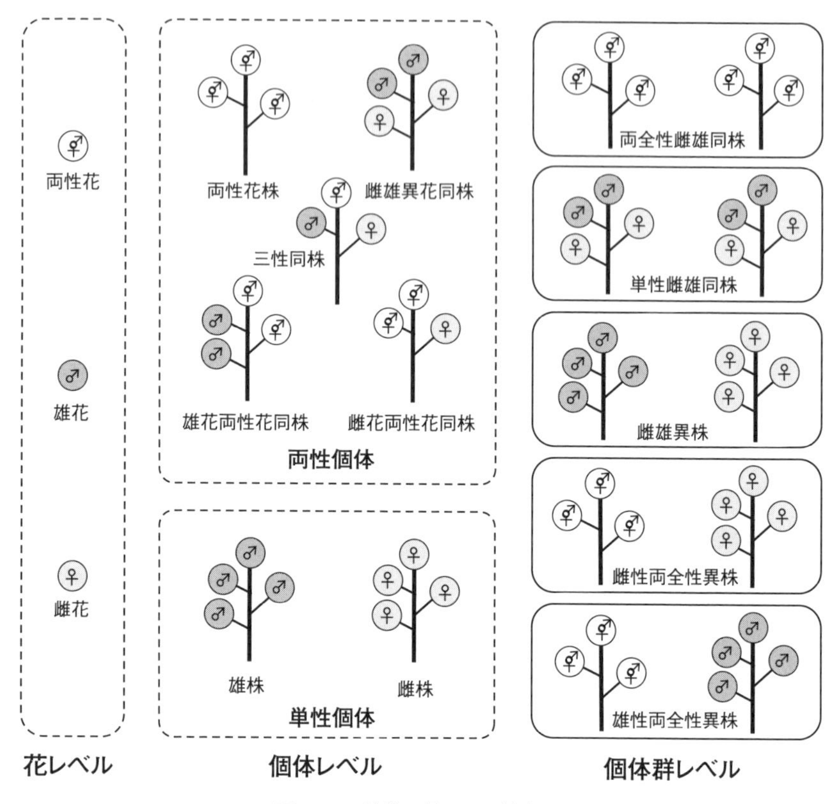

図 5-12　植物に見られる性表現。

雌性両全性異株に関しても，雌個体は両全性個体の雄しべから花粉をもらう必要がある。したがって，野外の植物個体群では，個体の性型とその空間的配置（空間分布）が繁殖様式と密接に関連している。

雌雄異株植物のなかでもサトイモ科テンナンショウ属植物では，個体が，雄個体から雌個体，または雌個体から雄個体と，可逆的に性転換（sex change）を行う。動物では魚類やエビ類，貝類などの特定の種で性転換が行われることが知られているが，動物の場合は，たとえ個体の雌雄が変化しても繁殖に関しては移動することができる。しかし，植物は移動できないため，性転換することは，個体群内における雄個体と雌個体の空間分布が年次変動することになり，性転換のメカニズムと合わせてその繁殖特性は非常に興味深い。

5-7　植物における個体性

動物ではアリからゾウまで，そのサイズの大小はあるものの，多くの場合「個体」の認識が比較的容易にできる。しかし，多年生植物のなかにはクローナル植物 (clonal plant) と呼ばれる植物群が存在する。このクローナル植物が植物における個体性の把握を難しくしている。その一方で生活史研究を面白いものにしているのも事実である。

まず，クローナル植物を含む植物の個体性を認識するための重要な用語を説明しよう (図 5-13)。それは，植物体の生理的・遺伝的構造のユニット (単位) を示す，ジェネット (genet) とラメット (ramet) である。ジェネットは，これまで述べてきた「花」を介した雄性配偶子と雌性配偶子の受精によって行われる「有性繁殖 (sexual reproduction)」によっ

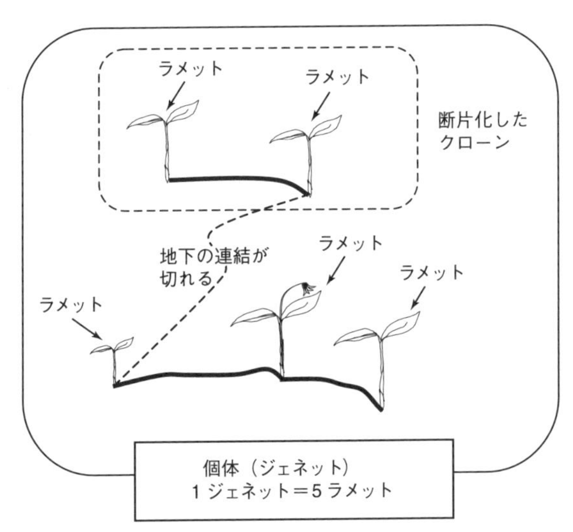

図 5-13　クローナル植物におけるジェネット，ラッメトとクローン断片の関係。

て得られる単位を指す。それに対して，ラメットは，イチゴやシロツメクサのような匍匐する走出枝や，イネ科植物のような分げつ，そのほかイモやユリのように地中の貯蔵器官（塊茎・球茎）から生じるシュート（地上茎）を指す。したがって，地上からはそれぞれのシュートの間に連結が見られず，あたかも独立した個体のように見えたとしても，それらが地下で連結していれば，個々のシュートはラメットであり，そのラメットの集合体がジェネットということになる。

さらに，注意しなくてはいけないのは，ラメットの集合体は必ずしもいつまでも連結してはおらず，物理的・生理的な相互の連結が切れ，分離されても独立して生きている場合も多いことである。しかし，その場合も，各ラメットは一つのジェネット由来であることには変わらない。このようにラメットの集合が分離し，独立した「個体」になることを「クローンの断片化（clonal fragmentation）」と呼ぶ。分断・独立したラメットに関する相互の関係を理解するためには，単なる地下部の掘り起こしでは理解することはできず，11 章で紹介するスズランの事例のように，遺伝的マーカーを用いた個々のシュートの遺伝的類似性を評価するしかない。

6 植物の繁殖様式（1）
―有性生殖と無性生殖―

有性生殖のために多様な花が進化した．スカシユリとイワベンケイ

ここまで，生物の種（species）の「成り立ち」（2章と4章）や「位置づけ」（3章）を，さまざまな側面から紹介してきた。分類学，生態学，生理学，分子生物学など，いかなる研究分野においても生物の種を対象とする場合，一つの大切な認識をもっていなくてはいけない。それは，生物は繁殖することで，その存在を存続させているということである。生物の「個体」は長くても数百年で命をまっとうし，何もしなければ地球上から存在しなくなってしまう。しかし，「種」は「繁殖」により，この世に残る。言い換えると，繁殖することにより，「種」が維持されているのである。そう考えると，繁殖というのは生物にとってのベースラインとも言えよう。

生物の繁殖様式は，有性生殖（sexual reproduction）と無性生殖（asexual reproduction）に大別される。有性生殖は，減数分裂により雌雄の配偶子が受精して新しい個体ができる。一方，無性生殖は，雌雄の配偶子の受精なしに新しい個体ができる。イギリスの遺伝学者 Maynard Smith（1971）は，理論上，有性生殖が無性生殖に比べて 2 倍のコストがかかることを示した。それにもかかわらず，生物界ではなぜ有性生殖が広く行われているのであろうか？

6-1　植物に見られる無性生殖

生物で見られる無性生殖には，ミドリムシや酵母菌に見られる分裂や出芽があるが，植物における無性生殖は，アポミクシス（無融合生殖：apomixis）と栄養繁殖（vegetative reproduction）に大別される。次章で紹介する植物の有性繁殖（生殖）は，自殖（7 章，p. 117 参照）も含め雌雄の配偶子の受精により新しい個体が作られる。

6-1-1　アポミクシス

アポミクシスは，配偶子形成の過程で減数分裂や受精を経ずに行われる生殖様式で，生殖細胞としての卵・胚が受精することなく種子が形成される。このアポミクシスにより繁殖を行う代表的な植物が，セイヨウタンポポ *Taraxacum officinale* である。

少し前まで，「セイヨウタンポポが日本在来のタンポポを駆逐してしまった」というような記述があちこちで見られた。それは，アポミクシスによるセイヨウタンポポの旺盛な繁殖力と，在来タンポポの減少によるものからである。在来のタンポポ（カントウタンポポ，エゾタンポポなど）はセイヨウタンポポに比べ，開花時期が春の短い期間に限られる。また在来種はおおむね茎の高さが外来種に比べ低いため，生育場所がより限定される。夏場でも見られるタンポポの多くは外来種のセイヨウタンポポである。そのため，より個体数が多く目につきやすいことから「セイヨウタンポポが日本在来のタンポポを駆逐してしまった」というような表現が用いられたが，これは正確には誤りである。

図 6-1　外来種セイヨウタンポポ（①，②）と在来種エゾタンポポ（③，④）。セイヨウタンポポでは総苞外片が反り返り，エゾタンポポでは反り返っていないのが特徴。

セイヨウタンポポは在来種よりも生育可能場所が多くかつ繁殖力が高い反面，多くの在来種よりも低温に弱く，初春から初夏にかけての寒暖差が激しい条件下では生育できない場合も多い。セイヨウタンポポの個体数が多いために相対的に在来種の割合が減っただけで，在来種も一定の個数で存在している。あえて言うなら，人為的な開発行為（宅地造成，埋め立てなど）により，セイヨウタンポポにより適した生育環境が増え，セイヨウタンポポがより身近で見られるようになってしまったということである（図 6-1）。

また，最近になって，在来種とセイヨウタンポポの雑種が発見され，新たな問題として注目されている（Kim et al. 2000; Shibaike et al. 2002; Brock 2004）。セイヨウタンポポはアポミクシス，すなわち花粉を必要としない種子形成を行うため，不完全な花粉しか作らず，雑種形成は生じないと考えられていた。しかし，セイヨウタンポポの作る花粉のなかに，n や 2n の両方の染色体数のものが存在することが分かってきた。したがって，在来種のタンポポが稔性をもつ2nのセイヨウタンポポの花粉を受粉した場合には雑種ができる可能性があり，現に両種の雑種が日本のあちこちに生育していることが確認されたのである。このような雑種では，総苞が反り返る場合もあり，外部形態によるセイヨウタンポポとの区別は簡単ではない。このように，タンポポの問題は外来種による植物相の撹乱という問題から，遺伝子汚染という新たな問題へと発展したと言えよう（芝池 2007）。

6-1-2 栄養繁殖

栄養繁殖は，植物における無性生殖のなかで最も一般的なもので，配偶子形成を経ることなく，成長点に由来する細胞が体細胞分裂により新

図 6-2 植物に見られるさまざまな栄養繁殖。地下茎の伸長（スズラン：①，②），鱗茎の形成（オオウバユリ：③，④），むかごの形成（カランコエ：⑤，オニユリ：⑥）。カランコエは葉縁にそったくぼみの部分にある分裂組織から無数のむかごが生じることから，英語の一般名も maternity plant（母なる植物）と呼ばれる。

図 6-3　アメリカブナ *Fagus grandiflorum* に見られる根萌芽（root sucker）による繁殖（①）と，発達した林（②）。

しい植物体を形成することを言う。5 章の植物の構造と機能の解説のなかで「茎」が栄養繁殖の一役を担っていることを紹介した（図 5-5）。ここでは繰り返しになる部分もあるが，植物における繁殖システムとしてのさまざ前まな栄養繁殖の姿を見ていくことにしよう。

野生植物においても，栄養繁殖は一般的に見られるが，その形態は多様である。図 6-2 にスズランとオオウバユリの栄養繁殖の様子を示した。スズランは地下茎により地中を伸長し，オオウバユリでは親個体の地際に娘鱗茎を形成する。スズランとオオウバユリにおける栄養繁殖が個体群の時間的，空間的，遺伝的構造に及ぼす影響に関しては，11 章で紹介する。このほか，植物では，葉や根も繁殖器官となりうる。例えば，むかご（propagule）は，葉や地上茎に形成された芽（不定芽）が分離して，娘個体を形成する。コモチミミコウモリ，ヤマノイモ，オニユリ，観葉植物のカランコエ（図 6-2）などにおいて見られる。

萌芽（coppice, sprout）は，木本植物において根株の休眠芽や形成層から生じた新たな芽であり，特に，根茎から生じた萌芽を根萌芽（root sucker）と呼ぶ。アメリカ東部の山地帯に生育するアメリカブナ *Fagus grandiflorum* は根萌芽による顕著な栄養繁殖を行う（図 6-3）。根萌芽により繁殖を行っているアメリカブナの個体群では，非常にユニークな遺伝構造を示す（図 10-7; Kitamura & Kawano 2001）。

6-2　無性生殖の利点

有性生殖の適応的意義については後述するが，無性生殖の適応的意義に関する解釈はなかなか難しい。本来，無性生殖は有性生殖の代替え機構として進化してきたものと考えられる。しかし，アポミクシスを行う外来種セイヨウタンポポ（三倍体）では，花粉は形成されず，受粉に関係なく，種子が単独で形成される。そのため，セイヨウタンポポが外来種・移入種として侵入した場合，1 個体だけでも種子を形成することができる。さらに，アポミクシスにより形成された種子は，その親と遺伝的に同一の個体を作り出すことはもちろんであるが，種子散布と言う，有性繁殖を行う植物に備わっている適応性も持ち合わせていることになる。そのため繁殖力が強く，都市部を中心として日本各地に広まり，特に近年の埋め立てや宅地造成などの人為的撹乱が多い地域を中心に分布を広げた。

また，栄養繁殖に関しても，個体当たりに生産される栄養繁殖体の数は種子よりも少ないものの，その後の死亡率は，種子由来の個体よりも低く，次世代個体をより確実に確保するための投資形態であるとみなすこともできる。例えば，定期的あるいは不定期でも撹乱を受ける環境では，一年生草本のように 1 世代の長さが，数カ月の 1 年以内に短縮され，ごく短期間のうちに栄養成長から生殖成長へと切り替わり，種子生産が可能になる適応が見られる。また，多年生草本に関しても，イネ科の水田雑草では耕起による撹乱を受けて断片化された地下茎より発根成長後，定着して独立した個体になるものもあれば，ノビルやカラスビシャクのようにむかごや小鱗茎の形成により個体群を維持しているものも存在する。

図 6-4 の写真は，北米のエンレイソウ属植物 *Trillium ludovicianum* の栄養繁殖である。多くのエンレイソウ属植物は安定した落葉広葉樹林の

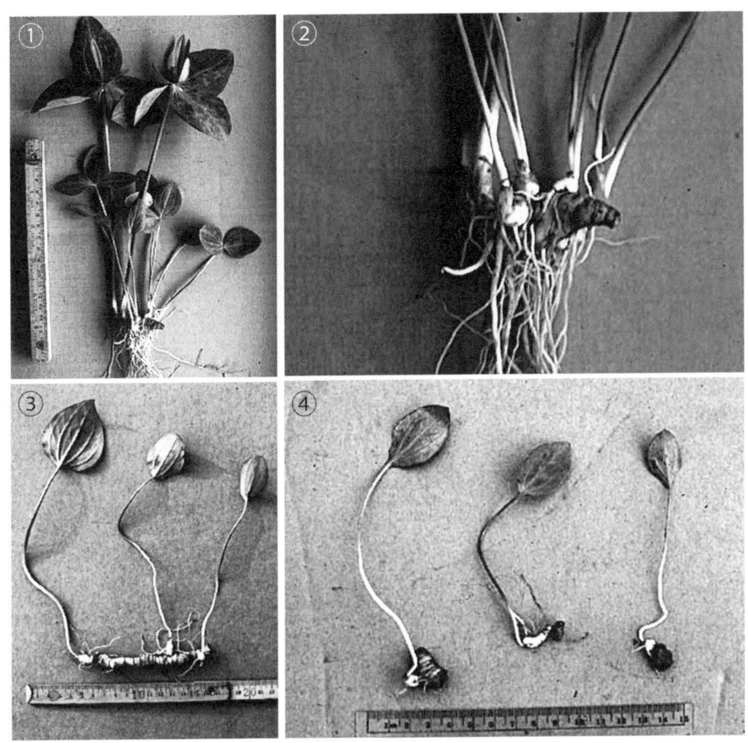

図 6-4　北米のエンレイソウ属植物 *Trillium ludovicianum* で見られる栄養繁殖。さまざまな生育段階の個体が一つの親の根茎で形成されている（①と②）。②は①の根茎部のクローズアップ。親個体から独立後も，まだ親個体の断片が付いているものも見られる（③と④）。

林床に生育し，種子による有性繁殖（種子繁殖）を行う。しかし，この *T. ludovicianum* をはじめとする北米東南部に分布するエンレイソウ属植物は河川の氾濫原を主たる生育地とする。これら北米南部では，エンレイソウ属植物の種子繁殖期（6～8 月）に降水量が非常に多く，頻繁に河川の氾濫が生じる。そのため，結実し，地上に落下した果実は流され，その種子の発達，定着も困難になる。その不確実な種子繁殖の補償機構として栄養繁殖が発達してきたものと考えられる（Ohara & Utech 1986）。

このような撹乱環境とは反対に，閉鎖的で安定した，予測性に富む森

Box 6-1　有性生殖の2倍のコスト

冒頭で，イギリスの遺伝学者メイナード・スミス（Maynard Smith 1920-2004）が，有性生殖には，「性の2倍のコスト（the two-fold cost of sex)」があることを指摘した，と述べたが，ここでその理論的根拠を見てみよう。彼は，1971年に理論生物学の学術誌 Journal of Theoretical Biology に “What use is sex ?” というタイトルで問題を提起した。図6-5を見ながら，彼の理論を説明しよう。

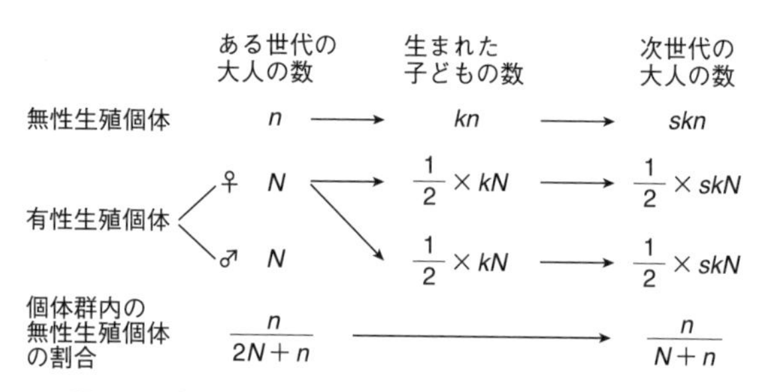

図 6-5　無性生殖が2倍の有利性を示す理論的説明。

有性生殖を行う雄個体（N個）と雌個体（N個）の個体群内に，突然変異で無性生殖を行う個体がn個体生じたとしよう。この時点での，個体群内の個体数は$N+N+n$個体。個体群内の無性生殖個体の割合は$n/(2N+n)$である。雌個体が子どもを産む能力はどちらも同じで，1個体当たりk個とする。したがって，有性繁殖個体では，kN個体の子ども（生まれた子どもの性比は1:1で，それぞれ，$1/2 \times kN$）が生まれ，無性繁殖個体の子どもの数はknである。次に，生まれた個体の全てが次世代の大人までの生存率をsとすると，有性繁殖で生まれた個体で，大人になる個体数はskN。無性繁殖で生まれた個体ではsknとなる。

一世代が進んだ個体群において，無性繁殖由来の個体が占める割合は，$skn/(skN+skn)=n/(N+n)$となる。この$n/(N+n)$を，最初の$n/(2N+n)$と比べてみると，倍率が$(2N+n)/(N+n)$となり，この近似値が2となる。すなわち，個体群における無性繁殖由来の個体が占める割合が2倍になったことを意味するのである。つまり，世代を重ねるうちに，有性生殖をする種は遺伝子プールから淘汰されることになる。

林の林床に生活する多年生植物でも，栄養繁殖は頻繁に見られる。11章で紹介する林床性の多年生植物スズラン，オオウバユリなどでは，その形態は異なるものの幾シーズンにもわたり継続的に有性繁殖活動を持続するために，エネルギーの貯蔵器官として鱗茎や根茎の発達が見られる。したがって，栄養繁殖体の形成率やその程度は，生育環境や個体によっても大きく異なる。また，多年生草本のチゴユリ，ホウチャクソウなどでは有性繁殖の効率（種子による次世代個体の補充率）が著しく低下し，栄養繁殖により形成された個体が親個体と入れ替わるものもある。このような種は，物質生産のうえでは一年生草本と変わらないことから，多年草でありながらも，擬似一年草（pseudo-annual）と呼ばれる。

無性生殖では，個体は単一の親から全ての染色体を受け継ぐので，子孫は遺伝的に親と同一である。原核細胞は二分裂して同じ遺伝情報をもつ二つの娘細胞が生じて繁殖する。またほとんどの原生生物は通常は無性的に繁殖し，ストレス環境下では有性生殖を行うようになる。遺伝学，数理モデルなどを考えなくても，有性生殖では，雄と雌が必要で，その両者の交配により子孫が作られることを考えると，単独でも子孫を作ることができる無性生殖のほうが，効率的であることが容易に想像できる。また，有性生殖を行うときには，動物では異性を見つけなければならない，植物でも花粉を媒介する風や虫などが必要になる。便利で，効率的な無性生殖がなぜ多くの生物で行われないのであろうか。

6-3　有性生殖の利点

有性生殖と無性生殖の大きな違いは「組換え」の有無である。有性生殖では，減数分裂で染色体の交叉，すなわち遺伝子組換えが起き，遺伝的な多様性が生じるので，性の存在自体は集団もしくは種にとって進化的に有利である。しかし，進化は集団レベルではなく個体の生存や繁殖レベルでの変化として起きる。無性的に繁殖できるのになぜ性があるのだろう？　性がなぜ生じ，また存続し続けているかについては，進化生物学者の間でもまだ統一した理解がなされていないのが現状である。

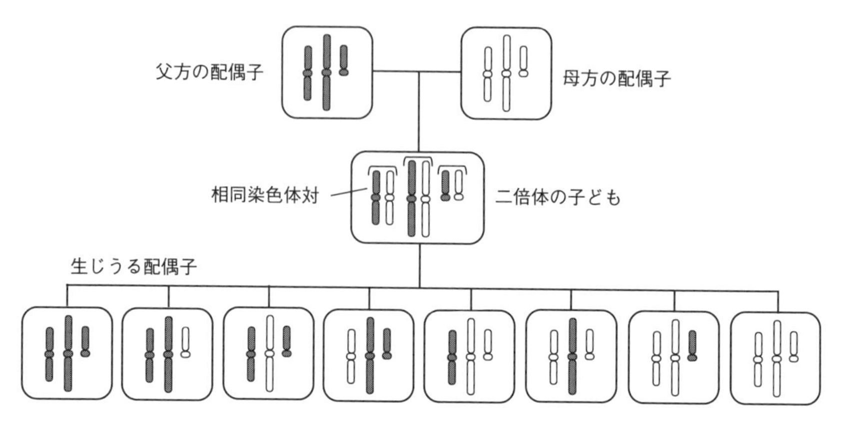

図 6-6　有性生殖による遺伝的多様性の増加。赤道面上での染色体の並び方がランダムであり個々の染色体がそれぞれ独自に分配されると，次世代に新しい遺伝子の組み合わせを生じる。3 組の相同染色体対をもつ細胞の場合，8 通りの染色体の異なる配偶子ができる可能性がある。

以下に，有性生殖の利点に関するいくつかの仮説を紹介するが，どれも単独で有性生殖の有利さを説明できるものではない。さまざまな環境に生息する生物種に応じて，それぞれ違った角度でその仮説を評価するのが良いようである。

（1）変動環境への適応（図 6-6）

これまで最も広く受け入れられてきた考え方で，遺伝子の組換えにより多様な遺伝子型を作り出すことができるため，予測不可能なさまざまな環境の変化に対応することができる。確かに，遺伝的多様性があれば，多様な環境に対して対応することができる。しかし，集団内での遺伝的多様性が高ければ高いほど，その環境変化に対応できる個体（遺伝子型）は集団の一部であり，現時点での環境に適応していなくても，そのような遺伝子型を集団内に維持し続けることに，はたしてメリットがあるのか，という疑問も残る。

（2）改良進化を早める効果（図 6-7）

有性生殖により，無性生殖よりも新しい遺伝的組み合わせが早くできることは間違いない。無性生殖では，異なる個体や遺伝子座で生じた有

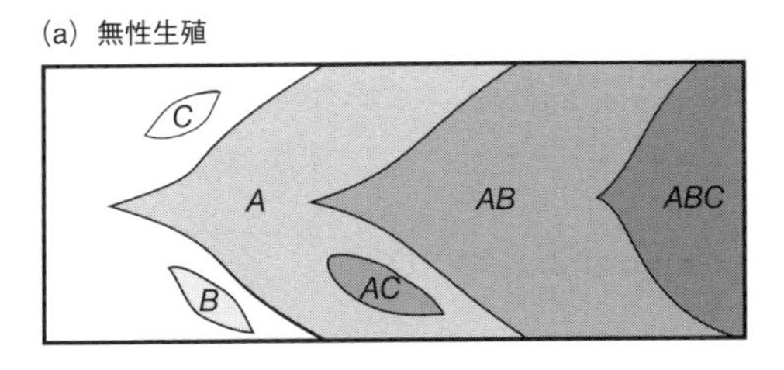

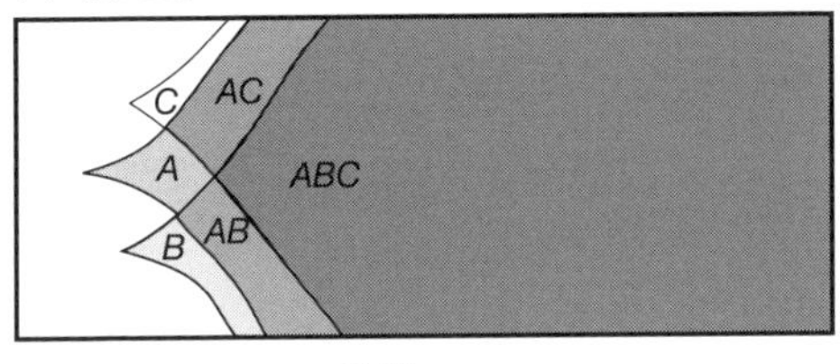

図 6-7　無性生殖と有性生殖における改良進化（Crow & Kimura 1965 より）。

利な突然変異を個体間で受け渡しをすることができず，個別に突然変異を期待しなければならない。一方，有性生殖では個々の染色体が独立して分配され，染色体の乗り換え，そして配偶子が任意の組み合わせで受精することによって，遺伝情報が速やかに集団内に広がる。しかし，この考え方も，仮に有利な組み合わせができれば，無性生殖のほうが変更されることなく，親から子へ正しく確実に受け継がれるという矛盾も生じる。

（3）DNA 修復説

有性生殖をときどき行う原生生物は，ストレス条件下でのみ二つの一倍体細胞が融合して，二倍体の接合子になる。これは，二倍体細胞だけが，DNA の二重鎖切断などの染色体損傷に対して効果的に修復できるためだと考えられている。放射線や化学物質も DNA の二重鎖切断を引き起こす。生物が大きくなり，また長生きするようになったのに伴い，DNA が損傷を受ける機会が増え，そのため修復する能力が必要になったとも考えられる。減数分裂の初期に相同染色体が正確に並ぶ対合複合体は，損傷のない相同染色体を鋳型として損傷を受けた染色体を修復するための機構として進化してきたのかもしれない。ただし，有性生殖のようにコストがかかる方法が，はたして遺伝子修復のために進化してきたのであろうか。

Box 6-2　繁殖競争と性選択

有性生殖の大切さはいろいろ考えられるが，もしも，雄と雌の違いが単に精子と卵子を生産するためであれば，なぜ，さまざまな生物の雄と雌の間で形態上の大きな違いが存在するのであろうか。それは，繁殖の機会をめぐって繰り広げられる競争，すなわち性選択 (sexual selection) のためである。性選択には同性内選択と異性間選択の二つがある。

同性内選択は同性個体同士の相互作用であり，多くの種では，雄同士が雌との交尾機会をめぐって争う。例えば，ゾウアザラシでは，雄が繁殖の行われる海岸にある縄張りを制圧するが，繁殖に関わるのはより体の大きい少数の雄だけである。このように，ほかの雄に勝る競争力に関与する形質が，性選択に有利に働くことで，縄張りをもつ種の多くは，雌よりも雄のほうが大きな体をもっている。このような雌雄の差を性差または性的二型 (sexual dimorphism) と言う。同性内選択には，雄の個体間だけでなく，精子間に競争が生じる精子競争 (sperm competition) もある。これは，雌が複数の雄と交尾するような動物では，精子競争で有利となる形質が進化するためである。

異性間選択は，異性 (特に雌) を魅了するための選択である。異性間選択の直接の利益は，雄が子の世話を手伝うことや，縄張りを保持し，餌，営巣場所，捕食者からの保護などをしてくれることである。これによって雌は高い繁殖成功を得ることができる。その一方で，間接的な利益に関してはさまざまな議論がある。例えば，鳥類に見られる極端な二次性徴形質 (secondary sexual characteristic) の進化である。クジャクの長い尾は飛ぶにも邪魔だし，捕食される危険性も高い。

雌がそのような生存に不利と考えられる形質をもつ雄をあえて選ぶという仮説の一つが，ハンディキャップ仮説 (handicap hypothesis) である。

(Box 6-2 続き)

つまり，遺伝的に優れた形質をもつ雄だけがハンディキャップを負っていても生き残れる，そして，大きなハンディキャップを負う雄を選ぶことは，優れた遺伝子を自分の子に受け継ぐことになるからである。もう一つの仮説は，ランナウェイ仮説 (runaway hypothesis) である。雌がより長い尾をもった雄を配偶者として選ぶ場合，その息子は，最も多くの雌の配偶相手として選ばれ，繁殖成功度が高くなる。その一方で，同じ雌の娘は，母親の好みを受け継ぎ，雄の長い尾とその形質を好む。このように，雄の尾の形質と雌の選り好みとの間に遺伝相関が生じ，それが集団中に広がると考えるものである。

(4) 赤の女王説 (Red Queen hypothesis)

これは，ルイス・キャロル (1832-1989) の『鏡の国のアリス』のなかに登場する赤の女王が，アリスに「ここでは同じ場所にとどまるために必死に走らないといけないのですよ」という言葉にちなんでいる。生物集団はたえず変化する物理的そして生物的な環境要因によってさまざまな影響を受ける。例えば，ある病原体が特定の遺伝子型を攻撃するようになっても，遺伝子の組換えにより，素早くその攻撃を回避する遺伝子型を作ることができる。しかし，その抵抗性の遺伝子型が主流になっても，次にその遺伝子型を攻撃する新たな病原体が登場する。というように，常に変化する環境要因により影響を受け，自らも変わり続けなければならない様子を，赤の女王の一説になぞらえたものである。

(5) 有害遺伝子の除去

有害な突然変異が生じても，無性生殖を行う集団ではそれを取り除くことができない。そのため，その変異は時間とともに不可逆的に蓄積していく。この説は「Müller's rachet の抑制」とも呼ばれる (Müller 1932)。ラチェット (rachet) とは，逆転止めの爪と組み合わせて，一方向だけに回転するように作られている歯車 (rachet) のことである。つまりその歯車が一刻みずつ（一つの突然変異に対応する）回るように蓄積されていくのである。有性生殖を行う集団では，組換えにより有害な突然変異が蓄積されない。ただし，一倍体の無性生物でも有害な突然変異は排除され，子孫が残されない（ラチェットが作用しない）場合もある。

このように，性ならびに有性生殖と無性生殖の進化に関する議論は尽きない。若い読者のためにここであげた仮説に関連する参考関連図書・文献を紹介しておく。

図書　Williams (1975)，Maynard Smith (1978)，Bell (1982)，Bernstein & Bernstein (1991)，Michod (1995)，Ridley (1995) など。

論文　Bernstein et al. (1985)，Kondrashov (1988)，Hamilton et al. (1990)，Hurst & Peck (1996)，Burt (2000) など。

7 植物の繁殖様式（2）
―多様な有性生殖システム―

植物は，さまざまな方法で花粉媒介昆虫を花に誘き寄せている

6章では，生物においては理論的には「無性生殖」が有利であるが，「有性生殖」，すなわち遺伝子の組換えが生じることが，生物の適応進化において重要であることを紹介した。当然のことながら，雌雄が別個体の動物では，個体間で遺伝子の交流が生じる有性生殖が一般的である。しかし，動けない植物は積極的に交配相手を捜し出したりすることができない。植物で有性生殖（繁殖）が可能になるのは，何か動くものに花粉を託して個体間で花粉のやり取り（他家受粉：cross-pollination）を行うか，さもなければ自分の個体上の花粉で受粉（自家受粉：self-pollination）する場合である。前者を「他殖」，後者と「自殖」と呼ぶ。本章では，自ら動くことのできない固着性の植物たちの有性生殖に関する多様性を紹介しよう。

7-1　自殖の有利性

一口に自殖といっても，花序や花の構造により受粉の様式にはいくつかの種類がある。同じ両性花内での受粉で，葯の花粉が機械的に雌しべの柱頭に直接触れたり，あるいは昆虫の訪花により葯の花粉がその柱頭に移動する場合。これが最も一般的な自殖である。このほか同じ個体のなかの一つの花から別の花へと花粉が移動する場合。これは隣花受粉（geitonogamy）と呼ばれ，同一クローン内の花間や，たくさんの花をつける樹木などにおいて生じる。さらに，後述するが，花が開くことがなく，蕾（つぼみ）のままで完全に自家受粉のみを行う閉鎖花も存在する。

このように，自殖はさまざまな両性個体で行われるが，それでは，自殖（両性個体）はどんな場合に有利なのだろうか？

（1） 何度も繰り返すが，植物は動物のように交配相手を見つけるために動くことができない。したがって，他個体と交配するためには，花粉の移動を昆虫や風に任せなければならないが，それがいつもうまく自分の仲間の柱頭に運ばれるとはかぎらない。例えばスギの花粉症は，私たちにとって大変やっかいであるが，スギにとっても喜ばしいことではない。つまり，本来は雌花に飛んでいってほしい大切な雄花の花粉が，その移動をきまぐれな風にゆだねるため，私たちの目や鼻に到達してしまい，無駄になっているのである。自殖では他個体と花粉のやり取りをする必要がなく，一つの花の中や，同一の花序内の花間で受粉を行うために，より確実に種子を作ることができる。

（2） 虫に花粉を運んでもらう虫媒花では，虫たちはボランティアとして花粉を運んでいるのではない。虫たちは蜜や花粉を自分や子どもの餌として集めるために花を訪れ，その行動を通して植物は花粉を移動してもらっている。その昆虫たちへの目印になっているのが，花の大きさ，色，匂いなどである。したがって，雌雄が別々の個体であれば，その虫を引きつけるための器官を，雌花と雄花で，それぞれ別々に用意しなければならない。両性花ではその器官を共有し，そのための資源の投資（コスト）を下げることができる。

(3) さらにコストという観点から見ると，雌雄異株の場合，雄個体は花粉が運び出され，花が散ってしまうと繁殖への資源投資は終了する。一方，雌個体は受粉後，受精した胚珠を種子へと発達させることになる。したがって，植物が花粉を成熟させる時期と種子を成熟させる時期とは，季節的に異なっていることから，両者は別々の資源に依存していると考えられる。両性個体の場合，雄器官と雌器官（花と果実）への資源投資の時期が重複しないことで，そのコストをうまくやりくりしていると考えられる。

(4) このほか，種子が散布され，新しい生育場所に侵入するような場合，雌雄異株では，同時に少なくとも雄雌各1個体が近くに侵入する必要があるが，両性個体では1個体が侵入するだけで，自殖により種子を生産し，その後集団を形成することが可能である。したがって，火山島など遷移初期の状況などでは自殖を行う種のほうが侵入・定着により有利と考えられる。

ここまで見てくると，動けない植物にとって自殖はいいことずくめのようであるが，自殖は生物学的に見るといわゆる近親交配である。一般的に近親交配によって生まれてくる子どもは虚弱であったり，繁殖力に劣ることが多い。そのような現象は近交弱勢（inbreeding depression）と呼ばれる。突然変異などで生じる多くの有害遺伝子は通常劣性遺伝子であるため，その遺伝子を異なる対立遺伝子からなるヘテロ接合の個体では有害遺伝子の影響は現れない。したがって，任意交配が行われている大きな集団では，仮に有害遺伝子が存在しても個体はヘテロ接合をしているため，発現する確率は低い。しかし，同じ遺伝子を共有している可能性が高い近親個体同士の交配の場合は，弱有害遺伝子や致死遺伝子などが同じ対立遺伝子からなるホモ接合になる確率が高くなる（図7-1）。

動物のように個体がどちらか一方の性しかもたないような場合は，近親交配といっても親や子，あるいは兄姉との交配である。しかし，植物の自殖は，自己と自己の交配であるから，弱有害遺伝子や致死遺伝子がよりホモ接合になりやすい非常に強い近親交配と考えられる。近交弱勢

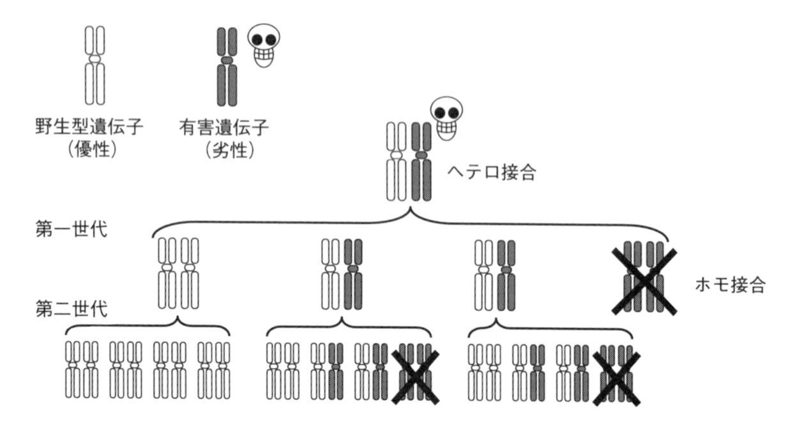

図 7-1　自殖による有害遺伝子が発現するメカニズム。体細胞で対になる2本の染色体において，同じ位置にある遺伝子（対立遺伝子）が同じである場合をホモ接合，違う場合をヘテロ接合という。劣性の遺伝子の場合，ヘテロの状態ではその性質が表現型では現れず，ホモになって初めてその性質が現れる。自殖を行うことにより，各世代で劣性遺伝子がホモ接合になる個体が出現する。個体の生存や繁殖に多少不利に作用するような劣性遺伝子は弱有害遺伝子，それを保有することにより個体を死に至らせるほどの強い効果をもつ遺伝子を致死遺伝子と呼ぶ。

は適応度の低い子孫を作ったり，集団に劣性突然変異が生じた場合など，自殖により蓄積され適応度が低下することが想定される。自然選択による進化では，子孫の生存力や繁殖力を低下させるような特徴は排除されると考えられる。したがって，それを避けるための適応進化は起こりやすく，自殖を避け他殖を促進するために，植物はさまざまな性表現と花の多様性を進化させてきたと考えられる。

7-2　自殖を避けるためのメカニズム

7-2-1　雌雄離熟と雌雄異熟

一つの個体に雄雌両方の機能をもつ両性個体は，基本的に自殖をする可能性をもつが，植物たちはさまざまな方法でそれを回避している。キュウリやトウモロコシのように，両性個体で，個体内で雌花と雄花がそれぞれ離れて位置する場合や，両性花でも雄しべと雌しべが空間的に離れている場合には自家受粉が妨げられる。この状態を雌雄離熟（herkogamy）と呼ぶ。多くのラン科植物では潜在的には自らの花粉で受精する自家和合性（self-compatibility）をもつが，花の蕊柱（ずいちゅう）と呼ばれる器官の中で，花粉塊が納められた葯と，粘性のある柱頭が上下に別れて配置されているため自家受粉は起こらない。ただし，ツユクサのように雌雄離熟でありながらも，柱頭が他花の花粉を受けとらなかった場合に，葯あるいは柱頭が曲がり，互いに接し，自家受粉により種子生産を補償する，遅延自家受粉を行うものもある。

また，個体自体の性型が変化するのではなく，同じ植物体（花序）でありながらその開花期間のなかで雌雄の成熟する時期が異なることにより，実質的な雌花，両性花，雄花として機能する雌雄異熟（dichogamy）も存在する。例えば，オオバコの場合は，まず蕾の状態から花序内の下部から雌しべの伸長が始まり，時間の経過とともに徐々に花序の上部へと雌しべの伸長が移行していく。そして，雌しべの伸長の後を追いかけるようにその後雄しべが伸長していく。このように，機能的に雌花の状態が先で，その後雄花の状態になるものを雌性先熟（protogyny；キク科，キキョウ科，リンドウ科など）と呼ぶ。一方，アザミの場合は，先に花序の周辺部で雄しべの伸長が始まり，徐々に花序の中心部へ雄しべの伸長が進み，雄しべの後に雌しべが伸長する雄性先熟（protoandry；セリ科やウコギ科など）である。

7-2-2　自家不和合性

自家不和合性（self-incompatibility）は，仮に自家花粉が柱頭に付着しても，花粉の不発芽，花粉管の雌しべへの不侵入や花粉内での伸長阻害，受精の失敗など生理的に自殖を妨げる機構である。自家不和合性は，同形花型自家不和合性と異形花型自家不和合性の二つに分けられる。そして，同形花型自家不和合性では，さらにその自家不和合性制御遺伝子（この遺伝子は self-incompatibility の頭文字をとって *S* 遺伝子と呼ばれる）の発現様式から，配偶体型自家不和合性と胞子体型自家不和合性の 2 タイプに分類される（図 7-2）。配偶体型はナス科，バラ科，ケシ科など

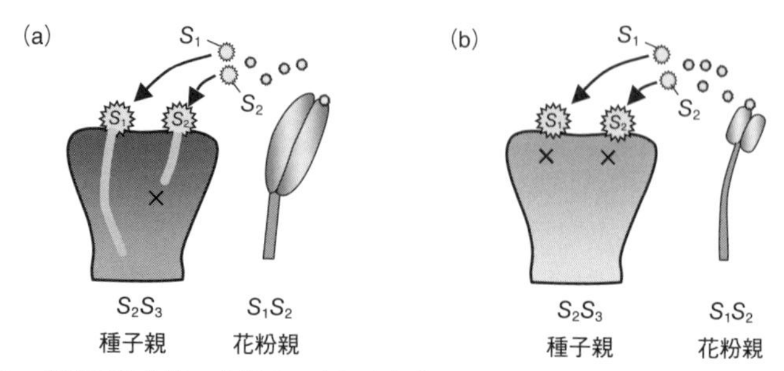

図 7-2　自家不和合性の仕組み。(a) 配偶体型。不和合反応は，個々の半数体の花粉の遺伝子によって決まる。(b) 胞子体型。不和合反応は，花粉を生産した親の遺伝型によって決まる。

で見られ，一方，胞子体型はアブラナ科やヒルガオ科などの植物群で見られる。

配偶体型自家不和合性は，花粉 S 遺伝子の表現型が花粉（配偶体）自身の遺伝子型によって決まる。雌しべで発現する二つの S 対立遺伝子は共優性であり，両対立遺伝子の形質を示す。配偶体型の場合，不和合性反応はナス科・バラ科では，花粉管の停止場所は花柱であるのに対し，ケシ科植物では柱頭部か花柱上部と，花粉管の停止場所は植物種によって異なる。

胞子体型自家不和合性は，花粉 S 遺伝子の表現型が花粉を生産した親個体（胞子体）の遺伝子型によって決定される。二倍体植物の場合，S 対立遺伝子は 1 対（二つ）存在するので，花粉の表現型にはその二つの対立遺伝子間で優劣が生じる。この優劣性は雌しべ側でも生じ，花粉と雌しべの優劣性関係は必ずしも生じない。この胞子体型自家不和合性の場合，全て不和合性反応は柱頭上で生じる。

異型花型自家不和合性は，同じ種のなかで 2 種類あるいは 3 種類の異なった花型をもつものである。そのなかで，異型花柱性は，雌雄離熟性と自家不和合性の両方が機能していると言える。最も一般的な異型花柱性はサクラソウ属に代表されるような，花柱の長さに長短の 2 タイプがある二型花柱性である。サクラソウの集団では，図 7-3 (a) に示すような，長い花柱をもつ長花柱花（ピン型）と，短い花柱をもつ短花柱花（スラム型）がほぼ同じ頻度で見られる。サクラソウでは，同一の花内で受精しない自家不和合性，さらには自分と同じ花型間では受精しない同型不和合性をもつため，ピン型およびスラム型のそれぞれの花は異なる型からの花粉でのみ受精する。

このほかにも，長花柱花，中花柱花，短花柱花の三つの花柱タイプからなる三型花柱性がある（図 7-3 (b)）。それぞれのタイプは他の 2 タイプと受精することが可能である。平衡状態にある集団では，この三つのタイプの頻度は同じくなるはずであるが，北米に生育するクローン性のミソハギ科の *Decodon verticillatus* では，氷河期後の移住に関連して，北米のニューイングランド地方や中部オンタリオ地方で中花柱花の頻度が低下したと考えられている（Eckert & Barrett 1994）。また，ホテイアオイの仲間 *Eichhornia paniculata* は，自生地であるブラジルでは三型花柱性を示すが，人為的に持ち込まれたカリブ諸島では，葯と柱頭が隣接した自家和合性をもつタイプが二次的に分化していることも知られている（Barrett 1996）。

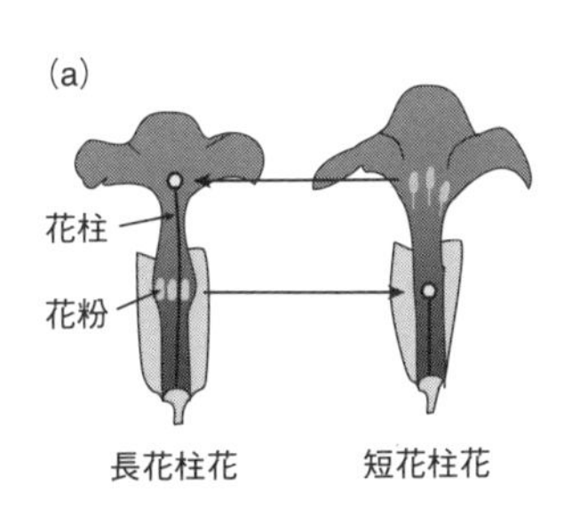

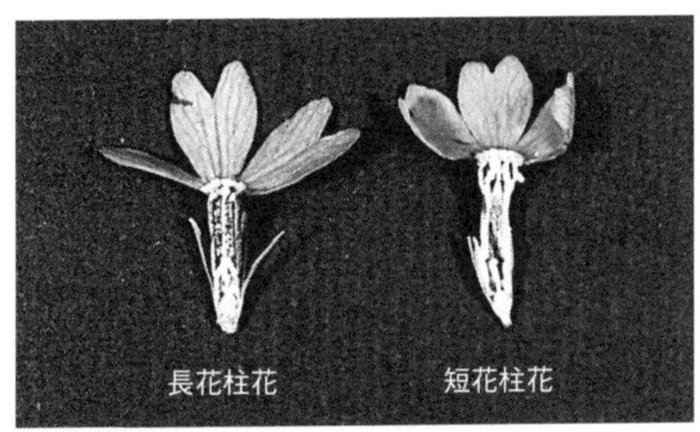

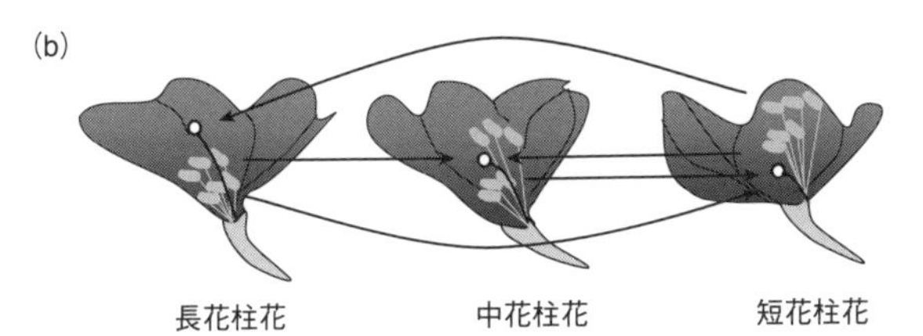

図 7-3 植物に見られる異型花柱性と受粉様式。(a) 二型花柱性，(b) 三型花柱性。写真は，サクラソウの二型花柱性。

Box 7-1　重複受精

被子植物における受精は，二つの精細胞が重複受精 (double fertilization) と呼ばれるユニークな過程を通して行われる。重複受精は，(1) 卵の受精，(2) 胚に栄養を与える内乳と呼ばれる栄養物質の形成，という二つの大切な発達過程からなる。花粉が柱頭上を覆っている粘性のある糖質の物質に付着すると，発芽した花粉は花粉管 (pollen tube) を花柱の中を突き通るように伸長させる。糖質によって栄養を与えられた花粉管は，子房の中の胚珠に到達するまで成長する。その間に，花粉粒の管細胞内の雄原細胞は別れて二つの精細胞になる。

そのうちに，花粉管は胚珠内の胚嚢に到達する。胚嚢への侵入に際して，卵細胞の側面に位置している助細胞の一つが退化し，花粉管が細胞内に入ってくる。そして，花粉管の先端が破れて，二つの精細胞が放出される。精細胞の一つは卵細胞と受精し，接合子を形成する。もう一方の精細胞は，胚嚢の中央にある二つの極核と一緒になって，三倍体 (3n) の初期の内乳の核を形成し，最終的に内乳になる (図 7-4)。

受精が完了すると，胚は何度も分裂を繰り返し発達する。その間に，胚を覆い保護する組織が形成され，種子ができる。

図 7-4　花粉粒と胚嚢の形成 (a) と，重複受精 (b)。(a) 二倍体 (2n) の小胞子母細胞は葯に収められていて，減数分裂によって 4 個の一倍体 (n) の小胞子に分かれる。それぞれの小胞子は有糸分裂によって花粉粒になる。花粉粒内の雄原細胞は後に分裂して 2 個の精細胞になる。胚珠内では，1 個の二倍体の大胞子母細胞が減数分裂によって 4 個の一倍体の大胞子になる。通常，大胞子のうち 1 個だけが生き残り，他の 3 個は退化する。生き残った大胞子は，有糸分裂によって 8 個の核からなる 1 個の胚嚢になる。(b) 花粉が花の柱頭に付くと，花粉管細胞が成長し，花粉管を胚嚢に向かって伸長させる。花粉管が伸長している間，雄原細胞は二つの精細胞に分裂する。花粉管が胚嚢に到達すると，助細胞の一方の中に侵入し，精細胞を放出する。そして，重複受精という過程では，一つの精細胞は卵細胞と合体して二倍体 (2n) の接合子になり，もう一つの精細胞は二つの極核と合体して三倍体 (3n) の内乳の核になる。

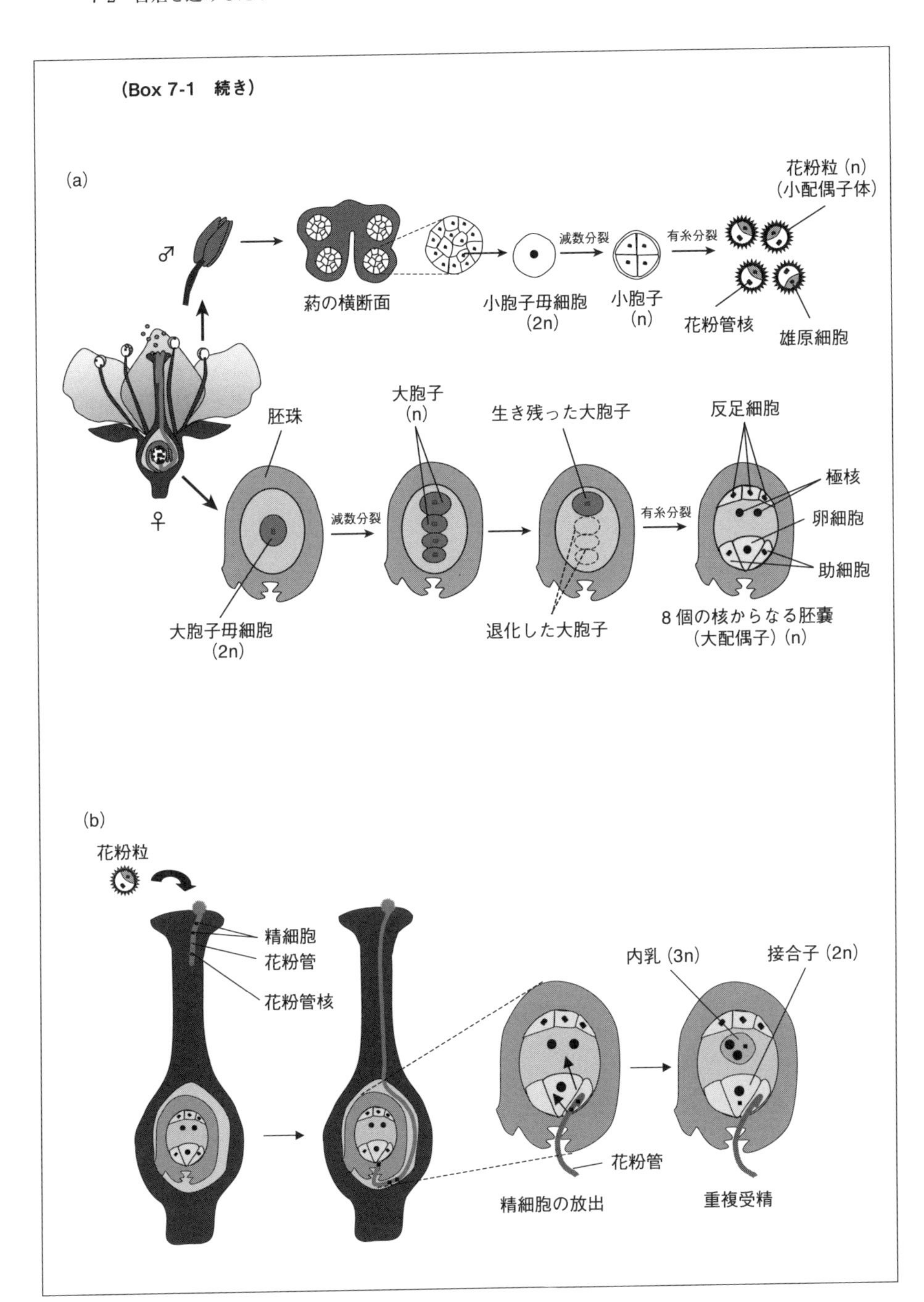
(Box 7-1 続き)
(a)
♂
葯の横断面
小胞子母細胞
(2n)
減数分裂
小胞子
(n)
有糸分裂
花粉粒 (n)
(小配偶子体)
花粉管核
雄原細胞
♀
胚珠
大胞子母細胞
(2n)
減数分裂
大胞子
(n)
生き残った大胞子
退化した大胞子
有糸分裂
反足細胞
極核
卵細胞
助細胞
8 個の核からなる胚嚢
(大配偶子) (n)
(b)
花粉粒
精細胞
花粉管
花粉管核
内乳 (3n)
接合子 (2n)
花粉管
精細胞の放出
重複受精

7-3　閉鎖花と開放花

日常私たちが目にする植物の多くは，蕾をつけて開花する。しかし，スミレ属やツリフネソウ属植物のなかには閉鎖花（cleistogamous flower）と呼ばれる開花しない花をもつものがあり，蕾の中で完全な自殖が行われる。したがって，閉鎖花では花粉が花の外に出ることはなく，確実に雌しべに到達するため，スギの花粉症のような無駄になってしまう花粉は少なくてすむと考えられる。Cruden（1977）は，さまざまな種の花当たりの花粉数（pollen）と胚珠数（ovule）の割合（P/O 比）をまとめ，交配様式との関係を調査した（表 7-1）。実際の受精は一つの胚珠に対して，一つの花粉との間で行われる。したがって，この P/O 比は，一つの胚珠を受精させるために用意されている花粉の量の指標と言える。P/O 比は，より確実に受粉を行う閉鎖花や自家受粉を行う種では低く，その反対に他殖により依存する種ではその値が高くなっている。つまり，他殖であるほどその受粉の不確実性を補償するために，一つの胚珠に対して，より多くの花粉が用意されている。

閉鎖花をもつ植物の多くは同時に同じ個体の上に，通常の花が開く開放花（chasmogamous flower）をもつ。したがって，個体レベルでは完全な自殖を行っているわけではなく，同じ個体上に開放花（花が開き，他殖を行うことができる）と閉鎖花（開花することなく蕾の状態で自家受粉のみを行う）の二つの機能の異なる花をもち，その二つの花の割合を環境条件により使い分けている。例えば，ツリフネソウ属植物では，明るい場

表 7-1　交配様式と P/O 比との関係（Cruden 1977 より）

交配様式	種数	P/O 比（平均 ± 標準誤差）
閉鎖花	6	5 ± 1
絶対的自殖	7	28 ± 3
条件的自殖	20	168 ± 22
条件的他殖	38	797 ± 88
絶対的他殖	25	5,858 ± 936

所（訪花昆虫が期待できる）では開放花の割合が高く，より暗い場所では閉鎖花の割合が高い。このように，変動する環境下で，異なる様式で子どもを産み分ける生物の適応戦略を両掛け戦略（bet-hedging-strategy）と呼ぶ。

7-4　ポリネーション・シンドローム

自ら動くことができない植物が他殖を行うためには，花粉を何か動くものに託して移動させなければならない。それは，風や水のような物理的媒体であったり，あるいは昆虫などの生物的な媒体であることもある。花粉を運ぶ虫たちは，ボランティアで花粉を運んでくれているのではない。したがって，植物たちは虫にきてもらい，そして花粉を運搬してもらうため，さまざまなコストを支払っている。

7-4-1　報　酬

花粉を運ぶ昆虫たちにとって，送粉のための植物からの具体的な見返り（報酬）は，蜜と花粉である。蜜は主に花冠の基部にある蜜腺より分泌され，花の奥の部分（距（きょ）など）に蓄えられる。そして，昆虫たちがその蜜を求めてやってきたときに，その手前にある雄しべや雌しべにふれて，花粉の授受がなされる。鳥，コウモリ，チョウなどは蜜を自分の養分として利用するが，ミツバチ，マルハナバチなどの社会性の昆虫は，幼虫の食料として利用する。したがって，ハチの仲間は効率よく蜜を体内に蓄えて巣に持ち帰るために，比較的高い濃度（20～50％）の蜜を集める傾向がある。その一方で，チョウ，ガなどの細長い口吻をもつ昆虫やハチドリは，高い濃度の蜜は粘性が高く，吸うのが困難であるため，比較的低い濃度（10～20％）の蜜を集める。

一方，花粉も昆虫にとって栄養価の高い食料であるが，蜜と大きく異なる点は，花粉は運んでもらいたい雄性配偶子そのものであり，昆虫の餌としてだけ利用されては，植物は本来の受粉の目的を果たせない。したがって，動物は花粉を一方的に食料としてしか見ていないが，植物側は「花粉はできるだけ食べられずに運んでもらいたい」というのが本音である。

そのような花粉をめぐる互いの駆け引きのなかで，マタタビでユニークな現象が見られる。マタタビは外見上，雄花をつける雄株と両性花をつける両性株とからなる雄性両全性異株である。したがって，両方の花に雄しべがあり，花粉が存在するが，それぞれの花粉を採取し染色してみると，雄花の花粉は色素で染まるが両性花の花粉は中空で，機能的には雄の役割を果たしていない。いわゆる張りぼて花粉なのである。これを，偽花粉と呼ぶ。山口（1991）は，このマタタビの二つの花を訪れるマルハナバチの訪花を観察し，両花への滞在時間に違いがないことを明らかにした。つまり，マルハナバチは2種類の花を区別しておらず，同じように花粉を集めていることから，両性花の花粉はマルハナバチへの安価な餌として機能しているのである。このような偽花粉の存在は，このほか，ムラサキシキブ（川窪 1991）などでも知られている。

蜜と花粉は，花粉媒介者に対する直接的な報酬であるが，このほかにもイチジクとイチジクコバチの関係のように，花粉媒介の見返りとして，イチジクコバチに産卵・生育場所を提供している場合もある（Meeuse & Morris 1984）。

7-4-2　広　告

蜜や花粉は，花粉を運んでくれる昆虫たちへの直接的な報酬であるが，花の色や匂いは，昆虫たちにその蜜や花粉のありかを知らせる目印であり，それはいわゆる広告に相当する。昆虫たちがどの色の花を好んでいるかは非常に多様で，例えば，同じチョウの仲間でもアゲハチョウの仲間は赤に敏感に反応する。

一方，ミツバチの仲間はこの赤は認識することができず，その反面，人間には見えない波長の短い紫外線領域を認識できる（図 7-5）。いろいろな花の写真を紫外線だけで（レンズにUVフィルターをつけて）撮影してみると，人の目には見えない模様が見られる場合がある。図 7-6 に，UVフィルターをつけて撮影したアブラナの花の写真を示した。私たちの人

波長 (nm)	300–400	400–480	480–500	500–550	550–600	600–650	650–700	700–800
ヒト	UV（×）	紫　青	青緑	緑	黄	橙		赤
ハナバチ		青			黄緑			赤（×）

図 7-5　ヒトとハナバチの視覚のスペクトルの比較（Barth 1985 より）。ヒトは紫外線（UV）を見ることができないが，反対にハナバチは赤色を見ることができない。

図 7-6　アブラナの花。①：蛍光灯下で撮影，②：紫外線（365 nm）下で撮影（提供：福井宏至博士・平井伸博博士）。

間の目には黄色一色に見える花弁が，UV 写真では 1 枚の花弁の途中で色調が異なり，基部のほうがより濃くなっているのが分かる。さらに、花粉が付いた葯も光っている。実際に，ミツバチたちに花がこのように見えているかどうかは確実ではない。しかし，このより濃く写っている花の基部には蜜が分泌されており，この部分を目印（ネクターガイド）として花を訪れることによりミツバチは蜜を集め，花は花粉の授受を行っていると考えられる。このガイドマークの形状は植物種によって多様である。さまざまな花を，紫外線照射下と可視光照射下で撮影した花の姿と色が，『虫が視る花？！「虫の目」植物図鑑』* に掲載されているので，是非，ご覧いただきたい。

このように，植物はより確実に，より効率よく花粉を花粉媒介者に運ん

＊　http://mushinomephoto.web.fc2.com/index.html

図 7-7　エゾエンゴサクの花に訪れ，盗蜜するエゾオオマルハナバチ (①) と，蜜腺がある花の基部に開けられた盗蜜の跡 (②)。

でもらうために，さまざまな花の構造や受粉の仕組みを進化させてきた。植物側はできるだけ報酬のためのコストを減らして花粉を運んでもらいたい。一方，動物側はできるだけコストがかからないように楽をして報酬を得たいという，相反する立場がある。

そのため，せっかく植物が蜜を花の奥に用意し，雄しべ，雌しべのある花の正面からの訪花を期待しているにもかかわらず，虫たちは，蜜のためられた花の奥に直接穴を開け，受粉することなく，蜜だけ持ち去る (盗蜜) 現象も存在する (図 7-7)。また，その一方で，植物側も花蜜を分泌する近縁種の花に似せる (擬態) ことで，自らは蜜を分泌することなく花粉を運んでもらっている。東洋のランの一種，キンリョウヘン *Cymbidium floribundum* は，ハチの大顎腺から分泌されるフェロモンを擬態しニホンミツバチ *Apis cerana japonica* を誘引する (図 7-8)。しかも，働きバチのみならず，普通，花粉媒介を行わない雄バチも誘引され，花粉が媒介される。また，興味深いことに，セイヨウミツバチ *Apis mellifera* は，キンリョウヘンの花には全く誘引されない (佐々木 1999)。

ヨーロッパに自生するオフリス属 (*Ophrys*) のランは，キンリョウヘンと同様に，送粉者に与える報酬 (花蜜・花粉) をもたないが，ジガバチ (*Andrena*) の雄を花に誘い，花粉媒介をさせる。*Ophrys* では，花の唇弁が雌の腹部に擬態し，さらに，唇弁から雌の出す性フェロモンが分泌されていることが知られている (Bateman et al. 2010)。このように，花に昆

図 7-8 キンリョウヘンの花を訪れたニホンミツバチ。尻尾の黒いのが雄（撮影：佐々木正己博士）

虫が訪れている一見のどかな情景には，植物と動物が自らの利益を求めるせめぎ合いが存在しているのである。

7-5 結実のメカニズム

これまで見てきたように，植物はさまざまな手段で，子孫を確実に残そうとしている。しかし，仮に多くの花を咲かせたとしても，それらが全て果実や種子を作っていないのが現実である。まず，ここで，植物の果実や種子のできかたを表現する二つの語句を整理しておこう。それが，結果率と結実率である。結果率は，植物の個体単位，または花序単位で付けた花数に対する実の数の割合（果実数/花数）である。一方，結実率は，一つの花の中にある胚珠数に対してできた種子の割合（種子数/胚珠数）である。特に結実率は，seed（種子）と ovule（胚珠）とから，S/O 比とも呼ばれる。

それでは，なぜせっかく付けた花が実にならないのであろうか。その解釈には，いくつかの仮説が提唱されている。

（1）花粉制限（pollen limitation）

これは，植物が実を付けようと花や胚珠を用意していたにもかかわらず，昆虫の訪花頻度が低かったなどの理由により，十分な花粉数が雌しべの柱頭に運ばれなかったという考え方である。この仮説の検証はシンプルで，人間が最強の花粉媒介者となり，リンゴやナシの果樹園での受粉作業のように，和合性のある花粉を十分に柱頭に付着させ，その結果率，結実率が上昇すれば，花粉制限が原因であったことが示される（図7-9）。

（2）資源制限（resource limitation）

植物は光合成を通して獲得した資源を，生きるためのさまざまな用途に活用している。そのため花を果実へ，または胚珠を種子へ発達させるためには新たに資源（コスト）が必要であり，仮に柱頭に花粉が十分について，受精が行われたとしても，それを果実や種子へ発達させるための資源が不足している場合が考えられる。この検証は強制受粉を施しても結果率，結実率が上昇しないことから確かめられる。ただし，上述の花粉制限が生じている場合でも，資源の補償がないかぎり十分な結実は得

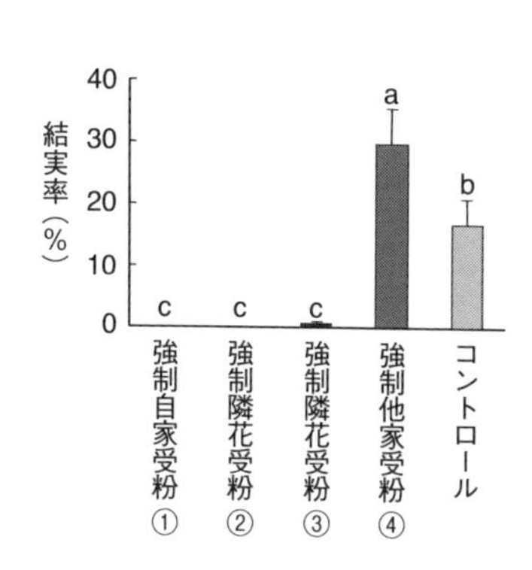

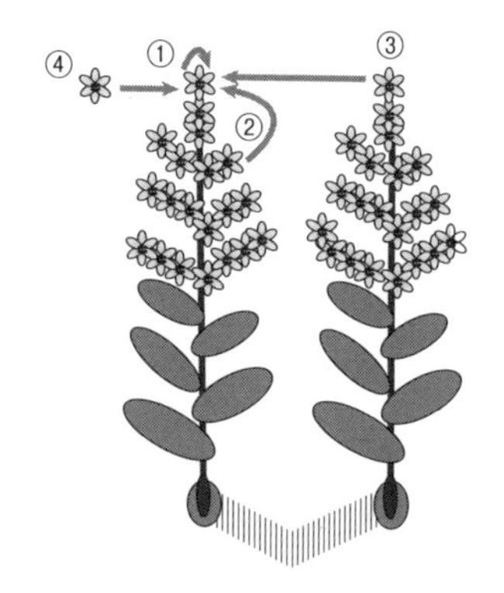

図 7-9 バイケイソウにおける交配実験の結果（Kato et al. 2009 より）。異なるアルファベットは無処理個体の結実率との統計的な有意差を示す。バイケイソウは強制他家受粉（④）の結実率が，コントロールよりも高くなったことより，花粉制限が生じていることが示された。また，バイケイソウは，複数の花からなる花序をもち，さらに地下茎によるクローン成長を行う。そのため，個花内の受粉（①）のみならず，同一花序内の花間（隣花受粉（②））と，同一ジェネット内のラメット間（③）の 3 通りの自家受粉が想定される。この結果から，バイケイソウは強い自家不和合性を示すことも明らかになった。

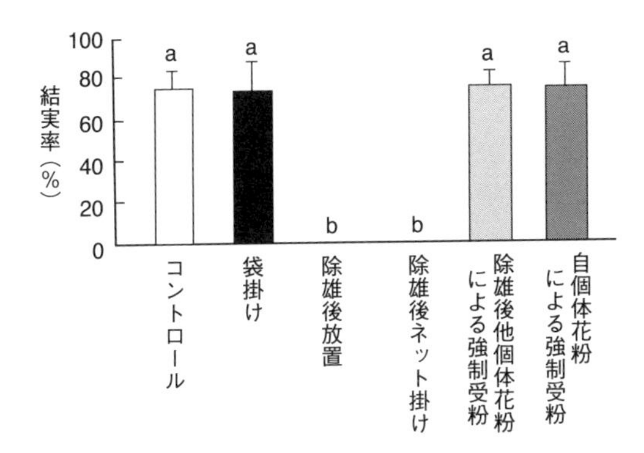

図 7-10　エンレイソウにおける交配実験の結果。異なるアルファベットは無処理個体の結実率との統計的な有意差を示す。この実験の結果から，潜在的に他殖も可能であるが，自然条件下では自殖が行われていると考えられる。また，強制的な受粉（他家・自家）や袋掛けを行ってもコントロールよりも結実率が上昇しないことから，花粉制限は生じていない。このことは，図 9-11，9-12 で示したように，エンレイソウの開花個体が毎年安定した開花を続けていることとも一致する。

られないことになる。

また，多年生植物で考えなければならないのは，一生の長さである。一年生植物では繁殖のあと枯死するために，全ての資源を繁殖に投資すると考えられるが，多年生植物では，繁殖のみならず，その後の自らの生存にも資源を維持しなければならない。したがって，多年生植物のなかには，強制受粉により当年の結実が増加しても，繁殖に多くの資源を投資することとなり，翌年の花の形成量を含む繁殖への投資が低下することも知られている（Snow & Whigham 1989）。その一方で，Ohara et al. (2001) は多年生の林床植物エンレイソウが，当年の結実を自ら制限することにより，翌年以降の生存のための資源を維持し，安定した毎年の開花・結実を行っていることを明らかにしている（図 7-10）。

（3）リザーブ仮説（reserve hypothesis）

これも，資源を背景に考えられる仮説である。結果率，結実率は当年作られた花の数，胚珠の数に基づいて算出されている。しかし，植物は受粉できる花の数や結実に投資できる資源の量を，花を形成する時点で知ることはできない。例えば，春に開花する植物の場合，花芽は前年の秋には完成している。つまり，花形成の資源は前年度の資源に依存し，結実の資源を当年に依存しているような場合，仮に前年にたくさんの花芽を用意しても，当年の天候が不順だったり，訪花昆虫の活動が低い場合には，結果率，結実率は低くなってしまうのである。

(4) 雄機能仮説 (male function hypothesis)

結果率と結実率は果実生産あるいは種子生産に着目した指標で，いわゆる雌側の繁殖成功を見ていることになる。しかし，両性花においてその花や個体が，花粉提供者としての雄としても貢献しているのであれば，必ずしも結実率などで評価される雌の貢献は100%でなくてもよいのでないか，というのがこの仮説である。Sutherland & Delph (1984) は，文献資料に基づき，両性花316種と，単性花129種の結果率を比較した。つまり，雌と雄の両面から遺伝子を残すことができる両性花の結実率よりも，果実を作る以外に自分の遺伝子を残すことができない単性花の雌花の結果率が高いであろうと予測したのである。結果は，両性花の結果率が42.1%であったのに対し，単性花の結実率は61.7%と，彼らの予想を

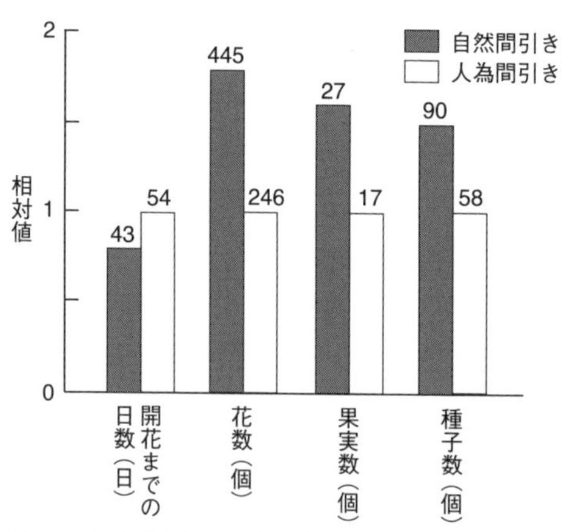

図 7-11 インゲンマメにおける胚の自然中絶が，次の世代の開花・結実に及ぼす影響 (Rocha & Stephenson 1981 より)。棒グラフ上の数は実測値。人為間引きを1とした場合の相対値で示してある。人為的に胚を間引いて中絶させた処理よりも，自然に個体が間引いた (選択した) ほうが，成長も早く，開花もより多く付け，さらに結実もよい。

支持するものであった。彼らは，実際に雄の貢献度は測定していないが，両性花の結果率の低下が雄による貢献によるものと考えたのである。

（5）選択的中絶仮説（selective abortion hypothesis）

動物では，交尾の段階で雌側が交配相手を選ぶことができるが，植物では雌しべの柱頭に花粉が付着する段階で花粉を選ぶことはできない。しかし，この仮説は植物にとっての選択的中絶，つまり，雌が雄（花粉）を選ぶというちょっと斬新なものである。ただし，雌しべが現実には花粉親を選んで交配することはできないため，実際には，受粉・受精した果実（あるいは胚珠）のなかから，その後の発芽率や成長率などの生存にとっての資質が高い量的・質的に優れているものを選択して成熟させ，劣るものを中絶するというものである。植物は，花粉をもらう前には雄を選択できないので，劣るものをあえて果実や種子まで発達させないため，その結果，結実率が100％にならないという考え方である。Rocha & Stephenson（1991）は，インゲンマメを用いて選択的中絶を見事に明らかにしている（図7-11）。

Box 7-2　野外における交配実験

図7-10に示したような交配実験の結果を見ると，「袋掛け処理」，「除雄処理」，「強制受粉処理」などが，いとも簡単に行われたように見える。しかし，それぞれの処理には，作業だけでなく，実施された年の植物の成長，開花フェノロジーなど，さまざまな細心の注意のもとで交配実験が行われている。

図7-12には，エンレイソウ属植物における交配実験の事例を示した。まず，「袋掛け処理」や「除雄処理」は，開花前の蕾の段階で行う必要がある。「袋掛け処理」では，①のように，セロファンで作った袋を蕾にかぶせ，袋が風などで飛ばないように，ホチキスでとめる。一方，「除雄処理」も開花前の蕾を慎重に開き，ピンセットで雄しべを除去する。エンレイソウ属植物には，②のように6本の雄しべがあるので，全ての雄しべを除去したか，数を数えながら，処理を行う。そして，次の「除雄処理」を行う前に，ピンセットに前の処理個体の花粉が付着している可能性があるので，ティッシュなどでピンセットを拭いてから次の処理を行う。

（Box 7-2　続き）

「強制受粉」では，まず「強制自家受粉」のときには，葯が熟していることを確認（葯が裂開直前）してから，自花の柱頭に花粉を付着させる。さらに，開花後に他個体の花粉が付着しないように，袋を掛ける。「強制他家受粉」の場合は，他個体の花粉を用いるが，個体の和合性などを考慮し，複数個体（3～5個体）の花粉を用いて受粉させる。

「コントロール個体」も，開花期に個体のマーキングを行っておく。それは，結実期にコントロール個体を設定すると，結実した個体ばかりを選んでしまうからである。

最後に大切なことは，処理を施した個体の位置を，林内の木などを目印に，地図として書き残しておくことである。エンレイソウ属植物のような春植物の場合，開花期の春と，結実期の夏では，林床の様相が一変してしまい，処理個体の位置が分からなくなることが往々にある。

そして，結実期に処理個体を探し出し，③ に示すような果実を採集する。採取した果実は，顕微鏡の下で，結実種子数と未発達の胚珠数（この和がもともとの胚珠数）を数え，結実率（種子数/胚珠数）を算出する。

グラフにしてしまうと，一つのデータであるが，上記のようなさまざまな苦労の末にとられたデータなのである。

図 7-12　エンレイソウ属植物の交配実験。① 袋掛け処理，② 開花期（5月：6本の雄しべがある），③ 結実期（7月）。

8 植物の物質生産

ブナの葉．光合成により生物が利用できるエネルギーが作られる（© 木原 浩）

生物は生息する環境の影響を受ける存在であるとともに，環境からの独立性を保とうとする主体的な存在でもある。しかし，その生物としての独立性を保つためには，生物は環境から何らかのエネルギーを取り入れ，また環境と物質のやり取りを行わなければならない。つまり，生物の生命活動，すなわち個体の成長と繁殖（自己複製）は，物質生産とエネルギーの流入と流出という物質系によって維持されている。このような地球上の生物たちが利用するエネルギーは，もともとは植物による光合成によって獲得された太陽の光エネルギーに由来する。この章では，この生命活動のもととなる植物における物質生産の仕組み，そして物質生産と植物の生活との関係を見ていくことにする。

8-1 物質生産における光合成と呼吸

陸上植物の光合成を行う主な器官は「葉」であり，2章で説明したように植物の葉の細胞には光合成を行う葉緑体（chloroplast）という細胞内小器官が存在する。葉緑体の内部には，袋状の構造をした「チラコイド（thylakoid）」と，そのチラコイドが積み重なった「グラナ（grana）」と呼ばれる構造が存在する。チラコイド膜には光エネルギーを捕捉する光合成色素と，ATPを合成する機能が準備されている。チラコイド膜の周りには液状の「ストロマ（stroma）」が存在する。ストロマには，ATPと光合成経路で用いられる電子を運搬する役目を果たす分子であるNADPH（ニコチンアミド-アデノシン-ジヌクレオチド-リン酸：nicotinamide adenine dinucleotide phosphate）と，それら用いてCO_2から有機分子を合成するために必要な多くの酵素が存在する（図8-1）。

光合成は，植物が大気中の二酸化炭素（CO_2）から有機物質（グルコース）を生産する過程であり，以下のような単純な式になる。

$$6\,CO_2 + 12\,H_2O + \text{光エネルギー} \longrightarrow C_6H_{12}O_6 + 6\,H_2O + 6\,O_2$$

その過程は，実際には次の三つの過程からなる（図8-2）。

（1）太陽光のエネルギーを捕捉する。

（2）その光エネルギーを使ってATPやNADPHを作る。

（3）ATPとNADPHを用いて大気中のCO_2から有機物を合成する。

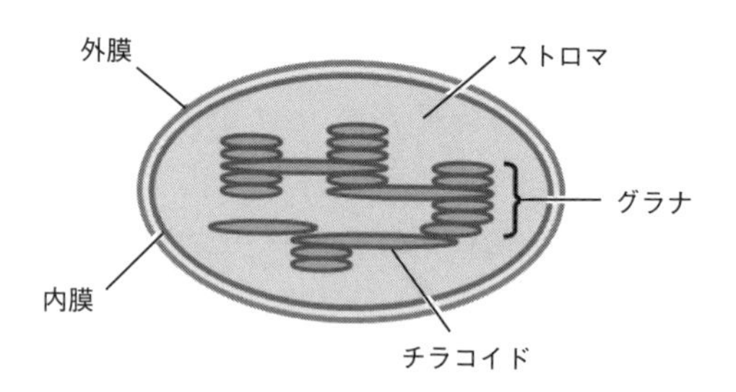

図8-1 葉緑体の構造。

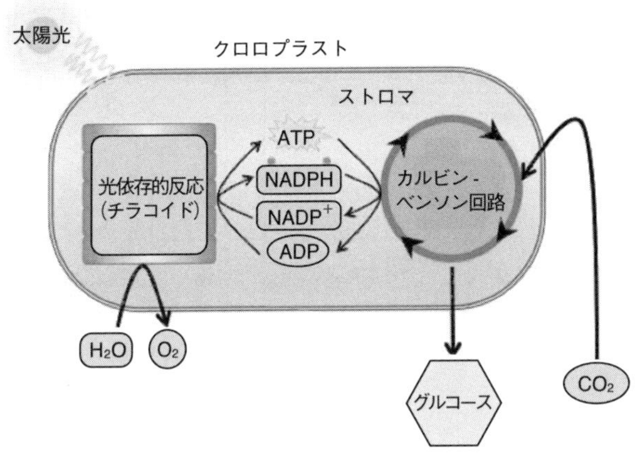

図 8-2　光合成の反応系。光合成は，チラコイド膜で行われる「光依存的反応」と，ストロマで行われる「カルビン-ベンソン回路」の，大きく二つの反応から成り立っている。

(1) と (2) の過程は「光依存的反応 (light-dependent reaction)」，(3) の過程は「光非依存的反応 (light-independent reaction)」と呼ばれる。この反応は，「カルビン-ベンソン回路 (Calvin-Benson cycle)」で行われる。光依存的反応は，光のある環境のみで進行するため，いわゆる「明反応」，それに対して，光非依存的反応はいわゆる「暗反応」と呼ばれる。しかし，実際にはカルビン-ベンソン回路は ATP と NADPH がある限り，明所でも暗所でも行われる。

図 8-3 は，葉における光の強さと光合成速度 (ここでは二酸化炭素の吸収速度) との関係を示したものである。この図から，光の強さが弱い段階では，光の強さが増大するに伴い光合成速度は比例的に増加するが，その増加率は，より強い光条件下では徐々に低下し，ある光の強さ以上になると，光合成速度は変わらなくなる。このときの光の強さが「光飽和点 (light saturation point)」である。これは，光条件以外に，CO_2 濃度や温度などの条件が光合成反応を律速しているために生じるものである。また，植物は実際には光合成をする間も呼吸をしているため，光合成速度の測定値，すなわち「見かけの光合成速度」に呼吸速度を加えたものが

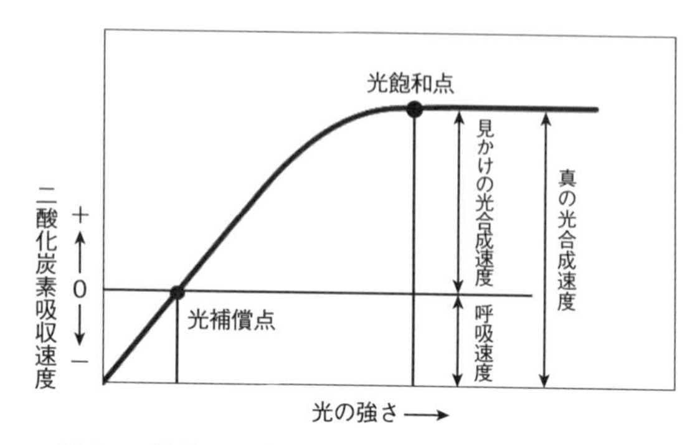

図 8-3　植物の二酸化炭素吸収速度と光の強さの関係。

「真の光合成速度」となる。そして，ある光の強さ以下では，呼吸と真の光合成から呼吸量を引いた値がマイナスになるが，その差し引きがちょうどゼロになる光の強さが「光補償点 (light compensation point)」である。光飽和点と光補償点は，植物の種類や，同じ種であっても生育環境によって異なる。

8-1-1　光エネルギーの捕捉

植物は光の中の何を，どのように利用して二酸化炭素を還元しているのだろうか？　図 8-4 は，電磁波のスペクトルを示したものである。私たちにさまざまな恵みを与えてくれる太陽の光は，太陽から約 500 秒かって地球に届いているが，実はいろいろな波長をもった光の集団である。光は電磁波の一つの形態である。光のエネルギーは光の波長に反比例しており，短い波長の光のほうがより高いエネルギーをもっている。

7 章でも紹介したが，人間の可視光は 400〜740 nm の範囲であり，電磁波のなかのごく狭い領域に限定されている。「紫外線」は，可視光よりも高いエネルギーをもっている。今日の大気にはオゾン層が存在し，それが太陽光を吸収している。この紫外線は DNA の結合を破壊し，変異を引き起こすことから皮膚がんの原因となっている。そのため，人間の活動によって引き起こされるオゾン層の減少は，皮膚がんを起こす懸念

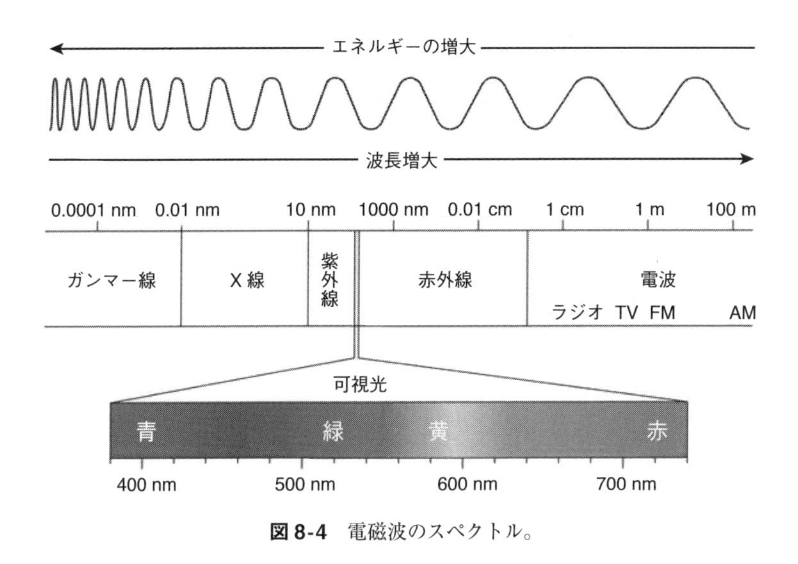

図 8-4 電磁波のスペクトル。

Box 8-1 ガンマーフィールド

ガンマー線は，医薬品や医療廃棄物，食品など滅菌を目的として使用されるほかに，作物の育種に用いられている。これは，「放射線育種」と呼ばれ，この育種法は，元来その作物には存在しない新形質の創出，その品種の純粋さを損なわずに目的形質のみの改良，また栄養繁殖性作物のなかでも交配の難しい作物の改良ができるという優れた点がある。日本には，茨城県に農業生物資源研究所放射線育種場があるが，ガンマー線の圃場照射や緩照射を行う施設が「ガンマーフィールド」である。半径 100 m の円形圃場は高さ 8 m の遮蔽堤と丘陵斜面によって囲まれ，内部には各種の果樹や林木，および季節ごとに各種の農作物が栽植されている。このガンマーフィールドは現在世界最大規模のものであり，日本ナシの「二十世紀」の黒斑病罹病性を抵抗性に改良した「ゴールド二十世紀」をはじめ，新水を改良した「寿新水」，自家和合性の自然変異二十世紀の「おさ二十世紀」を同様に黒斑病抵抗性に改良した「オサゴールド」を生み出している。

要素となっている。「X 線」は，さらに高いエネルギーをもつとともに，可視光よりも短い波長であることから，高い解像力を必要とする顕微鏡に応用されている。最も高いエネルギーをもつのが「γ (ガンマー) 線」で，その波長は 1 nm より短い。

光合成では，光は色素によって吸収される。可視光を効率よく吸収する分子は「色素 (pigment)」と呼ばれ，吸収される光の波長は色素の種類よって決定されている。光合成生物は多様な色素を進化させたが，緑色植物の光合成系ではそのうち「カロテノイド」と「クロロフィル」の 2 種類の色素だけが利用されている。クロロフィルは狭い範囲の光エネルギーを吸収する。植物には「クロロフィル a」と「クロロフィル b」の 2 種類のクロロフィルが存在し，紫から青，および赤色の光を吸収する (図 8-5)。逆に，500〜600 nm の波長の光は吸収することができないため，植物により反射され，それが我々の眼には緑色に見えるのである。

全ての植物や藻類，ラン藻はクロロフィル a を主要な光合成色素として利用している。クロロフィル a は，光エネルギーを化学エネルギーに変換できる唯一の色素であり，クロロフィル b の吸収スペクトルは，クロロフィル a よりも緑側に移動しており，クロロフィル a の光吸収の補完

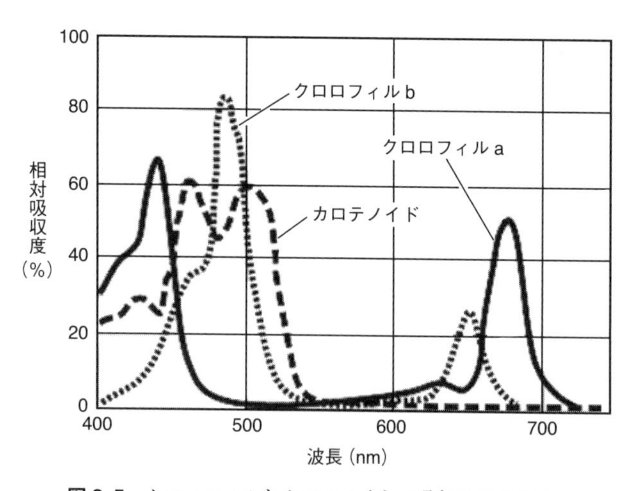

図 8-5　クロロフィルとカロテノイドの吸収スペクトル。

Box 8-2 紅葉と黄葉

秋になると，落葉広葉樹は葉の色を赤や黄色に変え，葉が役目を終えて落葉する。これは，春から夏の間は葉にクロロフィルが存在するため，カロテノイドやその他の色素は目立たない。カロテノイドには主にβ-カロテン（だいだい色）とキサントフィル（黄色）がある。カロテノイドには強力な抗酸化作用があり，生命を維持することに大変役立っているが，動物は自らカロテノイドを作り出すことができないため，食物から取り入れることで利用，蓄積している。

秋になり気温の低下や，日差しが弱くなると，光合成で作られる栄養分から得られるエネルギーよりも葉を維持するために消費されるエネルギーのほうが大きくなることから，エネルギーの無駄を避けるために落葉の準備を始めるようになる。「黄葉」は，カロテノイド系の黄色の色素によるもので，秋の初めまでは光合成の主役であるクロロフィルの強い緑色に隠れてしまっているので目立たない。気温が低くなってくると，落葉の準備とともにクロロフィルの分解が始まる一方で，カロテノイドは分解がよりゆっくりと進むため，クロロフィルの緑色が消えると今まで隠れていた黄色が現れてくる。

「紅葉」は，秋になって緑色の色素が分解されて消えていくときに，葉の中にもともと含まれていない赤い色素（＝アントシアニン）が作られるため生じる。残念ながら，なぜ秋になると赤い色素が作られるのかについては解明されていない。一つの仮説として，クロロフィルが分解される過程で，青色の光により植物にとって有害な物質（＝活性酸素）が作られ，植物の組織を破壊してしまう。そこで，この青色の光をさえぎることで，活性酸素の生産を阻止することができ，そのためにアントシアニンが生成されるというものである。赤色の色素は青色の光をよく吸収するため，植物の組織が破壊されることなく，次の春に葉を出すための養分を十分に取り込み，蓄えることができる。

的役割を果たしている。「カロテノイド」は，広いエネルギー範囲をもった光を吸収できるが（図 8-5），そのエネルギーを常に高い効率で伝達することはしない。カロテノイドは，クロロフィルで効率よく吸収できなかった光を吸収することで光合成に寄与している。カロテノイドの典型的なものはβ-カロテンで，このβ-カロテンを二つに均等に分解するとビタミンAが2分子できる。このビタミンAが酸化されると，脊椎動物の視覚に重要とされるレチナールが合成される。

8-1-2　光化学系

前述したように，植物の光合成は大きく二つの段階に区別される。一つは「光依存的反応」で，光のエネルギーを利用して水が酸素に酸化されるとともに，ATPと二酸化炭素の還元に必要なNADPHを作り出す。もう一つの段階は「光非依存的反応（カルビン-ベンソン回路）」で，光依存的反応で作られたNADPHとATPを利用し，二酸化炭素から種々の糖が作られる。

ここでは，第一段階のATPとNADPHを合成する「光依存的反応」の過程をもう少し詳しく紹介する（図 8-6）。「光依存的反応」は，光エネルギーを化学エネルギーに変換する極めて重要な役割を担う。この光依存的反応の過程の中核をなすのが「光化学系（photosystem）」で，この過程では2種類の系が連続して働いている。一つは光化学系 I（photosystem I）であり，もう一つは光化学系 II（photosystem II）である。この光化学系 I と II の間の電子移動がシトクロム b_6f 複合体を介して行われている。

光化学系は，光のエネルギーを補捉することから開始される。この光子を補捉するのがクロロフィルとタンパク質の複合体からなる「アンテナ複合体（antenna complex）」である。アンテナ複合体には，カロテノイド類の色素も存在する。タンパク質の中で色素はエネルギー伝達が効率よく行えるように配置されている。ある色素分子が光子を補捉し，エネルギーが励起されると，その励起エネルギーは，近傍の色素に渡され，次々と色素間を移動する。そして最終的に励起エネルギーは，クロロフィルの中の「反応中心（reaction center）」へと運ばれる。反応中心は，

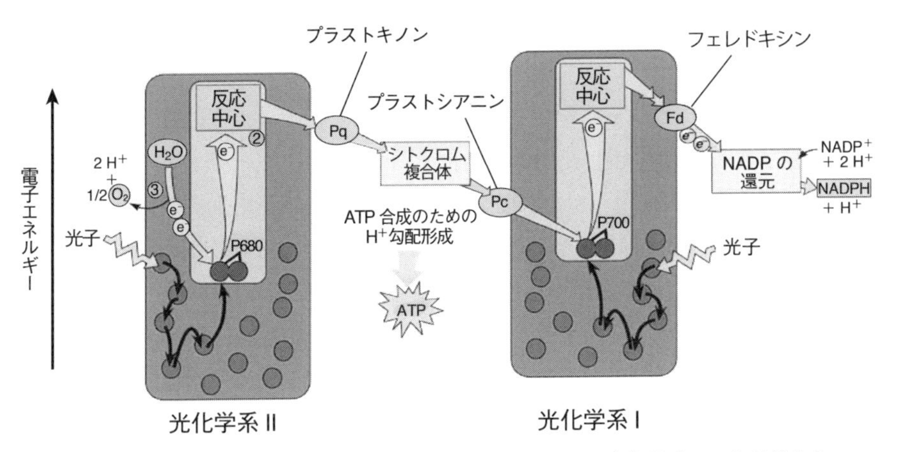

図 8-6　光化学系 I と光化学系 II の流れ。まず，光の働きで光化学系 II から活性化された電子が放出される。その電子は膜を介して H^+ を輸送し，ATP 合成のための H^+ 勾配を形成する。電子は，シトクロムを介して光化学系 I に渡される。光化学系 I が光を吸収すると，反応中心によって高いエネルギーをもった電子が形成され，NADPH が合成される。

それぞれの系で最もよく吸収する波長（クロロフィルの吸収極大）に相当し，光化学系 II ではおよそ 680 nm なので，この反応中心色素は P680 と呼ばれ，光化学系 I の吸収極大は 700 nm なので P700 と呼ばれる。励起エネルギーが反応中心を励起すると，一連の電子伝達鎖を電子が伝わっていくことで反応が進行する。この場合は，色素間で見られたエネルギーの移動とは異なり，活性化された電子そのものが移動する。これは，光による励起エネルギーをフロロフィル分子から移動させる過程であり，光エネルギーを化学エネルギーに変換する鍵となる過程である。

図 8-6 に示したように，最初に，光の働きで光化学系 II から活性化された電子が放出される。その電子は膜を介して H^+ を輸送し，ATP 合成のために H^+ 勾配を形成する。電子はシトクロムを介して光化学系 I に渡される。光化学系 I が光を吸収すると，反応中心によって高いエネルギーをもった電子が供給され，NADPH が合成される。この二つの光化学系が連続して働くことにより，二つの光化学系のエネルギーを組み合わ

せて還元力を容易に，しかも多量に得ることできる。

8-1-3 カルビン-ベンソン回路

光依存的反応（光化学系IIと光化学系I）で作られたATPとNADPHを利用して，CO_2からさまざまな糖が合成されるのが光非依存的反応である。この反応は温度とCO_2濃度に影響されるが，反応自体は光がなくても進行するため，光が不可欠な光依存的反応（明反応）と対比して「暗反応」と言われていた。ただし，反応に関わる酵素のうち，RuBisCO（ルビスコ；次頁参照）をはじめとする複数の酵素は光によって間接的に活性化されるため，暗所では炭酸固定活性が低下する。

このように，CO_2から直接に有機化合物が作られるのではなく，いくつかの酵素からなる複雑な循環回路であることが，カルビン（Calvin 1911-1997）とベンソン（Benson 1917-2015）によって明らかにされた。そのため，この回路を「カルビン-ベンソン回路（Calvin-Benson cycle）」と言う（図8-7）。この回路は，CO_2がリブロース-1, 5-ビスリン酸（RuBP）と結合し，炭素数3（C_3）の3-ホスホグリセリン酸（3-phosphoglyceric acid；PGA）の形成から始まるので，「C_3光合成回路（C_3 photosynthetic pathway）」とも言われ，このタイプの光合成をする植物を「C_3植物」と呼ぶ。

光化学系は葉緑体のチラコイドで行われるのに対し，カルビン-ベンソン回路（図8-7）は葉緑体のストロマで，以下のような流れで行われる。

(1) 二酸化炭素の固定

まず，気孔から取り込まれたCO_2はRuBPへ結合する。この過程は「炭素固定（carbon fixation）」と呼ばれる反応であるが，これによって炭素数3の3-ホスホグリセリン酸（PGA）を形成する。この反応を触媒する酵素が「リブロース-1, 5-ビスリン酸カルボキシラーゼ/オキシゲナーゼ」［RuBisCo（ルビスコ）と略記］である。

(2) NADPHとATPによる還元

3-ホスホグリセリン酸（PGA）は光化学反応の産物であるATPのエネルギーでリン酸化され，NADPHで還元されて，グリセルアルデヒド-3-

リン酸（glyceraldehyde-3-phosphate；GAP）になる。このとき水（H_2O）が生じ，葉緑体の外へ出される。そして，グリセルアルデヒドリン酸（GAP）のうち，2分子が回路から離れて，いくつかの過程を経てグルコース1分子が合成される。

(3) RuBPの再生

グリセルアルデヒド-3-リン酸（GAP）の残りは回路中にとどまって，いくつかの過程を経て，3分子のリブロース-1,5-ビスリン酸（RuBP）に再生される。これらの反応が繰り返し行われる。

カルビン-ベンソン回路の多糖変換系収支式は以下のとおりである。

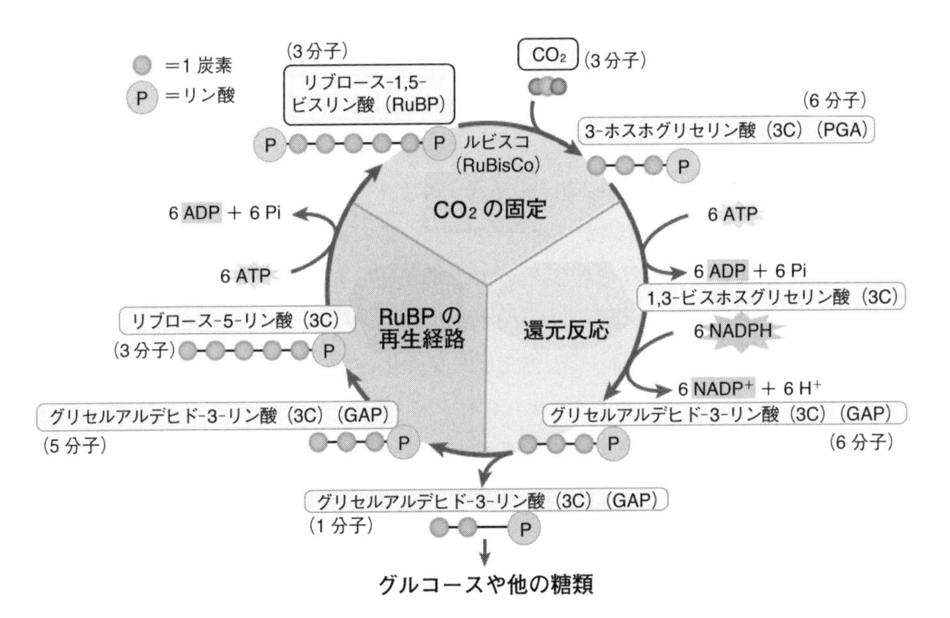

図8-7　カルビン-ベンソン回路。光化学系Iで合成されたNADPHと，ATP合成酵素で合成されたATPのもつエネルギーを利用し，大気中から吸収したCO_2をカルビン-ベンソン回路反応で糖に変換する。葉緑体の中で，チラコイド膜の電子伝達系で生成したATPとNADPHと無機リン酸を利用して，ストロマ側では3単糖リン酸（グリセルアルデヒド-3-リン酸）や6単糖リン酸（フルクトース，グルコース），デンプンを合成する。この回路は，初期産物がC_3化合物の3-ホスホグリセリン酸（3-phosphoglyceric acid：PGA）なので，C_3光合成回路とも言われる。

$$6\,CO_2 + 12\,NADPH + 18\,ATP \longrightarrow C_6H_{12}O_6 + 12\,NADP^+ + 18\,ADP + 16\,Pi$$

このようにカルビン-ベンソン回路が完全に回ると，3分子のCO_2が取り込まれ，1分子のグリセルアルデヒド-3-リン酸 (GAP) が合成され，3分子のRuBPが再生産される。カルビン-ベンソン回路により得られるグリセルアルデヒド-3-リン酸 (GAP) の多くは，細胞質に輸送され，そこでフルクトース-6-リン酸やグルコース-6-リン酸に転換され，これらの分子から植物体内での主要な輸送形態であるスクロースが合成される。

8-1-4　C_4植物とCAM植物

上述した，いわゆる「カルビン-ベンソン回路」を介した炭素固定経路の発見により，カルビンは1961年にノーベル化学賞を受賞した。その後，1960年代に入りKortschakら (1965) のサトウキビの光合成作用に関する一連の研究により，新たな光合成回路が発見された。それは（1）CO_2がホスホエノールピルビン酸 (PEP) と反応してC_4ジカルボン酸 (炭素数が4個でカルボシキル基が2個の化合物) のオキサロ酢酸になり，（2）これからリンゴ酸が脱炭酸されるときに生じるCO_2がカルビン-ベンソン回路で固定されて糖が合成される。この (1) から (2) までの回路を「C_4光合成回路 (C_4 photosynthetic pathway)」と呼ぶ。つまり，C_3植物では，RuBPはルビスコの働きでCO_2が付加し，3炭素化合物に転換されるが，C_4光合成回路では，ホスホエノールピルビン酸 (PEP) がカルボキシル化され，CO_2固定反応の最初の産物である四つの炭素分子からなるオキサロ酢酸が形成される。このC_4光合成回路を進化させたのが「C_4植物」である。そして，CO_2の濃縮，還元を，葉肉細胞と維管束鞘細胞と場所を分けて行っているC_4植物に対し，同じ葉肉細胞内で，夜と昼で時間的に分けて行っているのが「CAM植物 (crassulacean acid metabolism plant)」である (図8-8)。

現在，約1,600種の種子植物がC_4植物として知られているが，トウモロコシ，サトウキビをはじめとした多くのイネ科植物，アカザ科，トウダイグサ科，ヒエ科などにも多く見られる。植物は，高温で乾燥した条件下では，水の蒸散を防ぐために気孔を閉じる。その結果，CO_2 の葉への取り込みが阻害され，さらに光合成で作られた酸素 O_2 の放出も阻害される。このように，通常のカルビン-ベンソン回路における炭素固定を阻害する作用を「光呼吸（photorespiration）」と呼ぶ。光呼吸による炭素固定効率の低下は大きく，C_3 植物では，光合成によって固定した炭素のおよそ25～50%が光呼吸によって失われる。このように光呼吸に好適な条件下での炭素を失う問題を回避しているのが「C_4 光合成回路（C_4 photosynthetic pathway）」と考えられている。C_4 植物は，C_4 光合成を葉の葉肉細胞で，カルビン-ベンソン回路を維管束鞘細胞で行う。つまり，カルビ

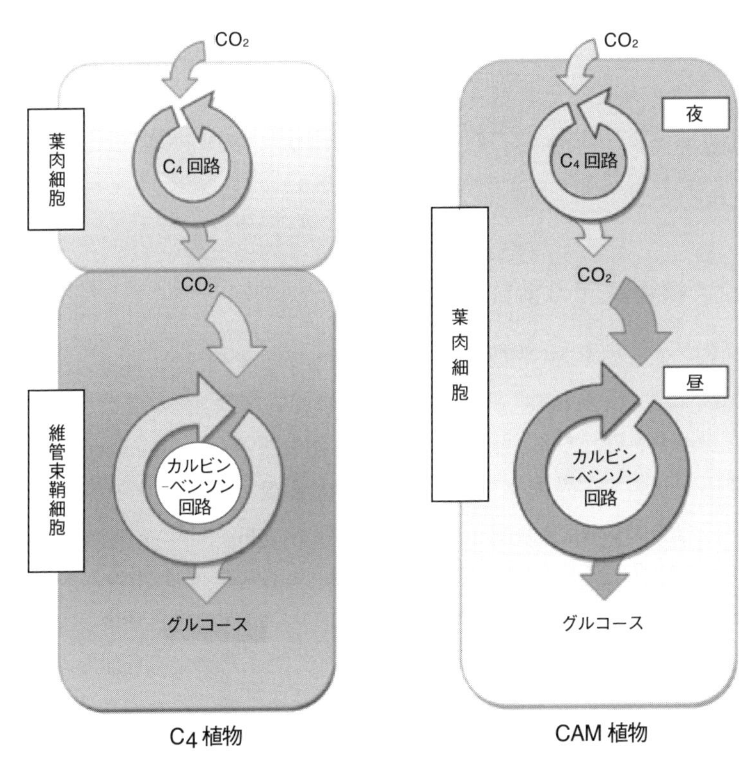

図 8-8　C_4 植物と CAM 植物の炭素固定。C_4 植物では，C_4 回路は葉肉細胞で，カルビン回路は維管束細胞で利用される。一方，CAM 植物は葉肉細胞内で，夜間に C_4 回路を利用し，カルビン回路が利用される。

ン-ベンソン回路の酵素が作用するのは維管束鞘細胞の中であり，そこでは CO_2 濃度が高いため，光呼吸が抑えられている。

一方，CAM 植物は，ベンケイソウ型有機酸代謝 (crassulacean acid metabolism) と名付けられたように，ベンケイソウ科 (Crassulaceae) のほか，サボテン科，パイナップル科，トウダイグサ科など，厚い表皮とクチクラ層に覆われた多汁質の葉をもち，乾燥地に生育する種に多い。植物は気孔を開くことによって CO_2 の吸収や水分の放出を行うが，CAM 植物のユニークな特徴の一つに，気孔が「夜」に開き，CO_2 を取り込み，葉緑体と大きな液胞をもつ「葉肉細胞」で，C_4 回路を利用して有機物に固定し，蓄積する。そして，「昼」はこの高い濃度の CO_2 はカルビン-ベンソン回路を機能させ，光呼吸を低く抑える。C_4 型光合成を行う植物は通常の C_3 型光合成を行う植物と比べて 1 日当たりの光合成速度が速く，成長速度も大きい一方，CAM 型光合成を行う植物は日中に二酸化炭素の取り込みを行わないことにより，1 日当たりの光合成速度が大きく制約され，成長も遅くなるのが特徴である (図 8-8)。

8-2 植物集団の物質生産

植物の光合成を通した物質生産のシステムと，その成長，生存，再生産 (繁殖) などの生産活動への利用形態が，各植物種の多様な環境への適応システムを表現していると考えるのが「生産生態学 (production ecology)」である。この研究分野は，デンマークのコペンハーゲン大学のボイセン・イェンセン (Boysen-Jensen) の著書 “Die Stoffproduktion der Pflanzen (植物の物質生産)” (1932) に端を発する。さらに，彼は 1949 年の論文 “Causal Plant-Geography” で，種の地理的分布と種の物質生産とを結び付けて考えている。そのなかで，種は本来，潜在的に分布可能なエリアをもっているが，その潜在的分布域まで分布するか，しないかは，それぞれの種の物質生産力と再生産力とに大きく関連していると論じている。

この研究分野・概念を見事に発展させたのは，地元のヨーロッパではなく，極東アジアの日本人研究者であった。東京大学の門司・佐伯 (Monsi &

Saeki 1953）は，植物集団内の光合成系（葉）と非光合成系（葉柄，茎，根など）の分布を相対照度との関係で評価する「層別刈取法（stratified clipping method）」を考案した。そして，光合成系（F系：foliage（葉群））と非光合成系（C系：culm（稈））の乾物重量を，集団内の相対照度の分布とともに測定し，「相対照度の垂直分布」と「光合成系と非光合成系の物質

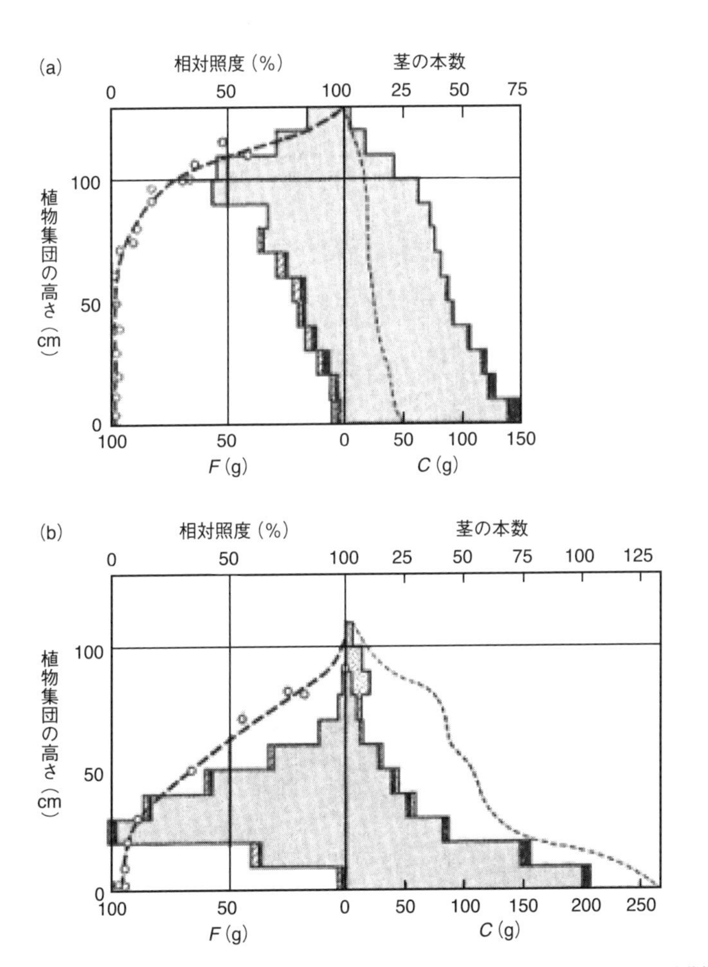

図 8-9　草本群落の生産構造（Monshi & Saeki 1953 より）。(a) 広葉型（アカザ群落），(b) イネ科型（チカラシバ群落）。*F*：光合成系量，*C*：非光合成系量。

生産の垂直分布」を一つの図にまとめたのが「生産構造図」である（図8-9）。植物集団において葉の光合成に実際に役立つ光は，集団内部でそれぞれの葉に当たる光であり，この光は集団内の光分布によって支配され，また逆に集団内の光分布も葉の分布によって支配される。したがって，生産構造図には，光合成系の分布と光分布とが同時に示されていることから，両分布の相互関係が理解できる点で画期的であった。

草原の植物について生産構造図を描いてみると，広葉を水平につけた植物では，光合成系量が上層部に多いのに対し（図8-9 (a)），イネ科のような植物では，光合成系量がより下層部に多い（図8-9 (b)）。このどちらも，光合成系と相対照度の垂直分布は互いによく対応している。この2型は，元来，草本群落から得られたものである。森林の場合でも，樹木

Box 8-3 層別刈取法

この方法は，植物集団のなかに一定の調査区（例えば方形区）を設定し，植物集団の葉層内の照度を各層で測定し，次に上層から下層へと一定の区分（層）ごとに植物体を刈り取り，光合成系（葉）と非光合成系（葉柄，茎，根など）に分けて乾物重量を測定する。例えば，地上高1mくらいの植物集団の場合には，50 cm × 50 cm あるいは1 m × 1 m の調査区を設定し，高さ10 cm 層ごとに照度の測定と植物体の刈り取りを行う。そして，光合成系に関しては葉面積も測定する。

光合成に影響を与える重要な環境要因としては，光のほか，大気のCO_2濃度や温度などもあるが，一般的には植物集団内での変動が光要因ほど極端ではないので，光を一次要因，その他を二次要因として考えることができる。また，若い葉鞘などのように緑色をしている部分も光合成を行っているが，自然条件下では，その量は自身の呼吸量に比べて大きくないため，これも非光合成系に入れて算出している。門司・佐伯（1953）では，優占種については，層ごとの本数密度を測定することになっている。また，地下部は非光合成に相当するが，正確なサンプリングが難しいため，必ずしも測定されない。

によっては枝の占める割合が多く，この遮光量が無視できないが，多くの場合，広葉，針葉，落葉，常緑樹を問わず，広葉型に類似した光合成系量が上層部に多い生産構造図が得られている。

このように，植物の種類や生育環境に違いがあるにもかかわらず，類似した生産構造図が得られるのは，（1）上層部ほど光に恵まれるため光合成は盛んになり，したがって光合成系の発達はよくなる。そして，（2）この上層部の発達により下層部は光不足になり，光合成系の発達は抑えられる。このような一般的な過程で作られる基本的生産構造が，各層間での光合成産物の配分や過程のほか，光合成系を支えている茎や葉柄の伸長の過程などで修飾され，種に特徴的な生産構造になる（Saeki & Kuroiwa 1959, Saeki 1961）。

8-3 物質生産と植物の生活

上述した，ボイセン・イェンセン（Boysen-Jensen）の研究（1932, 1949）に端を発し，Monsi & Saeki（1953）に引き継がれた植物群落の生産構造に関する研究の重要な観点は，植物の生活環に見られる機能を物質経済の視点から見ることである。植物の個体も群落も，光合成系（F）と非光合成系（C）との複合体である。

植物の物質生産量は植物本体からの遊離の水分を取り除いた残りの重量，つまり生活環のある時点の「乾物重量（dry matter）」で測ることが可能であるが，これは純生産量（P_n：1章参照）と呼ばれ，全光合成量すなわち総一次生産量から，光合成系（F）の呼吸量と非光合成系（C）の呼吸量および生育期間中に枯死脱落した部分を差し引いた量として捉えられる。また，葉の呼吸は，光合成を行っているときでも常に生じているため，総一次生産量から夜間の葉の呼吸量も含めた葉の呼吸量を差し引いた量は，特に余剰生産量と呼ばれ，この考え方の基礎となっている。その関係は，以下の関係式で表すことができる。

乾物成長量＋果実・種子形成量

＝純生産量 (P_n)

＝剰余生産量 (P_s) －非光合成系呼吸量 (r_e) －枯死脱落量 (C_d)

［P_s＝総一次生産量 (P_g) －葉呼吸量 (r_f)］

この概念の前提は，同種または異種個体群の集合体としての植物群落におかれている。しかし，自然の植物の群落構造は階層性を伴った複雑な成層構造をなすものから，いわゆる群落を形成しない点在型で個体間相互に干渉のない場合もある。したがって，植物の物質生産システムを，これらの全ての場合を含めて捉える必要がある。つまり，それぞれの植物の種に固有な生活形と生育形は，こうした無機的ならびに生物的相互作用を反映して独特な構造を作り上げたと見ることができる。

光合成系によって生産された物質は，光合成系と非光合成系とに分配されて両系の拡大に使われ，次の物質生産のための新たな体制を作り出す。この過程は「物質再生産過程」と呼ばれ，この過程の繰り返しによって，植物の栄養成長は続けられる。この物質再生産過程の理論的体系を作り上げたのが門司 (Monsi, 1960) である。彼は，植物の生活環の長

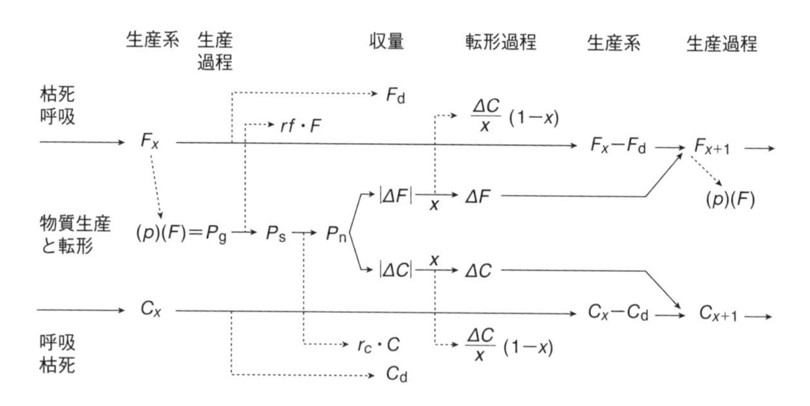

図 8-10　植物における物質生産の一般様式 (Monshi 1960，黒岩 1990 より)。F：光合成系量，C：非光合成系量，p：単位葉当たりの光合成量，P_g：総生産量，r_f：光合成系呼吸量，P_s：余剰生産量，r_e：非光合成系呼吸量，P_n：純生産量，ΔF：光合成系への分配量，χ：転形率 ($\chi = \Delta W/(\Delta W + R)$，$\Delta W$：器官形成量，$R$：器官形成のための呼吸量＋生活のための呼吸量，$F_d$：光合成系の枯死量，$C_d$：非光合成系の枯死量。

さや光合成系および非光合成系の性質から，物質生産およびその生産物の流れを一般化して示した（図 8-10）。

この図により，高等植物の成長を，光合成系による生産と，生産された物質の転形，という二つの過程の時間的連続として眺めることができる。植物の成長過程において，植物体の新しい部位が形成される際には，純生産量 (P_n) の一部がその形成のためのエネルギーとして呼吸により消費される。このようにして素材が新しい植物体部分に変わることを「転形 (transformation)」と呼ぶ。そして，転形過程において形成された器官量の，器官形成に当てられた資源の全量に対する比 χ を「転形率 (transformation factor)」と呼ぶ。これは器官を形成するときの物質消費量 (R = 器官形成のための呼吸 + 生活維持のための呼吸量) と器官形成量 (ΔW) とを用いて，次式で求めることができる。

$$\chi = \frac{\Delta W}{\Delta W + R}$$

この考えを基礎とすると，緑色植物は「草本系」と「木本系」に分けられる。草本系は，さらにその生活環の長さや光合成系の性質から，(1) 一年草本系 (annual herb system)，(2) 多年草本系 (perennial herb system)，(3) 永年葉草本系 (permanent herb system) の三つに区分される。「一年草本系」の特色は，1 シーズンという短期間のうちにその生活環を完結し，種子を作ることである。生殖成長が終わると，光合成系も非光合成系も全て枯れ，種子だけを残す。この型は，いわゆる「雑草」に多く見られ，個体間の干渉が少ない裸地などの空白地帯に先駆的に侵入するのに都合が良い。また，個体数を急激に増大する性質をもっている一方で，過密状態になって個体間干渉が増大すると，光環境の制限が生じ，非光合成系が光合成系に比べて大きくなってしまうため，生産力が低下する特徴がある。

「多年草本系」は，シーズン内の成長期が過ぎると，地上部の光合成系や非光合成系が枯死しても，地下茎，鱗茎，球茎などの貯蔵器官を通して，次代へ同化産物を受け渡す点で一年生草本系とは異なる。こうした多年草本系では，9 章と 10 章で紹介するさまざまな多年生草本のように，一般に年々光合成系で生産された同化産物を蓄積して個体の大きさを増大していくものが多い。

「永年葉草本系」は，ジャノヒゲやヤブランなどのような一般に常緑多年草と呼ばれている植物群で，常緑葉をもち，それらの葉を維持するための非光合成系も長期間生き残る傾向がある。したがって，これらの植物では同化産物の余剰生産量から呼吸量を差し引いた残りの純生産量は，主に新葉や新光合成系の形成に使われ，枯死した部分の補充は長期にわたって行われている。永年葉草本系は，暗い林床に生育して余剰生産量の少ないときでも，純生産量の大半を新光合成系の形成に使うことができる。

一方，木本系は，（1）一年葉木本系（annual-leaf tree system），（2）永年葉木本系（perennial-leaf tree system）の二つに別けられる。これはいわゆる「常緑性」と「落葉性」の違いである。一般的に多くの針葉樹や常緑広葉樹では永年性の葉をもっていることから，光合成系は少なくとも数年は持続する。したがって，光合成系の入れ替えは部分的であるため，純生産量のうち，光合成系を持続するために使われる量はわずかである。しかし，樹木でも非光合成系は少ないながらも呼吸をしていることから，成長につれて非光合成系が増加すると呼吸量も増大していく。しかし，光合成系の増加はすぐに頭打ちになってしまうため，余剰生産量は飽和状態になり，老木になると成長は停止してしまう。ただし，通常，常緑樹と考えられるアカガシなどでは，旧葉の落葉が同調的に生じ，春，新葉の形成するときにはほとんど葉がなくなり，落葉樹のようになることもある。この場合，結局，翌年の新光合成系の全てを毎年準備しなくてはいけないため，物質生産面から見た落葉樹と常緑樹の違いは，同化産物のできる期間とできない期間の長さの違いだけということになる。

こうした光合成系と非光合成系のバランス，植物の生活環のさまざまな段階・過程を通してのそれらの消長と同化産物の受け渡しは，それぞれの植物の生活の展開・持続と環境に対する適応とを背景として成立しており，植物の種の物質経済の基盤となっている。

8-4　種の個体再生産システム

1シーズン内に1世代が完結する「一年生植物」の種個体群の存続と増殖は，各シーズンで生産される種子生産量に大きく依存する。一方，多年生植物の個体群の増殖率は，種子による「繁殖（個体再生産）：reproduction」と自個体の「生存（survival）」のバランスに依存している。また，種子繁殖と栄養繁殖を行う植物では，種子による再生産効率とラメットの分離による再生産効率は，異なった率を示すのが普通である。種個体群の分布成立に働く要因は，極めて多様で，複雑であり，かつ複合的である。自然個体群内における他の植物との競合関係から見ても，多年生植物における種子とラメットの再生産効率の違いは，単純な同化産物の分配と回収のシステムによるものではない。

生物の生活環を通して，物質あるいはエネルギーがどのようにして次世代に受け渡されていくか，というシステムに関わる進化学的重要性に関する概念は，まず鳥類学者であるCody（1966）により「エネルギー分配（energy allocation）」と「分配原理（principle of allocation）」として提唱された。植物学の分野ではイギリスのHarper（1967）やOgden（1968）「個体再生産の戦略（strategy）」および「再生産効率（reproductive effort）」の概念が提唱された。そして，Harper & Ogden（1970）は，植物の個体再生産効率を次のように表すことができるとしている。

（1）総個体再生産効率（GRE：gross reproductive efficiency）

$$\mathrm{GRE} = \frac{\text{繁殖体の総エネルギー量}}{\text{前年度からの繰り越し量} + \text{総同化エネルギー量}}$$

（2）純個体再生産効率（NRE：net reproductive efficiency）

$$\mathrm{NRE} = \frac{\text{繁殖体の総エネルギー量}}{\text{前年度からの繰り越し量} + \text{純生産エネルギー量}}$$

（3）粗個体再生産効率（CRE：crude reproductive efficiency）

$$\mathrm{CRE} = \frac{\text{繁殖体の総重量}}{\text{成熟時}\ (t)\ \text{における総現存量}}$$

Harper & Ogden（1970）は，エネルギー量を厳密に物理的エネルギー単位（cal）として表現しているが，Hickman & Pitelka（1975）は，便宜的には，乾物重量（g）で個体再生産への転形率の見積もりができることを示している。

河野（Kawano 1970, 1975; Kawano et al. 1982, 1983）は，日本列島における温帯性夏緑樹林の林床に生育するさまざまな林床植物を対象に，フェノロジー（季節消長）と林床の環境要因（光の強さと温度）の年間の推移を調査し，その動態を体系化した（図 8-11）。夏緑樹林林床の光環境の季節変化は，（1）4〜5 月の高木層の木々が展葉するまでは，林床表面までよく光が差し込み，明るい状況が続き，（2）その後，木々の葉が完全に展葉するに伴い，9 月くらいまでは，林床の光の強さが減少した状況

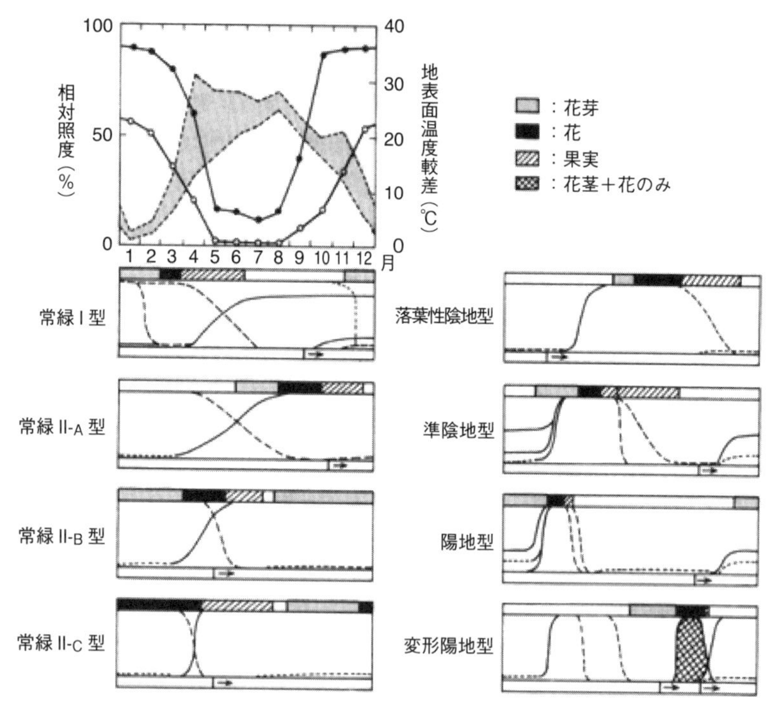

図 8-11 夏緑性林床の環境（温度と光要因（相対照度））の季節変化と，さまざまな林床植物の季節消長（Kawano 1970, Kawano et al. 1983 より）。

が続く。そして，(3) 秋になり，樹木層の落葉に伴って林床の照度はゆっくり明るい春と同じ状態へと戻っていく。一方，地表面の温度は，光の季節変化と対照的な変化を示す。つまり，(1) 温度要因の谷 (低温期) は，1〜2月に見られ，(2) 4月から夏にかけて地表面温度が増加する。ただし，雪が消えて間もない4〜5月は光が林床まで差し込み，日中は高温になるが，夜間には低下することから，1日のなかでの温度格差が大きい。そして，(3) 秋には，再び，地表面温度が低下する。

図8-11を見て非常に興味深いのは，一口に「常緑」としてまとめられている植物群であっても，その地上部器官の新旧の入れ替わりのパターンやそれに要する時間，地下に形成される貯蔵器官の発達の程度，その中に蓄えられる貯蔵物質に量的な変化が存在することである。「常緑I型」の植物は，フッキソウ，ショウジョウバカマなどが含まれている。これらの植物は，少なくとも3年分の地上器官を合わせもっており，雪解け直後に大幅な地上器官の新旧交代が生じるのが特徴である。「常緑II型」の特徴は，地上器官の新旧交代が1シーズンで生じる。そのため，シーズンの前半あるいは後半には，事実上1年分の地上器官しかもっていないことになる。河野 (Kawano et al. 1983) は，この常緑II型の植物群を，新旧器官の交代に要する時間により，さらに三つのタイプに区分した。「II-A型」は，3〜6カ月間の長い期間をかけて交換が行われるグループで，ジャノヒゲ，ヤブランなどが含まれる。「II-B型」は，II-A型よりもやや短い2〜3カ月で地上器官の交換が行われる種群で，そのなかにはオウレン，トキワイカリソウなどが含まれる。そして，「II-C型」は，カンアオイのように1カ月あまりのうちに地上器官の入れ替えが完了するものである。

落葉性の林床植物に関しても，丹念に季節消長を調べることにより，いくつかのタイプに分類されることが分かる。いわゆる「春植物 (spring ephemeral)」に代表される「陽地型」の植物群は，早春の林床に十分な陽光が届く短い期間 (約1カ月程度) にのみ，開花，展葉する。そして，夏を実質的には生理的に休眠状態で過ごし，10月ごろに活発な発根を示し，翌年の春のための花芽や葉芽の形成を開始する。

このように，温帯性夏緑樹林の林床に生育するさまざまな林床植物の物質生産パターンを把握することは，それらの林床に生育する植物群がどのように生育環境に適応してきたのか，ひいては「植物の生活史の進化」を体系的に理解する重要な示唆を与えてくれる (図 8-11)。

9 植物の個体群構造

開花個体（左）の地際で発芽した，エンレイソウ属植物の実生個体

ある特定の同じ地域に生息する同種の個体の集合が個体群 (population) である。一口に「個体群」といっても，そこにはさまざまな側面 (構造) が存在し，その表現方法 (調査の切り口) も多様である。例えば，個体群内には，相対的に年齢の若い個体やより年月を経た個体，あるいは大きな個体や小さな個体が混在する。それを表現するのが齢構造 (age structure) やサイズ構造 (size structure) である。また，個体群内の各個体の分布は空間構造 (spatial structure) として表現される。さらに，個体群内に占める対立遺伝子の割合である遺伝子頻度や遺伝子型の分布は，遺伝構造 (genetic structure) として表現される。個体群生態学 (population biology) は，それぞれの構造がどのようにして形成されたのか，それぞれの個体が互いにどのように影響を及ぼし，また時間とともにどのように変化

するのかを明らかにする学問分野である。

本章では，植物個体群がどのように構成され，またその個体群構造が生態学的または進化学的にどのように変化するのかを見ていく。生物がさまざまな環境に適応して生きているという観点から見ると，植物個体群は他の生物群と比べて特別な存在ではない。しかし，植物が固着性で，独立栄養をするということは，移動能力をもち（移動により環境を回避できる），また従属栄養を行う動物などとは異なるさまざまな興味深い特徴をもつ。

9-1 一生の長さ

小学生のときにアサガオやヒマワリの種子をポットなどに播種し，その後の成長を観察した経験のある人は多いであろう。これらの植物は春

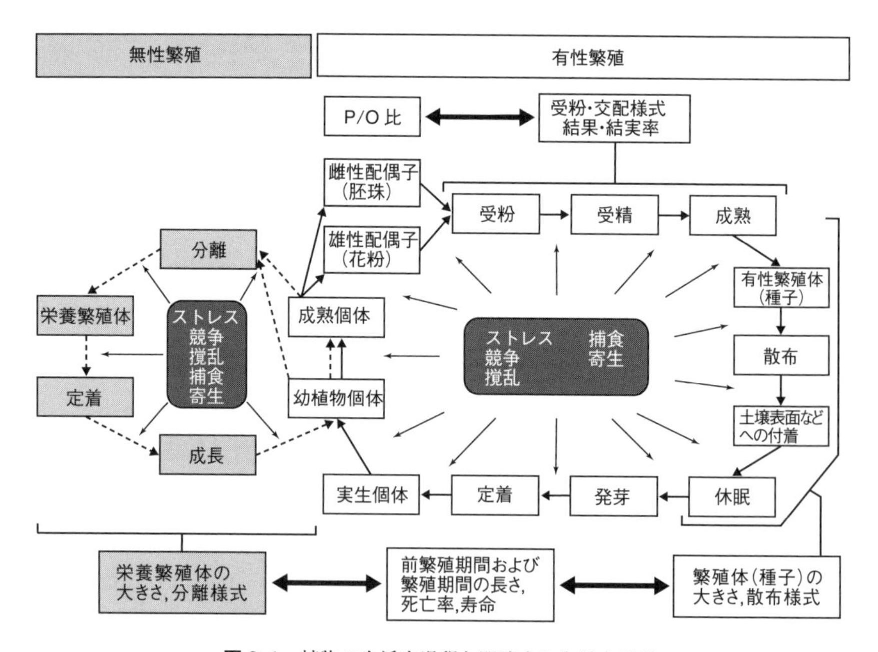

図 9-1 植物の生活史過程と関連する生活史形質。

に種子を土に播種すると，やがて発芽して，成長して大きくなり，夏には開花，そして秋には種子を結実し，冬までには当たり前のように枯死していった。その一方で，日本全国には津々浦々にサクラのお花見の名所が存在し，毎年春には見事な花を咲かせる。しかし，サクラの木は開花したのち枯れることはなく，翌年もまた花を咲かせて，私たちの目を和ませてくれている。私たちが経験的に理解していることでも，一生の

表 9-1　植物の生活史特性に関わる形質

1. 成長
   - (1) 一年生，二年生，多年生
   - (2) 前繁殖期間の長さと一生の長さ
2. 繁殖回数と繁殖活動
   - (1) 一回繁殖型
   - (2) 多回繁殖型
3. 性表現
   - (1) 花レベル (両性花，単性花)
   - (2) 個体レベル (両性個体，単性個体)
   - (3) 個体群レベル (雌雄同株，雌雄異株)
4. 繁殖システム
   - (1) 無性生殖
     - (a) アポミクシス
     - (b) 栄養繁殖 (匍匐枝，地下茎，萌芽，むかご，地下匍匐枝)
   - (2) 有性生殖
     - (a) 自殖と他殖
     - (b) 自家和合性と自家不和合性
     - (c) 雌雄離熟と雌雄異熟
     - (d) 異型花柱性
     - (e) 閉鎖花と開放花
5. 相互作用
   - (1) 送粉システム (風媒，虫媒，鳥媒，水媒など)
   - (2) 繁殖体 (種子など) の散布 (風散布，アリ散布，鳥散布，水散布など)
   - (3) 菌類との共生
6. 繁殖活動へのエネルギー投資率 (reproductive allocation)
   - (1) 花被，苞，蜜腺などの前駆段階への投資
   - (2) 花茎，花梗，花序などの支持器官への投資
   - (3) 個体当たりの総繁殖体 (種子) への投資
   - (4) 種子や栄養繁殖体への投資
7. 生産繁殖体 (有性繁殖体，無性繁殖体) の数と大きさ
8. 種子休眠と埋土種子
9. 個体群構造
   - (1) 時間的構造 (成長率，生存率，死亡率)
   - (2) 空間的構造 (一様分布，ランダム分布，集中分布)
   - (3) 遺伝的構造 (ハーディー–ワインバーグ平衡，近交係数)

長さ，開花の回数・頻度などは，それぞれの植物が生育する環境とともに進化させてきた特徴である (図 9-1，表 9-1)。

植物では，寿命というものを厳密に定義するのはなかなか難しい。しかし，上述したアサガオやヒマワリのように 1 年間でその一生を完結するものは一年生植物（annual plant）と呼ばれる。この定義で分けると，野外の植物で一年生植物を分類するには丁寧な生態観察が必要であるが，路傍に生えるシロザや，低地の帰化種アメリカセンダングサなどが一年生植物である。その一方で，一生を複数年かけて終わるものは多年生植物（perennial plant）と呼ばれる。サクラなどの多くの木本類は，多年生植物であることは容易にイメージできると思うが，さまざま環境に適応進化した 25 万種もの植物，一生の長さもそう単純ではない。

誰もが知っているニンジン。でも，ニンジンの花を見たことがある人は，どれくらいいるであろうか。おそらく，多くの人はニンジンの花は見たことがないと，答えるであろう。なぜなら，私たちが食用としているオレンジ色の部分は，ニンジン *Daucus carrota* という植物が，本来翌年に開花するために蓄えた資源の部分を食べているからである。ニンジンは，最初の 1 年は，種子から発芽，展葉し，光合成を行うことにより，地下部に資源を蓄え，翌年の開花に備える。我々人間は残酷にも，ニンジンの繁殖という生活史を断ち切る形で利用しているのである。ニンジンのように，発芽から繁殖して，枯死するまでの期間を 2 年以内で終えるものを二年生植物（biennial plant）と呼ぶ。作物では，ニンジンのほかサトウダイコン (シュガービート) が代表的な二年生植物である。しかし，実際の野生植物では典型的な二年生植物 (真性二年草：strict biennial) は稀で，生活環の長さは 1 年から数年まで変化する場合が多く，このような植物は可変的二年草 (facultative biennial) と呼ばれる。

9-2　繁殖回数

植物は一生のうちに何回，繁殖（開花・結実）するのであろうか。先にあげた一年生植物や二年生植物は，一生に一度だけ繁殖するため，一回繁殖型（monocarpy）と呼ばれる。これに対して一生のうちに複数回繁殖するものを多回繁殖型（polycarpy）と呼ぶ。多くの多年生植物は一度開花するとその後も開花する多回繁殖型多年生植物（polycarpic perennial plant）である。さらにこの多回繁殖型多年生植物のなかには，サクラのように毎年開花するものもあれば，開花する年と，開花しない年が存在する植物もある。また，ブナなどでは何年かの間隔をおいて開花・結実するとともに，その開花する年が個体や個体群間で同調する豊凶（masting）現象も見られる。

多年生植物では多回繁殖が一般的であるが，なかには長い年月をかけて開花に到達しながらも，一度の繁殖で個体が枯死してしまうものがある。このような植物は一回繁殖型多年生植物（monocarpic perennial）と呼ばれる。木本性低木のササやタケ，草本ではイトラン属の *Yucca whipplei* やリュウゼツラン属 *Agave* の数種，11 章で生活史を紹介するオオウバユリ *Cardiocrinum cordatum* などがこれに相当する。

9-3 生命表と生存曲線

個体群が時間の経過に伴ってどのように変化するかは，さまざまな外的および内的要因によって支配されている。その個体群の変化を定量的・統計的に評価するのが個体群統計学（demography）である。ここでは，demography を個体群統計学と訳したが，元来は，ギリシャ語の「demos＝人々」と「grahos＝描く」に由来する言葉で，人口統計学とも訳される。その由来どおり，この学問の基礎的な発想は，人間を含む動物の個体数の変動を理解することに端を発している。対象とする生物個体群全体が一定に維持されているか，増加しているか，あるいは減少しているか。もしも，出生数が死亡数より多い場合には個体群は増大し，死亡数が出生数より多い場合には個体群は減少する。それは，個体群を同じ齢の個体からなるグループ（例えば 1 歳ごと）に分割し，それぞれのグループの出生率（birth rate）と死亡率（mortality rate）に関する調査を行えば，その個体群の動向が理解できる。

ほとんどの生物で，個体の出生率と死亡率が一生の間に変化する。死亡率は，生命表（life table）を作成することにより把握できる。生命表はもともと，生命保険会社が保険金を支払う利率を算出するために，各年齢の死亡率を把握する目的で作られたのが始まりである。生命表は一つの同齢集団（cohort）の出生から死亡までの運命を追跡し，表にまとめたものである。生命表から，個体群内の個体が各齢まで生き残る確率，つまり生存率（survivorship）と死亡率を算出することができる。

多くの生命表は，以下の要素から構成されている。

x＝齢

n_x＝齢 x における生存個体数

l_x＝齢 x の始まりまでに生き残っていた個体の割合

d_x＝齢 $x+1$ までの間に死亡した個体数

q_x＝齢 x と齢 $x+1$ の間の死亡率

実際には x（齢）と n_x（齢 x における生存個体数）が分かれば，ほかの要素は以下のように全て算出することができる。

$$n_{x+1} = n_x - d_x$$

$$q_x = d_x / n_x$$

$$l_x = n_x / n_0$$

したがって，生命表作成で重要なのは，調査の最初に決める齢の間隔（調査間隔）と，それを基準とした丁寧な追跡調査になる。細かく齢を刻んで調査するにこしたことはないが，労力もそれに伴って増えることになる。大型哺乳類や樹木ではおおむね5年間隔，シカ，鳥や多年生草本では1年ごと，野ネズミや一年生植物では1カ月というように，対象生物に合わせた齢間隔を決めることになる。

表9-2は，スズメノカタビラ *Poa annua* の生命表である（Law 1975）。この生命表では3カ月を1齢として表記してある。この研究では，843個体の消長を追跡調査し，期間ごとにどれくらいの個体が生き残ったのかを，最後の個体が枯死するまで調査している。

生命表をもとに，各齢における生存個体数をプロットしたのが生存曲線（survivorship curve）である。図9-2（a）には，典型的な三つの生存曲線の型（実際の野外生物ではより複雑なパターンを示すが）を示した。生存曲線では，生物間でその観察個体数が異なる場合が多いため，その型を相互に比較するために，縦軸のスタートを 1,000 個体に換算する場合が多い。

生存曲線は，裏返すと種あるいは個体群の「死亡パターン」（図 9-2 (b)）を示したものである。例えば，I 型はヒトなどの哺乳類で，生まれる子どもの数は少ないものの，幼児期は親による手厚い保護のために死亡率が低いが，生殖齢を過ぎると死亡率が急激に高くなる。その反対に III

表 9-2　スズメノカタビラ *Poa annua* の生命表（Law 1975 より）

齢（3 カ月ごと）(x)	生存数 (n_x)	生存率 (l_x)	期間中の死亡数 (d_x)	期間中の死亡率 (q_x)
0	843	1.000	121	0.143
1	722	0.857	195	0.271
2	527	0.625	211	0.400
3	316	0.375	172	0.544
4	144	0.171	90	0.626
5	54	0.064	39	0.722
6	15	0.018	12	0.800
7	3	0.004	3	1.000
8	0	0.000		

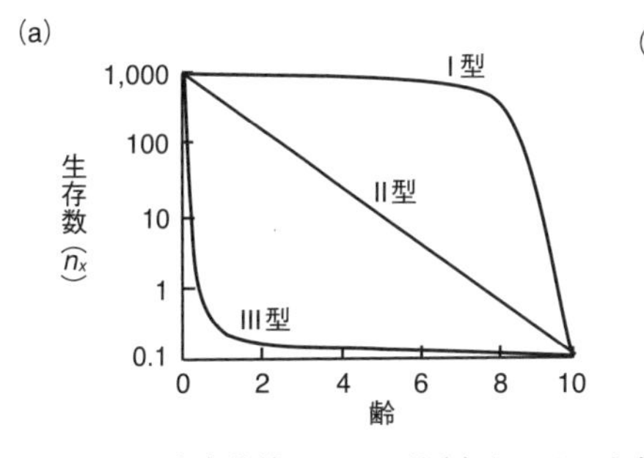

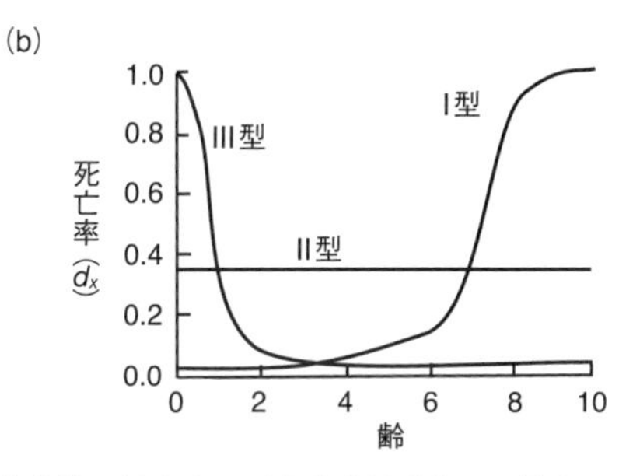

図 9-2　生存曲線の三つの型 (a) と，その生存曲線に対応する死亡率曲線 (b)。I 型は後期に死亡率が上昇する。II 型は年齢に対して一定の死亡率。III 型は初期に死亡率が最も高い（Pearl 1928 より）。

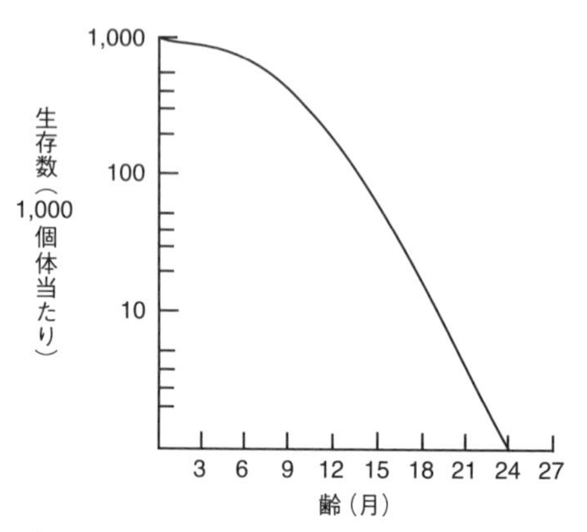

図 9-3　スズメノカタビラの同齢集団の生存曲線（表 9-1 より作成）。

型を示す生物種では，非常に多くの子どもを産むが，生殖齢までにはわずかしか生き残れない。しかし，生殖齢まで成長した個体の死亡率は非常に低い。直線で示されたII型は，どの齢でも同じ割合で個体が死ぬことを示している。上述のスズメノカタビラの生存曲線を描いてみると，おおむねII型に類することが分かる（図 9-3）。

9-4　個体群の成長

個体群を理解するためには，まず個体群がどのように成長するのか，また自然界ではどのような要因がその成長を限定しているのかを把握する必要がある。個体群はしばしば生まれてくる子の数に関係なく，比較的一定の大きさに維持されている。ダーウィンの自然選択説はこの見かけの矛盾に関して，自然選択は繁殖に作用し，ほかよりも生き残る子が少ない個体をふるい落とすよう働くというものである。

個体群の増加率（r）は，以下の式のように出生率（b）と死亡率（d）の差を，個体群へ出入りする個体の移動，つまり個体群への移出（e）と移入（i）で補正した値で示される。

$$r = (b - d) + (i - e)$$

個体群の成長の最も単純なモデルは，ある個体群が制限なしに最大の割合で成長し，移入と移出の速度が等しい ($i-e=0$) と仮定したものである。ある個体群の個体数を N とすると，時間 t の間の個体数の変化率は $\mathrm{d}N/\mathrm{d}t$ で表される。そして，単位時間当たりの個体群の増加率 (r) は，出生率 (b) と死亡率 (d) の差によって示されるため，それらの関係は

$$\frac{\mathrm{d}N}{\mathrm{d}t}=bN-dN=(b-d)N=rN \tag{1}$$

と表すことができる。r の値は，環境条件が安定し個体群の齢構成が安定しているときには一定となり，その環境条件下でその種がとりうる増加率の最大値を示す。そのような r の値は内的自然増加率 (intrinsic growth rate) と呼ばれる。

また，ある時間 t における個体数 $N(t)$ は，r と最初の個体数 N_0 で決まる。そこで式 (1) を

$$\frac{1}{N}\mathrm{d}N=r\,\mathrm{d}t$$

のように，変数 N と t に関する項を分離して，両辺を積分すると

$$\int_{N_0}^{N(t)}\frac{1}{N}\mathrm{d}N=\int_0^t r\,\mathrm{d}t$$

$$\mathrm{In}\,N(t)-\mathrm{In}\,N_0=rt-r\cdot 0$$

が求められる。その結果，

$$N(t)=N_0e^{rt}$$

となる。したがって，出生率が死亡率を超えれば ($r>0$)，個体群は時間 t に対して指数関数的に増加する。図 9-4 からも分かるように，内的自然増加率が一定でも，個体群が大きくなると実際の個体数は急速に増加する。

個体群生態学は，人口統計学的考え方に由来する部分が多い。Malthus (1798) は，著書『人口の原理 (Essay on Population)』のなかで，「食物，水分，生活空間などといった資源の制限がなく，温度，湿度，空気などの無機的環境がその生物にとって好適であり，個体の移出や移入がなければ，全体として個体数は指数関数的（幾何級数的）に増加する」と述べている。したがって，このような個体群の指数関数的成長は「マルサス的成

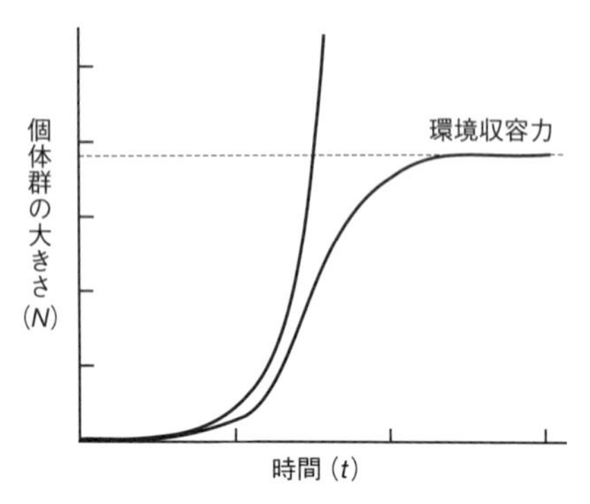

図 9-4　個体群の成長に関する指数関数成長曲線とロジスティック（シグモイド）成長曲線。指数関数成長では，増加率が一定でも，個体群が大きくなると実際の個体数は急激に増加する。ロジスティック成長は初期の段階では指数関数的に急成長し，資源の限界に達すると死亡率が増加し，成長率が低下する。そして，死亡率が出生率と等しくなったときに成長が止まる。

長」と呼ばれるとともに，r（内的自然増加率）は「マルサス係数」とも呼ばれる。

しかし，実際に個体群が成長するに伴い，年齢別の生存率や死亡率が変化するので，現実の増加率は一定にはならない。また，個体群の密度が増加するに伴って，資源（空間，光，水分，栄養分など）が枯渇していくかもしれない。あるいは代謝廃棄物で環境が有害になるかもしれない。さらに，捕食者や病原体の集中が起こるかもしれない。このようなさまざまな環境要因の制約のなかで個体群がある程度の大きさで安定化するとき，それを環境収容力（carrying capacity）と呼ぶ。つまり環境収容力は，その環境が維持できるその生物個体群の最大の個体数を意味する。

一般に，一定速度の食物供給がある条件下で，横軸に時間，縦軸に生物の個体数をとると，S 字型の増加曲線が得られる。この曲線を S 字状曲線（sigmoid curve）と呼ぶ。このような S 字型の曲線を表現するための方程式は従来，いろいろと考えられているが，閉鎖環境下における個体群の S 字型の成長曲線を最も簡潔に表現したものとして，今日よく使われるのがロジスティック式である。このロジスティック式は，Verhulst（1838）により人口に関して導きだされ，そして Pearl & Reed（1920）によって再発見され，動物生態学に導入されたものである。

ロジスティック曲線は次のように表現される。式 (1) の右辺に $(K-N)/N$ を掛けたのが式 (2) である。K は環境収容力を示し，N（個体数）が増加するにつれて $\mathrm{d}N/\mathrm{d}t$ が減少することを簡潔に表現している。

$$\frac{\mathrm{d}N}{\mathrm{d}t} = rN\left(\frac{K-N}{K}\right) \qquad (2)$$

N が 0 に近いときは $(K-N)/K$ は 1 に近くなり，結局，個体群は式 (1) に示すような rN に近い指数関数的増加率となる。そして，個体数 $N=K$ になったとき $(K-N)/K=0$ となるので，個体数の増加は見られなくなる。したがって，多くの生物個体群で時間 t に対して個体数 N をプロットしたグラフでは，特徴的な S 字型の増加曲線（S 字状曲線）が描かれるのである（図 9-4）。

9-5　個体群を調節する要因

生物個体群はさまざまな要因で調節される。個体群がその環境収容力に近づいたとき，資源をめぐる競争が深刻になり，密度が上昇するに伴い出生率の低下または死亡率の増加，あるいはその両方が生じる。このように個体群成長率が個体群の大きさの影響を受けるのは，重要な成長過程の多くが密度依存的効果 (density-dependent effect) を受けているからである。特に，固着性の植物においては個体群内の各個体は，同種間であっても光環境，栄養塩類をめぐり競争を行っている。

植物における個体間の競争による密度効果を見事に表現したのが，日本を代表する生態学者である Yoda et al. (1963) による「自己間引き則 (self-thinning rule)」または「二分の三乗則 (3/2 乗則，−3/2 power law)」と呼ばれる法則である。彼らは，さまざまな植物で栽培実験を行い，同齢植物個体群の密度の時間的変化と平均個体重との関係を調査し，高密度集団では，時間とともに個体群密度 d と平均個体重 w の関係が，次のようなべき乗式で近似されることを発見した。

$$w = cd^{-k}$$

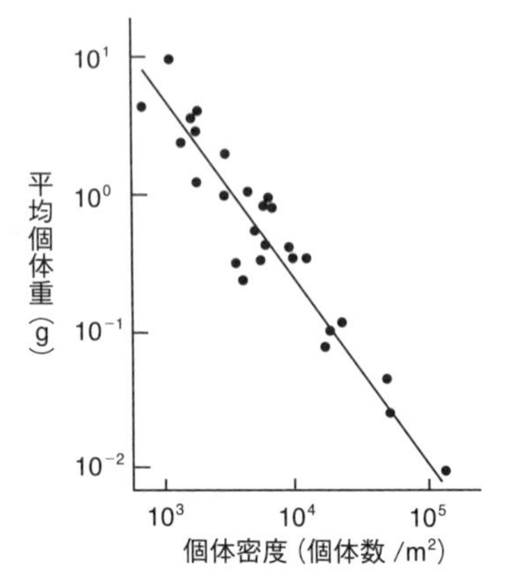

図 9-5 シロザの密度と個体重の関係。このグラフの傾きは－1.33で，自己間引きの理論値である3/2乗の傾きとほぼ一致する。個体群が高密度，低密度のどちらの密度からスタートしても密度と個体重の関係はこの線にそって変化し，またこの線上の平衡点に到達する（Yoda et al. 1963より）。

ここで，cとkは自己間引き関係を規定する定数である。

Yoda et al.（1963）は，さまざまな植物個体群を対象に，同齢植物個体群の密度の時間的変化と現存量（平均個体重）の関係を調査した。そして，得られた個体群密度dと平均個体重wの関係を，両対数グラフ（横軸d，縦軸w）にプロットしてみると傾きが$-k$の直線になり，この$-k$の値がほぼ$-3/2$の値を示すことを経験的に発見した（図9-5）。

$$\log w = -\frac{3}{2}(\log d) + C$$

これが，「自己間引き則」が「3/2乗則（－3/2 power rule）」とも呼ばれる所以である。この法則は経験的に示されたものであるが，その後，栽培植物を含むさまざまな植物個体群で研究が行われ，その法則が同種間だけではなく，異なる種間での密度効果にも適応できることが示されている（White 1980, Hutchings 1983, Westoby 1984）。もちろん，その後さまざまな研究が行われ，3/2乗則に適合しない事例も報告されている（Weller 1987, 1991）。しかし，この自己間引き則の発見のすばらしい点は，植物個体群では密度が増加するに伴い，個体サイズがより小さくなるという現象を見逃すことなく，それを研究者たちが植物個体間で資源をめぐる競争が生じていると発想し，実験植物個体群を用いて定量的に証明したことである。

このように，植物個体群では通常，密度効果は過密化では「負の効果」をもたらすものと考えられるが，動物個体群では，密度が高くなるほど増加率が高まる「正の効果」を示す場合がある。その効果は，アリー効果（Allee effect）と呼ばれている。例えば，最適密度より個体群密度が低下する場合や，群れで獲物を捕るような動物種においては餌が得られなくなり増加率が密度の低下とともに減少するという場合がある。アリー効果は，近年では，極低密度では個体群が絶滅に至るとして，保全生態学的にも注目を浴びている考え方である。

9-6　個体群の成長と生活史戦略

野外の生物個体群では，環境収容力に近いところで安定した個体群を維持する種もあれば，その一方で，個体群の大きさが著しく変動し，時には環境収容力をはるかに下回る大きさになる種も存在する。例えば，環境収容力に近い大きさの個体群ではより限られた資源をめぐる競争が生じ，その競争を勝ち抜き，効果的に資源を利用できる個体が有利である。このように環境収容力（K）付近の高密度に適応して高い競争力をもつように選択された種は K-選択（K-selected）種と呼ばれる。対照的に，環境収容力をはるかに下回る個体群では資源は豊富であるため，より多くの子孫を作る個体が選択される。このような繁殖力が高く，本来の内的自然増殖率（r）を最大にするように選択された種は，r-選択（r-selected）種と呼ばれる。

Pianka（1970）は，この r-選択と K-選択の特徴を表 9-3 のようにまとめた。この対比はそもそも動物を対象としてまとめられたものであるが，その特徴は植物にも当てはめることができる。例えば，いわゆる雑草の多くは r-選択種の特徴をもつ。r-選択の種は変動環境に生育する，種子から直ちに発芽し成長が早い，短命（一年生草本）である，高い種子生産を

表 9-3　*r*-選択と *K*-選択の特徴（Pianka 1970 より）

パラメーター	*r*-選択	*K*-選択
気候	変化に富み，または（それに加えて）不規則に変化する	安定しているか，または（それに加えて）規則的に変化する
死亡	破壊的に起こることが多い。方向性なし。密度に依存しない	方向性あり。密度に依存する
生存曲線	III 型が多い	I 型，II 型が多い
個体数	変化が甚だしく，平衡がなく，通常，環境収容力よりずっと低いレベルにある。飽和していない生物群集中にあり，毎年再侵入がある	安定しており，平衡状態にあって，環境収容力の限界に近い高密度，生物群集は飽和していて，再侵入なしに個体群を保つ
種内競争・種間競争	程度はいろいろだが，穏やかなことが多い	通常きびしい
選択された形質	1. 早い発育 2. 高い内的増殖率 3. 早い繁殖 4. 小さい体 5. 1 回の産卵で全部の卵を産む性質 6. 小さい子を多産する	1. ゆっくりした発育 2. 高い競争能力 3. ゆっくりした繁殖 4. 大きい体 5. 何回も繁殖する性質 6. 大きい子を少し産む
生存期間	短い（1 年以下が多い）	長い（1 年以上が多い）
生態遷移の段階	初期段階	後期段階，極相

行う，などの特徴をもつ。一方，植物における *K*-選択種は，極相林の樹木に代表されるように安定した環境に生育し，ゆっくりとした成長を行い，高い競争能力をもつ。

また，イギリス・シェルフォード大学のグライム（Grime 1935-）は，植物の成長と繁殖に及ぼす二つの要素に着目し，植物の生活史戦略を整理した（Grime 1977, 1979）。一つは，光，水分，温度，栄養塩類などの欠如による物理的・化学的な制約で，彼はこれらをストレス（stress）と呼んだ。もう一方は，捕食，病気，霜，野火，干ばつ，土壌浸食などを含む撹乱（disturbance）である。そして，グライムは，表 9-4 に示すようなこの二つの要素からなる四つの組み合わせを考えた。しかし，ストレスと撹乱の両方が強い場合には，植物は生育できないため，三つの戦略に区分される。一つ目は競争戦略（competitive strategy）で，ストレスも撹乱も少な

表 9-4　Grime (1977, 1979) の三つの繁殖戦略

撹乱の強さ	ストレスの強さ	
	小	大
小	競争 (*K*) 戦略	耐ストレス戦略
大	荒れ地 (雑草あるいは *r*) 戦略	生育できない

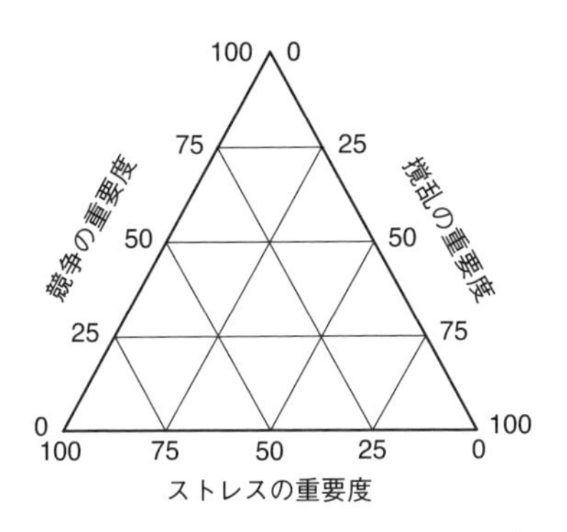

図 9-6　グライムの植物の生活史戦略に関する C–S–R 戦略モデル (Grime 1979 より)。植物は，競争 (C)，ストレス (S)，撹乱 (R) の三つの要素の相対的な重要度に応じてさまざまな三角形の中に位置づけられると考えた。

い条件下で *K*-選略的な特徴をもつ。資源をめぐる競争が強いため，光合成産物を茎や根に多く配分し，成長速度を大きくしている。また種子生産量も比較的低い。二つ目は耐ストレス戦略 (stress tolerant strategy) で，撹乱は小さいが，大きなストレスのある条件下で生育する。これらの植物は，わずかな資源でも生育できるが成長速度は遅く，常緑性や長い寿命の葉をもっている。また，種子生産量は低い。三つ目は荒れ地戦略 (ruderal strategy) で，ストレスは小さいが，荒れ地のように撹乱が大きい環境に生育し，*r*-選略的な特徴をもつ。これらの植物は，雑草性の一年生草本のように，個体サイズは小さく，成長が早く，多くの資源を種子生産に投資する。このグライムの生活史戦略モデルは，この三つのカテゴリーの頭文字をとって，C-S-R 戦略モデルとも呼ばれる (図 9-6)。

9-7 ステージ(サイズ)・クラス構造

表9-2(p.167)で紹介したスズメノカタビラは短命の植物であるため,個体群を構成する全個体についてその消長を追跡調査することが可能であった。しかし,人間の寿命よりもはるかに長い年月を生き続けるものも少なくなく,樹齢何百年というスギも多数存在する。このような植物に関しては,追跡調査を行うのは現実的ではない。そこで用いられるのが齢構造(age-structure)である。これは,対象とする生物個体群において,その時点で個体群内に各年齢の個体数がどの程度分布しているかを示したもので,いわゆる国勢調査時に作成される人口ピラミッドに相当するものである(図9-7)。年輪を残す樹木の場合は,個体群内の各個体より成長錐によりコアを抜き,年輪を数えることにより,齢構造を作成することができる。

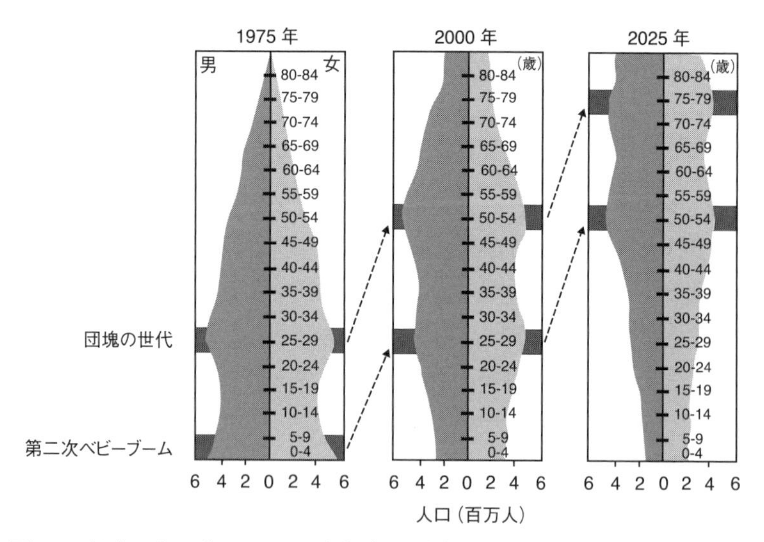

図9-7 日本の人口ピラミッドの変化(国立社会保障・人口問題研究所資料より)。1975年で,「団塊の世代」と「第二次ベビーブーム」として認識された人口の膨張が,25年後の2000年により高年齢へと移行しているのが分かる。また,2025年には,さらに少子高齢化が進んでいることが予測される。

しかし，植物では樹木の年輪のように年齢を特定できる場合は少ない。庭や路傍で咲いている草本植物はいったい何歳なのだろうか？　ただし，ここで重要なのは，動物では年齢とともに成長段階および繁殖能力が変わるが，植物の場合は，年齢よりも個体の大きさがその成長量やその後の繁殖を左右していることである。例えば，田畑のように安定した均一な環境では，同時に発芽した個体は同じように成長する。しかし，野外個体群では，光，水分などの物理的環境の不均一性により，同時に発芽した個体であってもその成長が異なり，その後の開花段階への到達にも差が生じる。したがって，植物の生活史においては，実年齢よりも成長段階のほうがより重要な鍵となる場合が多い。例えば徳川家代々から伝わる盆栽は，絶えず刈り込みが行われているため個体のサイズは小さいまま，数百年生き続けている。このような現象を，Silvertown (1982) は，ギュンター・グラス (Gunther Grass) の小説『ブリキの太鼓』で，大人になるのが嫌で 3 歳で自ら成長を止めた主人公の名前から「オスカー症候群 (Oskar syndrome)」と称している。また，Kawano & Kitamura (1997) は，一連のブナ個体群の調査から稚樹などが林冠にギャップができるまで同じ発育相にとどまることを「待ちの戦略 (waiting strategy)」と呼んでいる。いずれにしても，樹木や多年草では，個体の大きさや発育段階とその実際の年齢には一定の相関が認められない場合がある。

そのため，実際に年齢を特定できる樹木においても，実年齢よりも個体の大きさ（サイズ）のほうがより重要な意味をもつため，胸高直径 (DBH : diameter at breast height) が測定される。林床植物などにおいては，その成長を反映していると考えられる葉の枚数や大きさ，あるいは地下の貯蔵器官（根茎や鱗茎）の大きさなどを用いて，評価される個体の成長サイズや間接的に生育ステージが区分される。ちなみに，テンナンショウ属植物では，偽茎直径や小葉数，カタクリでは葉面積，チゴユリでは葉数などが生育段階の区分に用いられている (Kawano 1975, 1985)。

図 9-8 には，多年生の林床植物であるエンレイソウ *Trilium apetalon* の，葉面積と葉の枚数による生育段階（ステージ・クラス）を示した。エンレイソウ属植物は落葉広葉樹林の林床に生育し，高木層の展葉前の 4

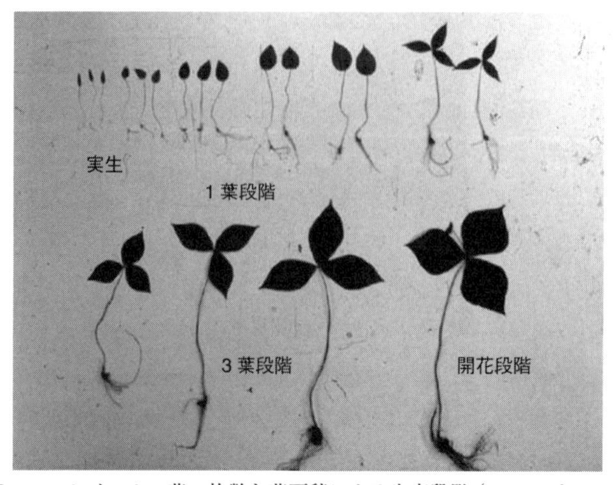

図 9-8　エンレイソウの葉の枚数と葉面積による生育段階（ステージ・クラス）。

〜5 月に開花する。エンレイソウ属植物が咲く林床をよく見ると，開花している個体のほかに，開花以前のさまざまな生育段階の個体を見つけることができる。開花個体は 3 枚の花弁，萼（がく）片，葉，6 本の雄しべという，「3」が形態的な基本数であるが，開花前の栄養成長段階には 1 葉段階と 3 葉段階の，形態的に二つの大きく異なる生育段階が存在する。さらに，1 葉段階のなかで種子から発芽した直後の実生個体は，披針（ひしん）型の特徴的な葉をもっている。そして，翌年からは心型の 1 枚葉に変わり，毎年の光合成を通して地下の根茎に貯蔵物質を蓄え，徐々に葉，根茎および個体全体の大きさを増大させていく。そして，3 葉段階に移行し，また経年成長を続けた後にようやく開花する。したがって，仮に順調に成長を続けたとしても，種子から開花までは少なくとも 10 年を超える年数が必要となる。

このようにエンレイソウ属植物の生育段階は，実生，1 葉，3 葉，開花の大きく 4 段階に区分される。そして，実生以外の個体に関するさらに細かい生育段階の区分は，さまざまな個体の葉面積を測定し，その測定値をもとに頻度分布を算出して区分した。その結果，葉面積に基づく生育段階の区分は表 9-5 のようになった。したがって，種子（SD）と実生

表 9-5 エンレイソウ *T. apetalon* の葉面積に基づくステージ・クラス区分(Ohara & Kawano 1986 より)

ステージ・クラス	レンジ (cm^2)	ステージ・クラス	レンジ (cm^2)	ステージ・クラス	レンジ (cm^2)
クラス 0 (実生)		5	10.60－15.79	10	105.88－153.45
1	0.19－2.47	6	16.60－24.90	11	164.08－250.16
2	2.54－3.79	7	29.68－39.42	12	257.62－377.13
3	4.01－6.20	8	44.12－61.52	13	496.02－601.46
4	6.31－9.93	9	68.02－98.87	14	652.32－754.40

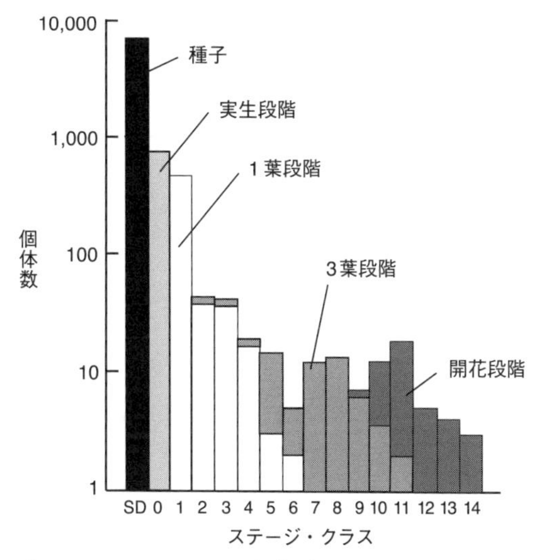

図 9-9 エンレイソウの 2 m × 2 m の調査区のステージ・クラス構造(Ohara & Kawano 1986 より)。種子数は開花個体数と個体当たりの平均種子生産数の積による推定値。

(0) の二つの段階を含めると，全部で 16 のクラスが区分されたことになる。そして，この区分をもとに，エンレイソウが優占する林床に設定した一定面積 (2 m × 2 m) の調査区内の個体を葉面積により各クラスに分類し，各クラスに属する個体数の分布を示したものが，ステージ・クラス構造 (stage class structure) である (図 9-9)。エンレイソウの場合，各クラスは葉面積によって区分されているため，同じクラス内で 1 葉段階，3 葉段階，そして開花段階に属する個体に重複が見られるが，1 葉段階から 3

葉段階への移行はほぼクラス 5 または 6 で行われ，さらに開花個体はクラス 9 から出現しているのが分かる。また，図の全体の構造を見るとステージの移行に伴い個体数が減少する傾向が見られ，特に実生から小さい 1 葉段階の幼植物における個体数の変動が著しい。しかし，中間のクラス以降では，個体数の大きな変動はなく，安定しているのが分かる。

このステージ・クラス構造は，葉面積という個体の大きさを基準としているため，同じクラスのなかにも異なる年に生まれた数多くの生存個体が含まれている。したがって，同齢個体群の追跡に基づいて作成される生存曲線とは異なり，個体数の増減が前後する部分が存在する（同齢個体群の個体の変動であれば，前の年よりも後の年のほうの個体数が多くなることはない）。しかし，前述したように植物においては，生活史過程におけるさまざまな出来事や個体の運命を決定する要素が，絶対年齢よりも生育段階と密接に結び付いている。特に，開花は年齢よりも，個体のロゼット葉や鱗茎などが一定の個体の大きさ（臨界サイズ：critical size）に到達したときに行われる場合が多い。エンレイソウに関しても，栄養成長から生殖成長への移行は，3 葉段階のほぼ一定のサイズから始まっており，やはり絶対的な年齢よりも，光合成を通し個体内に蓄積された貯蔵物質の量に繁殖器官の形成を依存しているようである。

9-8　個体群動態と行列モデル

9-8-1　個体の追跡調査

ニュースなどで「今年も上野公園のサクラが見ごろになりました」と紹介されると，それはほぼ同じ木が毎年コンスタントに咲いていることを意味しているだろう。では，同じくニュースなどで紹介される尾瀬のミズバショウの開花は，はたして同じ個体が毎年咲いているのだろうか？前述したように，多年生植物における個体の長年にわたる追跡調査は困難である。しかし，このような一度開花した個体の挙動，個体群内の個体数の年次変動や生存率，に関する情報を得るためには，やはり追跡調査が必要である。クマやシカなどの動物では個体を捕獲し，発信機などを取り付け追跡するなど，調査範囲が広く，またコストもかかるが，動かない植物の追跡調査は，ナンバーテープ，タグ，針金などと，プラス根気があれば継続できる。しかし，ある意味この「根気」が一番大切かもしれない。

9-8-2　推移確率行列

個体を追跡することによって，毎年どれくらい成長するのか，どれくらいの確率で死亡するのか，またどのくらいになると繁殖を開始するのかなど，さまざまな生活史情報が集積される。図 9-10 には，個体追跡データから描かれる生活史の流れ図を示した。(a) は齢段階に基づくもの，(b) は生育ステージ（サイズ）に基づくものである。(a) では，最高寿命が 4 歳の生物を仮想しているが，実線の矢印は，1 歳の個体が毎年 1 歳ずつ年をとっていくことを表しており，破線の矢印はそれぞれの年齢の個体が新しい個体を産むことを示している。この図の P_i は，i 歳のときの個体が翌年 $i+1$ になる確率（i 歳のときの生存率）を表しており，F_i は i 歳の個体の平均産子数を表している。この流れ図を見る限り，この生物は，2 歳から繁殖を開始する可能性があること，F_2, F_3, F_4 がそれぞれ >0 であれば，多回繁殖型である可能性がある。しかし，もしも，実際にとられた個体群のデータが $F_2=F_3=0$ で F_4 が >0 であれば，この生物のその個体群での繁殖開始年齢は 4 歳で，かつ 5 歳の個体は存在しないことから一回繁殖型であることが分かる。

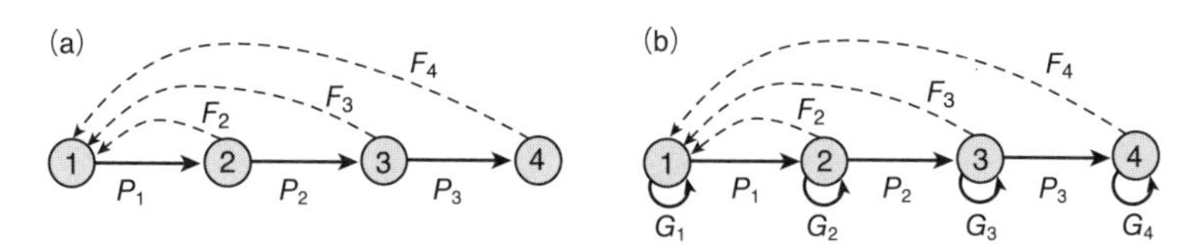

図 9-10　個体群の推移確率の例。(a) 四つの齢段階に基づく推移。各齢クラスの繁殖率 (F_x) と，次の齢段階への生存（移行）する確率 (P_x) が示されている。(b) 個体サイズ，または生育ステージに基づく推移。各ステージ・クラスの繁殖率 (F_x)，次の生育ステージに生存・推移する確率 (P_x)，個体が生存し，同じステージにとどまる確率 (G_x) が示されている。

この生活史の流れを行列式により表現すると，

$$
\begin{array}{cc} & \text{今年の年齢} \\ & \begin{array}{cccc} 1 & 2 & 3 & 4 \end{array} \\ \text{翌年の年齢} \begin{array}{c} 1 \\ 2 \\ 3 \\ 4 \end{array} & \begin{bmatrix} 0 & F_2 & F_3 & F_4 \\ P_1 & 0 & 0 & 0 \\ 0 & P_2 & 0 & 0 \\ 0 & 0 & P_3 & 0 \end{bmatrix} = \mathrm{A}_1 \end{array}
$$

となる。この行列モデルに基づいて，生物個体群の自然増加率，繁殖開始齢，種子生産数，生存率などの生活史特性を記述することができると考えたのが Leslie (1945) である。

レスリー (Leslie 1901-1972) は当時，オックスフォード大学でエルトン (Elton 1900-1991) とともに動物個体群を研究していたため，この行列モデルを，年齢が明確である動物個体群に適応した。しかし，この行列モデルを植物に応用する際には，植物の生活史の重要なパラメーターが「年齢」ではなく「生育ステージ (サイズ)」に依存していることに再び気をつけなければならない。例えば，多年生植物では，定着した微環境の違いや個体間競争により，同年齢でありながらも個体サイズが著しく異なる場合も多い。したがって，それらは同齢であっても繁殖を開始する年齢が異なることが考えられる。そこで，植物の生活史の記述に関してはステージ (サイズ) に基づいて行列モデルを作成するほうが本質的となる。図 9-10 の (b) は，ステージに基づく生活史の流れである。年齢によるものとの大きな違いは，各ステージにおいて次のサイズに移行する確率 (P_i) だけではなく，同じステージにとどまる確率 (G_i) が存在する点である。

$$
\begin{array}{cc} & \text{今年の生育段階} \\ & \begin{array}{cccc} 1 & 2 & 3 & 4 \end{array} \\ \text{翌年の生育段階} \begin{array}{c} 1 \\ 2 \\ 3 \\ 4 \end{array} & \begin{bmatrix} G_1 & F_2 & F_3 & F_4 \\ P_1 & G_2 & 0 & 0 \\ 0 & P_2 & G_3 & 0 \\ 0 & 0 & P_3 & G_4 \end{bmatrix} = \mathrm{A}_2 \end{array}
$$

このほうが，植物の生活史の実態をより反映した形になる。

9-8-3　行列モデルの作成

上で示した行列式には，実は性質の異なる二つのプロセス（行列）が含まれている。一つは，追跡個体が同じサイズにとどまる確率（G）と次のサイズへと移行する確率（P）のプロセス（T）であり，もう一つは，成熟によって新たな個体が参入するプロセス（F）である。したがって，式 A_2 は

$$\underset{A_2}{\begin{bmatrix} G_1 & F_2 & F_3 & F_4 \\ P_1 & G_2 & 0 & 0 \\ 0 & P_2 & G_3 & 0 \\ 0 & 0 & P_3 & G_4 \end{bmatrix}} = \underset{T}{\begin{bmatrix} G_1 & 0 & 0 & 0 \\ P_1 & G_2 & 0 & 0 \\ 0 & P_2 & G_3 & 0 \\ 0 & 0 & P_3 & G_4 \end{bmatrix}} + \underset{F}{\begin{bmatrix} 0 & F_2 & F_3 & F_4 \\ 0 & 0 & 0 & 0 \\ 0 & 0 & 0 & 0 \\ 0 & 0 & 0 & 0 \end{bmatrix}}$$

のようにTとFの二つのプロセスの行列に分けることができる。Tの各要素は基本的に個体を追跡したデータセットをもとに作られたサイズ別の推移度数表から算出することができる。一方，Fの各要素は追跡調査区内のステージ1（例えば，種子由来の実生）の個体数を成熟個体数で割った値として算出される。仮に，栄養繁殖を行う植物の場合では，ステージ2や3へ参入した個体数を成熟個体で割ればよい。

しかし，この計算にはいくつかの問題が存在する。調査区内で新たに発見された実生が，どの成熟個体から産まれたのか，調査区外からの移入種子によるものかもしれない。さらに，同じ年に地上で実生として観察された個体でも，種子休眠や埋土種子により，それらが必ずしも同じ年に生産された種子由来とは限らない。したがって，植物個体群の動態をより正確に把握するためには，種子の発芽特性や埋土種子の生存率などを明らかにしていく必要がある。

9-8-4　エンレイソウの個体群動態

1980年，札幌市近郊の野幌森林公園内のエンレイソウ *Trillium apetalon* 個体群に1 m×1 mの調査区を設定した。そして，調査区内の全

てのエンレイソウの個体（実生から開花個体まで）を標識し，個体の位置およびその生存と成長（葉面積と相関のある葉の縦と横の長さを測定）を毎年開花期に調べた。このエンレイソウのモニタリングも，2015 年でちょうど 35 年目を迎える。その調査の最初の 10 年間のデータを図 9-11 に示した。

個体の分布を見てまず気がつくことは，多くの実生個体が開花個体の近くに集中していることである。さらに，生育段階別にその生存を見ると，前年度に開花個体の近くで集中して観察された実生個体の多くが，翌年にはわずか 2〜3 個体の 1 葉個体になるか，さらに数年後には全くなくなって（枯死して）しまっていることが読み取れる。このような実生個体の数の大きな変動は，種子から発芽した実生が定着する林床の環境や

Box 9-1　種子休眠と埋土種子

植物は生育に好ましくない乾燥や低温にさらされる季節になると休眠する。休眠した植物は落葉し，乾燥耐性を獲得した冬芽を形成する。植物の休眠のなかで，種子休眠はその休眠を長く保つ一つの生態的手段である。種子休眠は，大きく一次休眠（primary dormancy）と二次休眠（secondary dormancy）に大別される。一次休眠は自発休眠（innate dormacy）とも呼ばれ，種子が成熟したときに既に休眠状態にある場合を指す。一方，二次休眠は誘導休眠（induced dormancy）とも呼ばれ，休眠性のない種子や，一度休眠覚醒した種子が発芽に適さない環境下で休眠を獲得した場合を指す。

休眠状態で，発芽能力を保ったまま，文字どおり土中に埋まったまま存在している種子を埋土種子（buried seed）と言う。埋土種子の動態を知ることは難しい。私たちは地上に出現した種子由来の個体を当年性の実生として扱うが，ともすればその実生は数年前，いや十数年前に作られた種子が，その年に発芽したのかもしれない。植物の個体群動態を理解するためには，埋土種子集団（seed bank, soil seed pool）に関する詳しい情報がこれからも必要になってくる。

種内個体間の競争などによって大きく影響されているものと考えられる。さらに，1葉段階の枯死も数多く見うけられる。この実生から1葉段階の生育初期の高い死亡率と栄養成長期間の長さを考えあわせると，やはり種子から開花までたどり着くのは極めて一部の個体と考えられる。

その一方で，1980年の調査開始当初に観察された開花個体は花茎の本数や葉の大きさを若干変化させながらも，毎年安定した開花を繰り返している（図9-12）。なんと，これらの開花個体は2009年の段階でもそのまま生存し，開花していた。種子から開花まで少なくとも10年が必要であることを考え合わせると，2009年に開花が確認された個体は少なくと

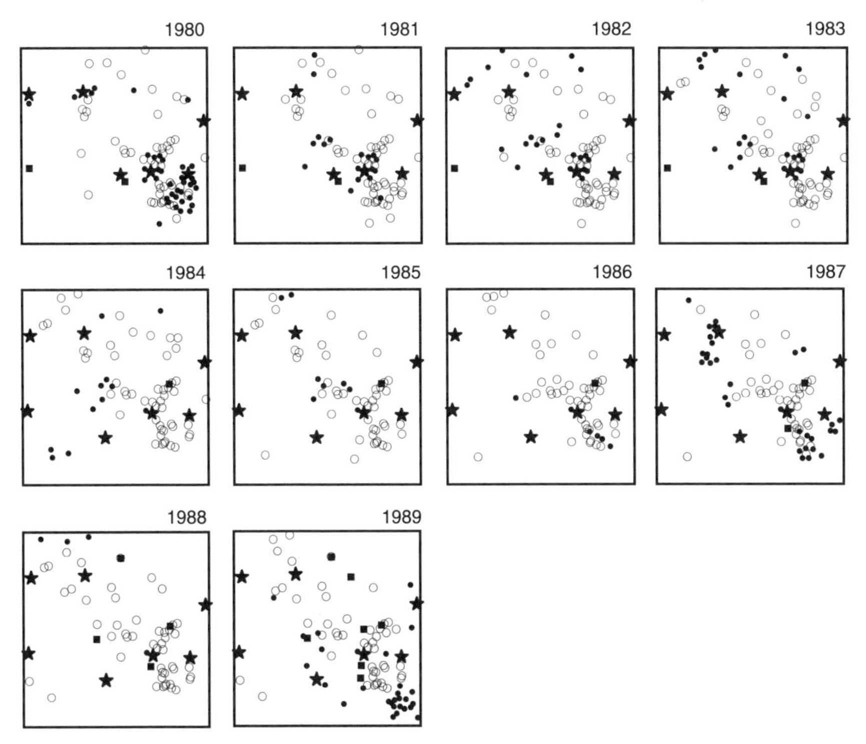

図9-11　エンレイソウの野外個体群（1 m × 1 m）の調査区における1980年から10年間の個体の動態（Ohara & Kawano 1986に加筆）。●：実生個体，○：1葉個体，■：3葉個体，★：開花個体。

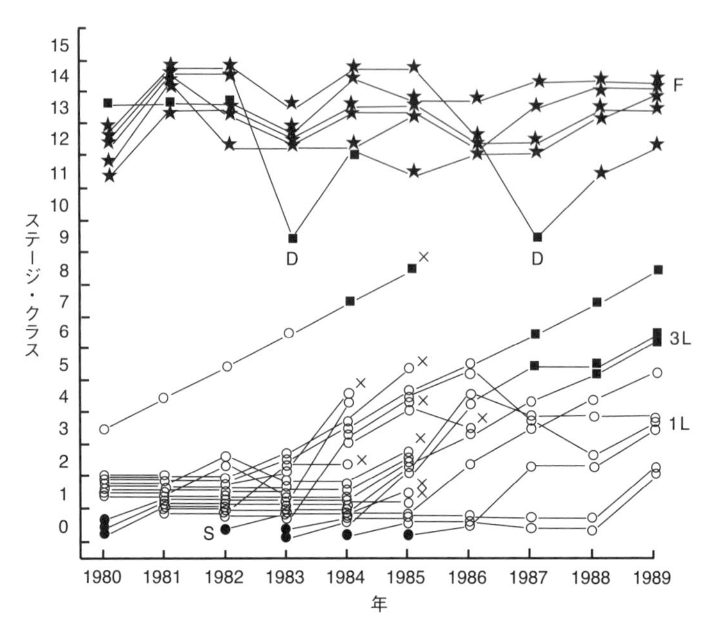

図 9-12　図 9-10 に示したエンレイソウ調査区内の個体の生存・死亡および成長（ステージ・クラス）の年次変化。●：実生個体（S），○：1 葉個体（1L），■：3 葉個体（3L），★：開花個体（F），×：翌年までに枯死，D：前年までに茎や葉などにダメージを受けた個体。

も 40 歳以上という計算になる。

また，興味深いのは，当年に動物による捕食や，計測の途中で誤って茎を折るなど，葉や茎に何らかのダメージを受けた開花個体に注目してみると，それらの個体が 3 葉段階へと生育段階が戻っている（stage-back している）ことである。毎年，春の限られた期間の光合成により，地下の根茎に貯蔵物質を蓄えるため，やはり前年の同化産物の稼ぎは，その後の成長・繁殖に大きな影響を与えているのである。

エンレイソウ属植物では，実生段階，1 葉段階，3 葉段階，開花段階と明瞭な四つの大きな生育段階が区分される。図 9-13 には，生活史段階の流れを示した。種子から発芽した実生（S）は，翌年に 1 葉（1L）になり，その後成長を続けて 3 葉（3L）になる。そして，臨界サイズに到達すると開花・結実（F）するようになる。実線についている文字は，ある年にそ

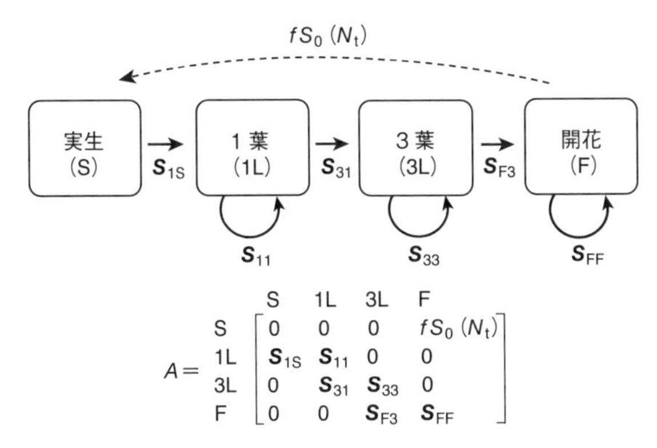

図 9-13　エンレイソウ属植物個体群の四つの生活史段階の推移確率。S_x は，各ステージの個体が生存し，その生育段階にとどまるか，または次の生育段階に移行する確率。f は開花個体 1 個体当たりの種子生産数を表している。定着した種子は密度効果を強く受けると考えられるので，実生の出現率（S_0）は全個体数（N_t）の減少関数であると仮定している。実生，1 葉，3 葉，開花個体の生存率は，それぞれ S_{1s}，$S_{11}+S_{31}$，$S_{33}+S_{F1}$，S_{Ff} となる。

の生育段階に属していた個体が，次の年に矢印の先の生育段階に移行する確率を表している。また，破線についている文字は，開花個体 1 個体から供給される実生数である。

このエンレイソウ個体群の最初の 12 年間（1980〜1991 年）のモニタリングデータに基づき，推移確率行列モデル（transition matrix model）を作成した（Ohara et al. 2001）。この単純な一つの行列式のなかにエンレイソウの生活史が凝縮されている。例えば，実生個体が生き残り，翌年 1 葉個体になる確率は 45.1%。また，1 葉個体が翌年も，1 葉にとどまる確率は 64.3% で，3 葉になる確率が 2.1%。その確率の和が，1 葉個体の翌年の生存率（66.4%）になる。また，3 葉個体が開花個体になる確率は 8.0%，3 葉にとどまる確率は 80.0%。さらに，開花個体のほとんどが翌年も開花する（98.1%）（注：このほかには人為的に花茎にダメージが与えられ，翌年ステージバックした個体は含まれていない）。また，興味深いのは，実生や 1 葉段階の幼植物段階の生存率は低いが，一度，3 葉段階や開花段階に到達するとその生存率は非常に高くなる（3 葉 88%，開花 98.1%）ことが分かる。つまり，1 葉から 3 葉段階へ移行するハードルが高そうである。

	実生	1葉	3葉	開花
実生	0	0	0	5.130
1葉	0.451	0.643	0	0
3葉	0	0.021	0.800	0
開花	0	0	0.080	0.981
生存率	0.451	0.664	0.880	0.981

9-8-5 行列モデルを用いた個体群動態の評価

個体の追跡データにより，各生育段階の個体が毎年どれくらいの確率で生き残るのか，どの生育段階になったら繁殖を開始するのか，1個体当たりどれくらいの子孫を残すのか，など，生活史を表す量的パラメーターを求めることができる。このほかにもこの行列を用いることにより，個体群に関するさまざまな数学的な解釈が可能になる。

まず，個体群の生育段階構成の動態は，次のように表すことができる。

$$n_{t+1} = \mathrm{A}n_t \quad (\mathrm{A}\text{は推移行列})$$

$$\begin{bmatrix} n_1 \\ n_2 \\ \cdot \\ \cdot \\ n_s \end{bmatrix}_{t+1} = \begin{bmatrix} a_{11} & a_{12} & \cdots & a_{1s} \\ a_{21} & a_{22} & \cdots & a_{2s} \\ & & \cdot & \\ & & \cdot & \\ a_{s1} & a_{s2} & \cdots & a_{ss} \end{bmatrix} \begin{bmatrix} n_1 \\ n_2 \\ \\ \\ n_s \end{bmatrix}_t$$

そして，行列Aの特性を最もよく表す指標が固有値である。s 行 s 列の行列は s 個の固有値をもつが，そのうち絶対値が最大のものは最大固有値と呼ばれる。最大固有値は必ず正の実数であり，生育段階構成の動態が定常状態に達したときの年当たりの個体群成長率 (λ) を表す (λ の計算方法は，シルバータウン (1992) および高田 (2005) を参照のこと)。$\lambda > 1$ の場合には，個体群は増加の傾向をたどり，一方 $\lambda < 1$ の場合は，個体群は減少する。先ほどの，エンレイソウの生活史行列に関して個体群成長率を算出すると，$\lambda = 1.0303$ であった。これは，約23年後には個体群が倍加する成長率を意味する。

このほか，推移行列モデルを用いて，行列要素の変化量や変化割合を一定にすることにより，それがどれだけ個体群成長率（λ）に影響するか評価することができる。それが，感度分析（sensitivity analysis）と弾性力分析（elasticity analysis）である。この解析の基本的な考え方は，Caswell（1978）によって開発されたものである（これらの解析法の詳細は可知 2004，高田 2005 を参照）。感度分析は，推移行列のある要素 a_{ij} の変化に対する λ の感度 s_{ij} を評価するもので，

$$s_{ij} = \frac{\partial \lambda}{a_{ij}}$$

で表される。∂ は，注目している変数だけを単位量だけ変化させ，他の変数の値は変えないということを示す偏微分記号である。この解析によって得られる感度が高い行列要素は，個体群の動態を大きく変化させる重要な生活史過程ということができる。

エンレイソウの推移行列の感度分析をしたところ（Ohara et al. 2001），感度行列は

	実生	1葉	3葉	開花
実生	0	0	0	0.006
1葉	0.072	0.085	0	0
3葉	0	1.550	0.145	0
開花	0	0	0.407	0.738

となった。このなかで最も高い値を示すのは，1葉段階から3葉段階への推移である。したがって，1葉段階の個体の生存率を高めるか，あるいは個体の成長率を高めるような変化が個体群成長率に最も大きな影響をもたらすことが分かる。感度分析では，推移行列の要素 a_{ij} が0であってもその要素が0から単位量変化したときの λ の値の変化として計算できてしまう。したがって，仮に数値的に高い値が得られたとしても，その値をうのみにするのではなく，生物学的・生態学的現象として注意を払って解釈することが必要である。上の行列式では，p.188の行列で実際に生育段階の移行がなかった部分は0と表示した。

感度分析は，推移行列の要素が単位量変化したときの λ の変化量であ

るのに対し，要素 a_{ij} が単位割合（例えば1%）変化したときの λ の変化量を評価する指標が弾力性である。λ の弾力性 e_{ij} は

$$e_{ij}=\frac{a_{ij}}{\lambda}\cdot\frac{\partial\lambda}{\partial a_{ij}}$$

となる。この式からも分かるように，弾力性は，a_{ij} に対する感度に a_{ij}/λ を掛けたものとして計算されるため，感度行列の要素が0の場合，弾力性は0になる。その一方で，それ以外の各要素の弾力性の和が1となることから，弾力性行列それぞれの値が個体群成長率に対する相対的な寄与を表しており，推移行列の要素間の重要性を議論する際には弾力性分析が用いられることが多い。エンレイソウの弾力性行列は，

	実生	1葉	3葉	開花
実生	0	0	0	0.032
1葉	0.032	0.053	0	0
3葉	0	0.032	0.113	0
開花	0	0	0.032	0.738

となった。弾力性を見ると，開花個体の値が非常に高く，さらに新たに供給される実生数よりもはるかに上回っていることから，個体群維持には開花個体の生存率が非常に重要であることが示された。

9-9 空間構造

個体群構造のもう一つの重要な特徴は，個体群のなかで個体がどのように分布しているかである。特に，動物のように簡単に移動することができない植物にとって，個体の空間的な配置は，他種個体のみならず，自種の他個体との光や水などの資源をめぐる競争関係なのかで，個体の生存・繁殖に非常に重要な意味をもつ。生物個体群の空間的分布パターンは，ランダム（機会的）分布，規則（一様）分布，集中分布の三つに大別される。分布の集中度の判別には森下（Morishita 1959）の I_δ や Lloyd（1967），巌（Iwao 1968, 1972）の $\overset{*}{m}$-m 回帰法の古典的な解析法から，近年は一般化線型モデルやRなどの統計ソフトウェアなどが広く使われるように

なってきている。それぞれの解析法の理論的背景に関しては嶋田ら(2005)の『動物生態学(新版)』に解説されているので，ぜひとも参考にしていただきたい。

さて，図 9-14 には，やはりエンレイソウの 1 m × 1 m の調査区内の全個体の分布と，実生，1 葉，3 葉，開花個体をそれぞれ抜き出した空間分布図を示した。また，図 9-15 には，各生育段階別の分布パターンを $\overset{*}{m}$-m 回帰法により解析した結果を示した。$\overset{*}{m}$ は平均こみあい度，m は平均密度である。このマッピングデータを分割し，一定サイズの区画を Q 個設定すると考えると，それぞれの区画内の個体数 (x_1, x_2, x_3, ⋯, x_Q) と全体の総個体数 (N) との関係は次式で表される。

$$N = \sum_{i=1}^{Q} x_i$$

そして，一つの方形区当たりの平均個体数，つまり平均密度 (m) は，

$$m = \sum_{i=1}^{Q} x_i \Big/ Q$$

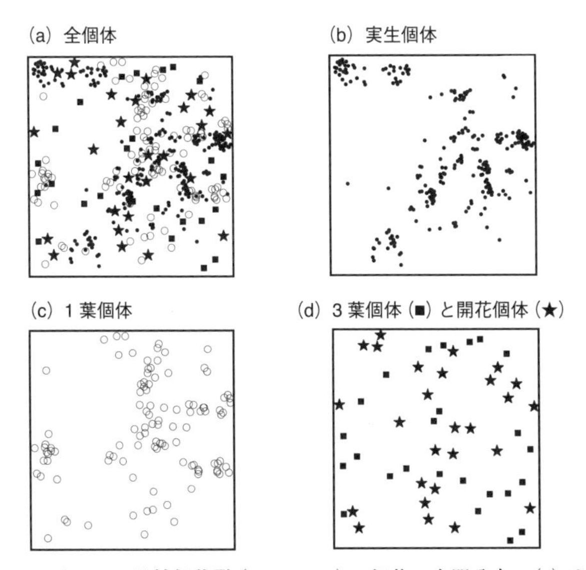

図 9-14　エンレイソウの野外個体群 (1 m × 1 m) の個体の空間分布。(a) は，調査区内の全個体の空間分布。(b) ～ (d) は，生育段階別に抜き出して示した。

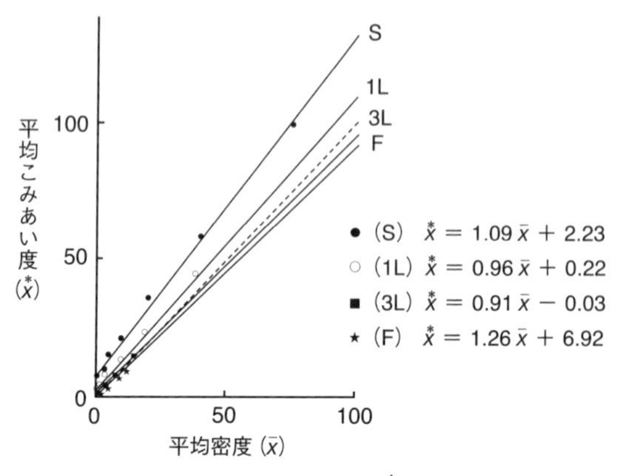

図 9-15 エンレイソウ個体群（図 9-13）における $\overset{*}{m}$-m 回帰法による各生育段階別の空間分布様式（Ohara & Kawano 1986 より）。

となる。

また，ある個体が同じ区画内で，平均してどれくらいの個体と共存しているかを示すのが平均こみあい度（$\overset{*}{m}$）であり，次式で表される。

$$\overset{*}{m} = \frac{\sum_{i=1}^{Q} x_i (x_i - 1)}{\sum_{i=1}^{Q} x_i}$$

そして，調査区をさまざまなサイズの区画に等分して得られた，$\overset{*}{m}$ の m に対する直線回帰式の二つの係数（α，β）は，分布様式により異なる範囲をとる。

$$\overset{*}{m} = \beta m + \alpha$$

α は基本集合度指数，β は密度－集中度係数と呼ばれる。個体そのものがさまざまな分布様式を示すだけでなく，個体の集合した形（クランプ）で分布様式が認識される場合もある。α と β の値により次のように分布様式を区分することができる。$\alpha > 0$ の場合，個体が集合的性質をもち，$\alpha = 0$ の場合は各個体が独立に分布し，$0 > \alpha > -1$ の場合は個体間に避け合いが存在する。一方，$\beta > 1$ の場合はクランプが集合的であり，$\beta = 1$ の場合はクランプがランダムに分布し，$1 > \beta > 0$ の場合はクランプが規則分布を示す。

個体分布図を見ても，やはり実生個体が開花個体付近で集中して分布していることに気がつく。調査区内の区画サイズを変化させた分布様式の解析からも，実生個体の場合は直線の傾きが1より大きいことから集中分布を示すと判断される。また，1葉段階，3葉段階へと生育段階が進むにつれて直線の傾きが緩やかになり，ランダム分布を示すようになる。そして，さらに進んだ開花段階ではより規則的な分布と変化していくのが読みとれる。

植物における個体群の時空間的構造について，エンレイソウを事例に見てきたが，エンレイソウでは実生などの小さな1葉個体は比較的開花個体付近で集中分布を示すが，その死亡率は高く，個体間の競争などにより個体数は急激に減少することが分かった。その一方で，生育段階がある程度進んだ個体では，空間分布もランダムあるいはより規則的な分布を示す。そして，死亡率は低くなり，一度開花に到達した個体は葉のサイズの変化はあるものの，比較的安定した開花・結実をほぼ毎年繰り返していることが明らかになった。同様の傾向は，同じエンレイソウ属植物のオオバナノエンレイソウやミヤマエンレイソウでも確認された（Ohara & Kawano 1986）。

9-10 植物の繁殖戦略

9-10-1 繁殖価：生存と繁殖のバランス

本章では，植物の個体および個体群の一生について，さまざまな側面から見てきた。では，それぞれの植物種にとって，一生の間の「いつ」，そして「どのように」して子孫を残すのが適応的なのであろうか。このテーマの基礎となるのが，繁殖戦略（reproductive strategy）の考え方である。いかなる植物の個体にとっても，光合成を通じて獲得した資源量は有限であるため，種はその生物的生産エネルギーを個体の「生存」と「繁殖」の双方にバランスのとれた投資形態になるように制御していると考えられる。

もし，繁殖へのエネルギー投資が一定であるとしたならば，繁殖力を増大させるような適応戦略の分化には，二つの方向性が考えられる。一つは，一回当たりの繁殖体数を少なくして，繁殖回数を増やす多回繁殖型であり，もう一つは，一回当たりの繁殖体数を多くして，繁殖回数を減らす，いわゆる一回繁殖型である。この同時的な繁殖活動へのエネルギー投資の増大は，必然的に個体の継続的な繁殖力の維持能力と，さらに，生存の可能性も低下させることにつながっていく。植物の進化過程においては，この一回繁殖型の機構の分化に合わせて，一世代の長さの短縮が引き起こされた可能性が高い。このことは，全ての一年草や二年草が一回繁殖であることからも分かる。

この考え方の背景になるのが，ある特定条件下における植物個体の繁殖エネルギーの投資が，その個体の生存期間全体を通じて生存と繁殖のために，いかにバランスがとれた形態になっているか，である。繰り返しになるが，繁殖エネルギー投資の一時的な増大は，その個体の生命維持に必要な最低限のエネルギー投資までも消費してしまい，生存の可能性を著しく低下させてしまう。

いま，ある植物の生活史特性が最適状態であると仮定すると，どの年齢の成熟個体でも現在の繁殖効率と将来の繁殖効率の合計は最大値を示すはずである。しかし，出生数は年齢とともに次第に変化する可能性がある。したがって，繁殖効率に及ぼすこれら二つの合計値は，当然その個体の年齢に左右される。このことは，その個体がさらに今後何年にわたって生存できるか，という可能性と，その個体の残された生存期間中の出生数とを決定すると考えることができる。

フィッシャー（Fisher 1890-1962）は，個体の適応度（fitness）を，その個体が将来に残す子孫数で評価する，繁殖価 V_x（reproductive value）というパラメーターを考えた。Fisher（1930）の繁殖価は，以下の式で表される。

$$V_x = b_x + \sum_{i=1}^{a} (l_{x+i}/l_x)\, b_{x+I}$$

この式は，平均齢 x の個体が，死亡するまでの次世代個体形成への相対

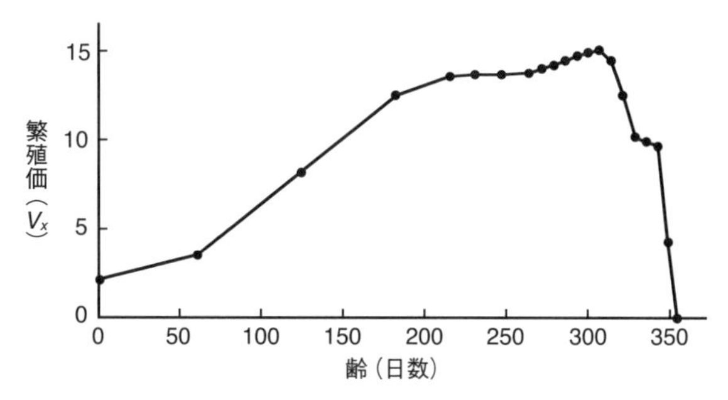

図 9-16　ハナシノブ科の一年草キキョウナデシコ *Phlox drummondii* の齢別繁殖価（V_x）（Leverich & Levin 1979 より）。

的寄与率を表現している。l_x は x 齢までの生存個体数，b_x は x 齢個体による平均出生数である。つまり，V_x はある個体の現時点での平均出生数の合計 b_x と，将来のその個体の平均出生数の合計 b_{x+I} と生存率（l_{x+i}/l_x）の積で表されている。

図 9-16 は，一年草のキキョウナデシコ *Phlox drummondii* の実験個体群で得られた齢別繁殖価のグラフである（Leverich & Levin 1979）。ここでは，播種時を 0 齢としている。このグラフから，繁殖価は種子から繁殖期に向かって増加し，繁殖期の初期（日齢 300 日頃）で最大値を示し，その後急激に低下していることが読み取れる。

前述したように，どれだけの資源を繁殖に投資するかは，種子などの繁殖体の質と量に直接関係するだけでなく，繁殖した後の親の生存と繁殖スケジュールにも影響を及ぼす。つまり，繁殖に投資すればするほど，その後の成長や生存のために使える資源量が減るというトレードオフ（trade-off）の関係が考えられるからである。x 齢の個体がさらに引き続き子孫を残す可能性がどれくらい残っているかを評価するのが，残存繁殖価（RV_x：residual reproductive value）である。残存繁殖価（RV_x）は，

$$RV_x = \frac{l_{x+i}}{l_x} \cdot V_{x+i}$$

で表される。つまり，ある個体がもう 1 シーズン生き残る可能性（l_{x+i}/l_x）と，1 シーズン加齢した個体の繁殖価（V_{x+i}）の積で算出される。

9-10-2　一回繁殖と多回繁殖

植物がどれだけの子孫を生産するかは，繁殖に投資される同化産物量によって決まる。では，毎年どれくらい繁殖に配分すれば適応度を最大に出来るだろうか。図 9-17 は，繁殖活動へのエネルギー投資率（*RA*: reproductive allocation, reproductive effort; 8 章 p. 157）と出生率（b_x），残存繁殖価（RV_x）との関係を一回繁殖型と多回繁殖型についてグラフ化したものである（Schaffer & Schaffer 1977）。*RA* の値に応じて生産される繁殖体の最大値は，b_x と $(l_{x+i}/l_x)\cdot V_{x+I}$ を合計したものの最大値によって算出される。一回繁殖型では，出生率と残存繁殖価の和より得られる曲線は凹型を示すことから，*RA* が 0 となるか 1 となるときに生産される繁殖体数は最大となる。*RA* が 0 のときは，繁殖活動へのエネルギー投資がないことを意味するため，現実にはありえない。したがって，*RA* が 1 に近い値をとればとるほど，つまり，多くのエネルギーを一度に繁殖活動に投資するほうが，生産される繁殖体数が増加することになる。しかし，このことは結果としてその個体の死亡につながる可能性を含んでいる。

一方，多回繁殖型の場合，凸型の曲線になるため，*RA* は 0 と 1 の間の凸型カーブの頂端に対応した値となるとき，個体当たりに生産される繁殖体数は最大になる。この場合は，毎年同化産物のある割合だけを繁殖に投資し，残りを翌年以降の繁殖の元手として，親の成長と生存のために使うほうが適応的な繁殖様式になる。

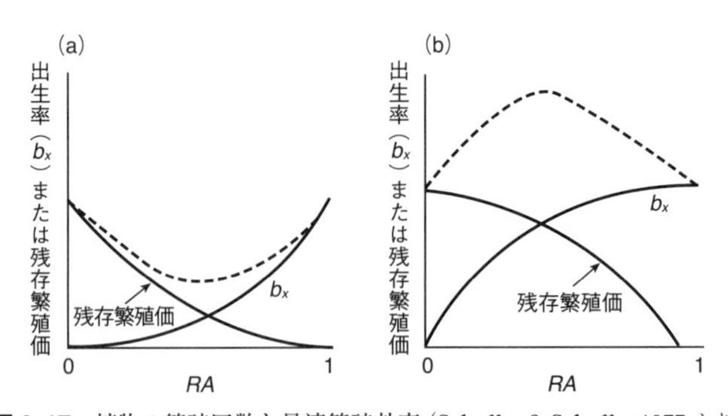

図 9-17　植物の繁殖回数と最適繁殖効率（Schaffer & Schaffer 1977 より）。

10 生態学における集団遺伝学の役割

バイケイソウのシュート．地下の根茎で環状につながっている

自ら積極的に動けない植物の生活史のなかで，花粉と種子の移動は，個体群の遺伝的動態も変化させている。例えば，花粉の移動は個体間での交配を通して個体群中に遺伝的な変化を生みだす。そして，作られた果実・種子は個体群中で移動して，新たな遺伝的変異を定着させたり，あるいは個体群外に移動することにより，新しい個体群を形成したりする。さらに，定着した個体は個体群中での新たな交配相手を生みだすことになる。

ここまでは主として植物の繁殖に関わる生態学的側面を見てきた。本章では，花粉や種子の移動によってもたらされる個体群（集団）の変化の遺伝学的側面を見てみることにしよう。

10-1 ハーディー-ワインバーグ平衡

集団の遺伝的組成およびその変化を明らかにするためには，ある世代における対立遺伝子の集団中の割合を示す遺伝子頻度や，集団内における遺伝子の構成頻度を示す遺伝子型頻度が，次の世代でどのようになるかを明らかにする必要がある。イギリス・ケンブリッジ大学の数学者ハーディー（Hardy 1877-1947）と，ドイツの内科医ワインバーグ（Weinberg 1862-1937）は，それぞれ独自に遺伝的変異が存続する謎を解明した。まず，彼らは，（1）集団サイズが十分に大きい，（2）集団中で任意交配が起こる，（3）突然変異が生じない，（4）他の集団から遺伝子が移入されない，（5）選択が起こらない，の仮定のもとでは，集団内での遺伝子型の頻度は世代間で維持されることを指摘した。

もしも，一つの遺伝子座上の1対の対立遺伝子 A と a が選択的に中立であり，また，各個体が互いに任意交配しているとしたら，私たちは，その両親の遺伝子型の頻度から，その子どもたちの間で期待される遺伝子型の頻度を算出することができる。例えば，ある個体群で常染色体上の一つの遺伝子座に1対の対立遺伝子 A と a がそれぞれ p と q の頻度で存在する場合（この場合，集団中には二つの対立遺伝子しかないので，常に $p+q=1$ となる），次の世代で期待される三つの遺伝子型 AA，Aa，aa の頻度はそれぞれ p^2，$2pq$，q^2 になる。このように，それぞれの遺伝子型が $(p+q)^2$ で表される頻度で存在する場合は，その集団（個体群）はハーディー-ワインバーグ平衡（Hardy-Weinberg equilibrium）にあると言う。

さらに，次世代での A と a の頻度 p' と q' は，それぞれのホモ接合体頻度にヘテロ接合体の頻度を加えたもの，すなわち

$$p' = p^2 + \frac{1}{2}(2pq) = p^2 + pq = p(p+q) = p$$

$$q' = q^2 + \frac{1}{2}(2pq) = q^2 + pq = q(q+p) = q$$

となり，前の世代の頻度 p，q と全く同じである。したがって，任意交配が行われている集団では毎世代，遺伝子頻度と遺伝子型頻度とも不変で

あるということになる。

10-2　遺伝的多様性

遺伝子多様度（gene diversity）は集団間，集団内のパッチ間，個体間などのさまざまな段階で計測することができる。集団の遺伝的変異の程度を評価するための尺度である遺伝子多様度（H_e）は，以下の式

$$H_e = 1 - \sum_{i=1}^{n} p_i^2$$

で算出される。ここで，p_i は i 番目の対立遺伝子の頻度，n は対立遺伝子の総数である。したがって，p_i^2 は選んだ二つの対立遺伝子が両方とも同じタイプである確率を示し，それを1から引くことは，その逆にランダムに選んだ二つの対立遺伝子が異なっている確率を示している。そして，遺伝子多様度は全ての遺伝子座（変異のない遺伝子座も含めて）にわたる平均で与えられ，一つの集団内の遺伝子多様度（H_s）や，一つの種のさまざまな集団に関する遺伝子多様度（H_t）を量的に比較するために用いることができる。さらに，一つの種の集団間の遺伝的分化の程度（G_{st}）は，$G_{st} = (H_t - H_s) / H_t$ により求めることができる。ここで重要なのは，この指数は遺伝子型頻度に基づくものではなく，遺伝子頻度で算出するため，いかなる交配様式の集団に対しても応用できるという点である。

10-3　ハーディー-ワインバーグ平衡を乱す要因（進化をもたらす要因）

ハーディー-ワインバーグ平衡を乱す要因は，進化をもたらす要因とも言えよう。ハーディー-ワインバーグ平衡では，集団の大きさは無限大でありかつ任意交配を前提としている。しかし，遺伝子頻度や遺伝子型頻度が毎世代不変である状況が常に全ての遺伝子座で成り立つならば，いくら世代を重ねても，あるいは集団がいくつに分かれても，集団間に遺伝的構造の分化は生じず，したがって，生物の進化も考えにくくなる。

ダーウィンが提唱した自然選択の有効性は広く受け入れられているが，

Box 10-1　ハーディー-ワインバーグ平衡の適用

メンデル（Mendel 1822-1884）が行った花の色が異なる（紫色と白色）エンドウの交配を例に，ハーディー-ワインバーグ平衡を考えてみよう。例えば，100 個体のエンドウのなかに，84 個体の紫花と 16 個体の白花が存在したとしよう。これらの二つの表現型の頻度は，紫花が 84%，白花が 16% ということになる。白花が劣性の対立遺伝子 *a* のホモ接合体 *aa* で，紫花は優性の対立遺伝子 *A* のホモ接合体 *AA*，またはヘテロ接合体 *Aa* だとする。白花の出現頻度は $q = 0.16$ であるため，対立遺伝子の頻度は $q = 0.4$ となる。よって，対立遺伝子 *A* の頻度は $1 - 0.4 = 0.6$ となる。ここで遺伝子型頻度を算出することができる。つまり，紫花のホモ接合体 *AA* の頻度は $p = (0.6)^2 = 0.36$，つまり 100 個体中に 36 個体という割合になる。さらにヘテロ接合体 *Aa* の頻度は $2pq$ であるから $2 \times 0.6 \times 0.4 = 0.48$，つまり 100 個体中 48 個体ということになる。

したがって，次世代では，任意交配を仮定すると，二つの *A* が組む確率は $p^2 = (0.6)^2 = 0.36$ であり，これは集団中の 36% の個体が遺伝子型 *AA* であることを意味する。一方，遺伝子型 *aa* の出現頻度は $q = (0.4)^2 = 0.16$ であり，集団中の 16% に相当する。そして，ヘテロ接合体 *Aa* の出現頻度は $2pq\,(2 \times 0.6 \times 0.4) = 0.48$ となり，集団中の 48% に当たる。したがって，集団が常に 100 個体に維持されるならば，そのうち 84 個体の花は紫色（遺伝子型が *AA* または *Aa*），16 個体は白花（遺伝子型は *aa*）である。減数分裂と受精による遺伝子の混合があるにもかかわらず，対立遺伝子，遺伝子型，そして表現型の頻度に変化がない。次世代では，また同じ頻度で

表現型			
遺伝子型	*AA*	*Aa*	*aa*
集団内の遺伝子頻度	0.36	0.48	0.16

図 10-1　ハーディー-ワインバーグ平衡。遺伝子型および表現型の頻度を変化させる要因がない条件下では，これらの頻度は世代を経ても一定である。

(Box 10-1　続き)

二つの対立遺伝子が組むことになる。つまり，ハーディー-ワインバーグ平衡にある限り，対立遺伝子の優性または劣性は個体において対立遺伝子がどのように表現されているかに関わっているだけで，対立遺伝子頻度が時間を経てどのような変化をするかということは関係ない(図 10-1)。

しかし，実際の生物集団はハーディー-ワインバーグ平衡に従うとは限らない。例えば，*AA* の頻度が 0.45，*aa* の頻度を 0.10 とすると，このような過剰なホモ接合体や少ないヘテロ接合体の存在をどのように説明すればよいのだろうか。もしかすると，この集団ではヘテロ接合個体は長生きできないのかもしれない。または，互いに遺伝的に似ている個体同士がより交配しやすいのかもしれない。と，いうように，ハーディー-ワインバーグ平衡は，上述したさまざまな仮定条件がそろった集団において初めて実現されるものなのである。したがって，実際の研究ではハーディー-ワインバーグ平衡にない集団こそが，進化プロセスが働いている興味深い集団なのである。

それだけが集団の遺伝的構造に変化をもたらす過程ではない。突然変異が種々の対立遺伝子に起こる場合や，移入個体が集団に異なる対立遺伝子を持ち込む場合には，対立遺伝子頻度も変化する。さらに，集団が小さい場合，対立遺伝子頻度は偶然に変化することもある。

自然界に存在する現実の生物集団では，遺伝子頻度や遺伝子型頻度がハーディー-ワインバーグ平衡の期待値からずれるさまざまな要因が働いており，その結果として個々の遺伝子座での遺伝子頻度，ひいては集団全体の遺伝的構成の時間的・空間的変化が生じてくる。特に，現実の植物の交配は集団の限られた近隣個体の間で行われている。したがって，任意交配は数学的な便宜上の仮定であり，空間的に限られた遺伝子の移動の重要性は，Wright (1952) や Falconer (1989) らの量的遺伝学者によって指摘されている。

10-3-1　突然変異

生物に見られる種々の変異のうち，遺伝子の量的または質的な変化によって生じた変異を突然変異（mutant）という。突然変異は，遺伝子の本体であるDNAの塩基の一つが他の塩基に置き換わった分子レベルの変化から，遺伝子の存在する染色体の構造や数の変化したものなど，種々の程度の変化が含まれる。そして，対立遺伝子に生じる突然変異は，明らかに集団における特定の対立遺伝子の頻度を変化させる。

突然変異を発見し，命名したのはオランダの生物学者ド・フリース（de Vries 1848-1935）で，彼はオオマツヨイグサ *Oenothera* で突然変異を見いだした。その後，アメリカのモーガン（Morgan 1866-1945）が，ショウジョウバエ属（*Drosophila*）で白眼の突然変異を見いだし，さらにマラー（Muller 1890-1967）が，ショウジョウバエにX線を照射して人為的に突然変異を作成することに成功し，その後の遺伝学の発展に大きく貢献した。

突然変異は，外から人為的に手を加えなくとも，自然の状態においてもある一定の低い頻度で起こる。これを自然突然変異（spontaneous mutation）と言うが，その頻度は生物の種類や遺伝子の種類によって異なり，1遺伝子座当たりの頻度は，微生物では1億から10億回に1回の割合で非常に低いが，高等動植物では10万から100万回に1回の割合で生じている。この突然変異率は大変低いため，実際に対立遺伝子頻度を変化させるのは他の要因のほうが大きいと考えられる。しかしながら，突然変異は遺伝的変化を導き出す根元的なものであることには間違いない。

10-3-2　遺伝子流動

遺伝子流動（gene flow）はある集団からほかの集団への，または集団内での対立遺伝子の移動である。自然界では一つの種が全体として一つの任意交配する集団を構成していることは稀である。そのため現実には分布範囲の大きさや生育環境の違いに対応して内部分化を生じ，それぞれ固有の遺伝的組成をもついくつかの集団あるいは集団内でさらに細分化した分集団を形成しているのが普通である。しかし，一つの種として存在している以上，これらの集団もしくは分集団の間にある程度の遺伝子の交流が存在する。対立遺伝子頻度が異なる二つの集団を想定しよう。例えば，集団1では，対立遺伝子頻度が $p=0.3$，$q=0.7$ で，もう一方の集団2では $p=0.7$，$q=0.3$ であるとしよう。遺伝子流動によりそれぞれの集団へ頻度の低い対立遺伝子がもたらされる傾向があるとしたら，世代を通して最初は対立遺伝子頻度はハーディー-ワインバーグ平衡からずれている。この場合，両集団において二つの対立遺伝子の頻度が0.5になったときにおいてのみ，ハーディー-ワインバーグ平衡が成立するようになる。

固着性の植物において遺伝子流動は，花粉および種子の移動を意味し，遺伝子流動は個体群の動態とその遺伝的構造に大きな影響を与える。たとえ，大きな連続した個体群であっても二つの個体が交配する可能性は，その個体間の距離が遠くなるとともに減少する。さらに，親個体からの種子や果実の移動が限られていることを考え合わせると，近隣個体の遺伝的な相関はより高くなり，集団が遺伝的に細分化されるようになる。遺伝的近隣個体の範囲（genetic neighborhood area (A)）は，花粉と種子が両親の個体の周りの全ての方向に（同心円状に）均等に移動するとして，両親と子ども間の散布距離の分散 σ^2 より，$A=4\pi\sigma^2$ として求めることができる（Crawford 1984）。実際には，σ^2 は花粉による移動，種子による移動，また時にはクローン成長による移動などの一連の遺伝子流動により構成されており，それらは各種の生活史特性と密接に関連している。

(a) 花粉による遺伝子流動

植物においては，花粉の移動は遺伝子流動を最も左右する要因であるが，それは，植物の密度，風の方向，花粉媒介者の訪花行動などにより敏感に変化する。花粉の移動距離は，昆虫などの動物によるよりも，風によるほうが大きいように思われるが，風による移動距離はほとんどの場合10 km以内である。トウモコロシのような風媒性の作物においても，雌花に到達する花粉の50%は12 m以内の雄花から供給されており（Paterniani & Short 1974），異なる品種の花粉の混入を防ぐための隔離の距離は1 km程度である。

風媒性のイネ科植物*Agrostis tenuis*で，興味深い，一連の研究がある（Bradshow et al. 1965，McNeilly 1968）。彼らは，イギリスの銅鉱山の廃鉱における銅（Cu）イオンの土壌中の濃度を計測するとともに，この一帯に生育する*A. tenuis*を風上から風下にかけて採集し，株植物と種子から育てた植物における耐性を比較した。その結果，図10-2に示すように，同一地域集団においても，株植物と種子育成植物では耐性の変異性に顕著な違いが見られた。そして，鉱山跡地では種子集団よりも親植物集団の耐性が高い一方で，風下に位置する株植物では，その傾向が逆転している。

通常，高濃度の重金属は植物に対して毒性をもつが，ある遺伝子座の対立遺伝子はその毒性に対する耐性をもたらす。当然のことながら，ある植物種の特定重金属イオンに対する耐性は，それぞれの重金属イオンに対して特異的であり，逆に重金属のない地域では耐性の対立遺伝子をもつ個体の成長率は低い。この結果は，*A. tenuis*の耐性は銅イオンの濃度の高い鉱山跡地で最も高いが，その株の耐性遺伝子をもった花粉が風によって風下に運ばれ，交雑により耐性の高い種子が形成されたことを

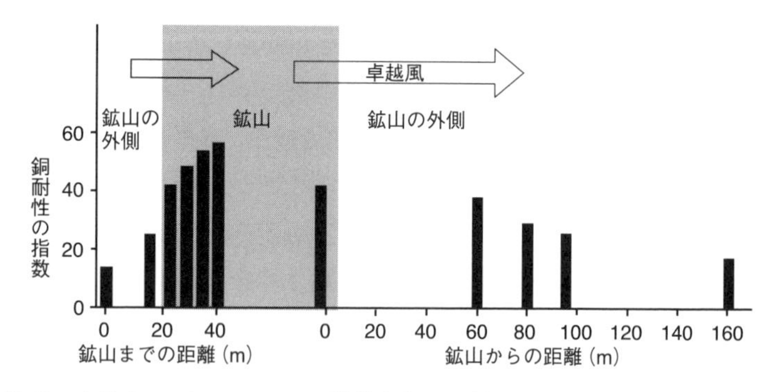

図10-2 イギリスのDrws-Coedの銅鉱山とその周辺におけるイネ科植物*Agrostis tenuis*の銅耐性個体の分布と風向との関係（McNeilly 1968より）。銅で汚染されていない土壌では，耐性対立遺伝子をもつ個体の成長が遅い。したがって，銅鉱山の地域では銅耐性が高く，鉱山地域外では低いと予想された。しかし，卓越風により花粉が鉱山より風下に運ばれ，交雑により耐性遺伝子をもつ種子が形成されている。

示している。したがって，風上には耐性の低い親集団とともに，耐性の低い種子集団が形成されるのも納得がいく。また風下に運ばれた花粉による耐性遺伝子は，銅イオン濃度の低い場所での成長には有効ではないため，実際に成長した株の耐性は低い。この事例は，花粉による遺伝子流動と自然選択の相反するバランスを示すうえでも非常に興味深い。

動物の場合と異なり，植物個体群において，どの個体間で交配が行われたのかを知ることは難しい。風の向きや虫の行動に左右される小さな花粉の移動を把握するのは非常に難しいからである。花粉の移動は，小さな個体群では花粉と同じ粒径の染色用の粉（dye）を用い，それを雄しべの葯に擬似花粉として付け，実際に物理的に計測調査する方法がある。この方法を用いて，Nilsson et al.（1992）は，ラン科の *Aerangis ellisii* の花粉の移動が 5 m 以内であることを明らかにしている。

このほか，さまざまな遺伝標識（genetic marker）を使うことにより，個体群内の実生や作られた種子を用いて，花粉親を識別する父系解析が可能である。Broyles & Wyatt（1991）は，アロザイム遺伝子を用いて，北米に生育するガガイモ科の *Asclepas exaltata* の個体群において，花粉媒介者の移動の多くは非常に短い距離であるにもかかわらず，実際の花粉散布距離の分布が植物個体間の距離の分布とほぼ等しいことを示した（図 10-3）。ま

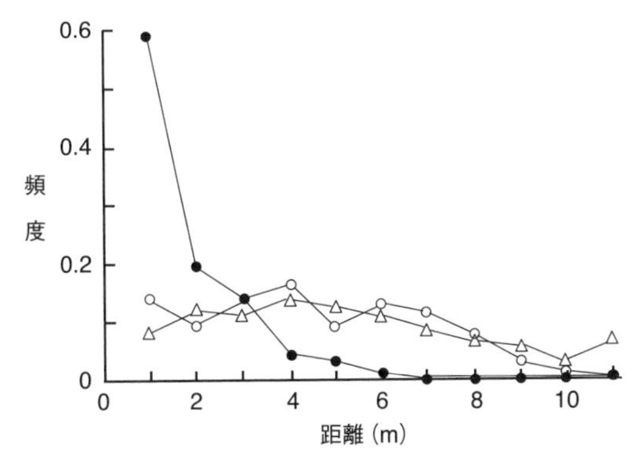

図 10-3　ガガイモ科の植物 *Asclepias exalatata* における花粉媒介者の植物間の移動距離（●），実際の花粉散布距離（○）と植物個体間の距離（△）（Broyles & Wyatt 1991 より）。

た Meagher (1986) は，同じくアロザイム遺伝子を用いて，ユリ科の *Chamaelirium luteum* の集団では 10 m 以内の個体間で互いに交配が行われていることを明らかにしている。

このような父系解析では，マーカーとなる遺伝子は多くの異なる遺伝子座においてより多型であることが望ましい。そのため，近年，核内の DNA (核 DNA) に存在するマイクロサテライトマーカーが，花粉の移動の推定に急速に活用されるようになってきた。特に，親個体が長年生存する樹木ではこの手法は非常に有効と考えられる。Isagi et al. (2000) は，このマイクロサテライトマーカーを用い，ホオノキの花粉散布距離を平均 130 m (最短で 3 m，最長で 540 m) と推定している。彼らの調査区で，ある繁殖個体から見て最も近いところに位置する繁殖個体までの距離は平均 44 m であることから，ホオノキの受粉は必ずしも最も近い個体間で花粉が授受されているわけではないことが分かる。また，Streiff et al. (1999) は，コナラ属の *Quercus robur* と *Q. petraea* を対象として調査を行い，240 m 四方の調査区内の実生の 60% は，100 m 以上離れた個体から花粉を受けとって作られたものであることを明らかにした。さらに，Dow & Ashley (1996, 1998) は，13～21 の対立遺伝子をもつ四つのマイクロサテライトマーカーを用いて，同じくコナラ属の *Q. macrocarpa* の遺伝子流動を調査した。その結果，この樹木では，近隣個体の花粉よりも，より遠くの個体からの花粉による種子生産が行われていることを明らかにした。この樹木は風媒性であるため，距離による受粉のしやすさではなく，受粉した花粉の中で，より遠くの (遺伝的に離れた) 個体の花粉を父親として選択的に受精している可能性を考察している。

動物による花粉媒介では，花粉媒介者の行動が花粉の移動を左右するが，逆に，その行動は植物側の特性 (開花様式，開花個体密度など) によっても影響を受けている。Crawford (1984) は，ハチによって花粉媒介されるアオイ科の草本植物 *Malva moschata* において，個体当たりの花の数と自殖率 (selfing rate) の間に正の相関があることを見いだした。これは，個体当たりに多くの花をもつことは，訪花昆虫をおびき寄せることには好都合であるが，その一方で，昆虫たちは多くの花をもつ個体により長く滞在してしまうため，隣花受粉を含む自殖が促進されてしまうのである。また，ハチにより花粉を媒介する多くの植物では，開花個体の密度が高くなるほどハチの飛行距離がより短くなることから，個体群密度と遺伝的近隣個体の範囲（A）の間には逆相関の関係が見られる（Levin & Kerster 1974; Fenster 1991a,b）。

一般に，花粉をコンスタントに長距離運ぶ花粉媒介者は，A と有効集団サイズ N_e（p.120－122 に解説）を増大させるが，その一方で集団の分化の可能性を低下させる。Turner et al.（1982）は，最近隣個体による受粉が遺伝子型の空間分布にどのように影響を及ぼすかを，シミュレーションした。他殖をする 10,000 個体からなる一年草の個体群において，最初に *AA*，*Aa*，*aa* の三つの遺伝子型の個体をランダムに分布させた状態から解析を始めた。その結果，100 世代以内に同じ遺伝子型の個体からなるパッチ状の構造が現れ，600 世代までにはヘテロの遺伝子型のものはほとんどなくなり，個体群が *AA* あるいは *aa* のホモの遺伝子型からなることを明らかにした。

(b) 種子による遺伝子流動

植物の生活史過程におけるもう一つの移動手段である果実・種子の散布も，個体群の遺伝的構造に影響を及ぼす。遺伝的に見ると，一つの種子は一つの花粉（半数体）の 2 倍の対立遺伝子をもっていることになり，種子散布も植物個体群の遺伝的な空間構造に影響をもたらすと考えられる。しかし，現実には多くの種子は限られた範囲に散布されている。実際に，風散布の植物では，ほとんどの種子は親個体からそれほど離れた所へは運ばれず，また，動物散布でも，齧歯類（げっしるい）などでは貯食により同じ個体から採られた果実や種子がまとまって蓄えられることから，広範囲への散布の可能性は低いと考えられる。

Fesnter（1991a,b）は，草原に生育するマメ科の一年生植物 *Chamaecrista fasciculata* を調査し，他殖率は 0.8 と高いものの，遺伝子の散布は限られており，遺伝的近隣個体の範囲（A）は 100 個体が含まれる 2.4 m の範囲程度であることを示した。つまり，この植物の場合，遺伝子流動において，花粉の移動の貢献が高いが，種子散布による貢献は極めて低いことになる。また，Beattie & Culver (1979) は，アリ散布型の種子をもつスミレ 3 種を対象に，花粉の移動，親から種子がはじけ飛ぶことによる移動，アリによる散布の三つの過程の遺伝的近隣個体の範囲 (*A*) への貢献の程度を調査した。その結果，それぞれ 74%，22%，4% と，種子散布による貢献が最も低いことを示した。

このほか，Lord (1981) の調査によると，閉鎖花をもつ植物では，開放花由来の種子のほうが，閉鎖花由来の種子よりもより遠くへ散布される。特に，地下に閉鎖花を作るヤブマメ *Amphicarpaea edgeworthii* var. *japonica* のような植物では，閉鎖花由来の種子の移動は極端に制限され，遺伝的により親と近縁な子孫がより親に近い場所に残り，その一方で地上の開放花由来の種子が散布されることになる。このことは，親と遺伝的に類似している閉鎖花由来の子孫は，親が元来生育している環境に適応していることから，同じ環境に残る。一方，開放花由来の種子は，他殖を通じてより遺伝的多様性も高い種子が作られるとともに，裂莢（れっきょう）により種子が親からより離れた環境へと散布される。このように，ヤブマメでは，遺伝的にも，また散布様式も異なる閉鎖花由来と開放花由来の種子を使い分けているようである。

一方，Ohara & Higashi (1987)，Higashi et al. (1989)，Hanzawa et al. (1988) は，アリ散布型種子をもつエンレイソウ属植物やエンゴサクの仲間 *Corydalis aurea* で，アリに運ばれた種子のほうが，運ばれなかった種子よりも高い適応度を示すことを報告している (図 10-4)。たとえ多くの種子がその親個体近くに散布されても，そのなかで時おり長距離運ばれる種子の運命が非常に重要である場合もある。特に，新しい個体群の形成にはいくつかの長距離散布される種子が重要な役割を果たす。もしも，新しい個体群が限られた数の種子により形成される場合，侵入した個体の遺伝子組成がその集団のその後の遺伝的多様性に大きな影響を及ぼす。これを創始者効果 (founder effect) と呼ぶ。これらの創始者たちは，元の集団がもっていた対立遺伝子の全てをもっているわけではない。いくつかの対立遺伝子が新しい集団から消失し，他の対立遺伝子の頻度が変動する可能性もある。したがって，元の集団では頻度の低かった対立遺伝

(a)

(b)

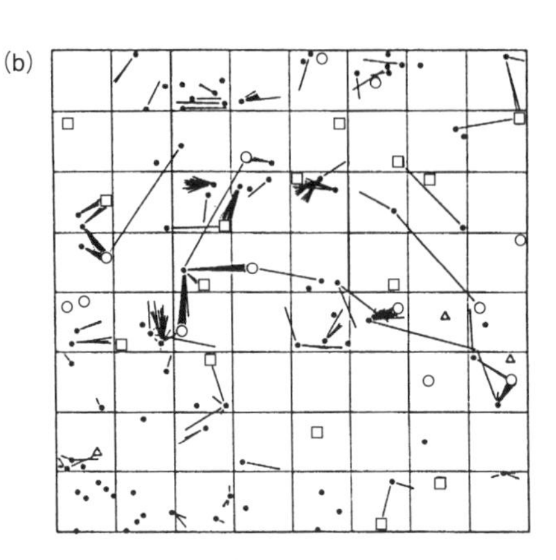

図 10-4 アリによる種子散布。(a) ミヤマエンレイソウの種子を運ぶヤマトアシナガアリ。(b) 10 m × 10 m 調査区内におけるミヤマエンレイソウの種子の移動 (Higashi et al. 1989 より)。ミヤマエンレイソウの開花・結実個体 (●)。アリの巣：ヤマトアシナガアリ (○), シワクシケアリ (□), トビイロケアリ (△)。種子はアリの巣に運ばれるが, 多くの種子が親個体近くに落下した果実より運ばれずに残る。そのため, 実生が集中して発芽し (図 9-14, 9-15 参照), その後の死亡率が高くなると考えられる。

子が, 新しい集団では高くなることもある。創始者効果は, ハワイ諸島やガラパゴス諸島のように大陸から大きく隔たった島の生物の進化に特に重要な効果をもたらした。このような島のほとんどの生物は 1 個体またはほんの一握りの個体から始まっている。

Schwaegerle & Schaal (1979) は, 食虫植物の *Sarracenia purpurea* において, 北米のオハイオ州のある大きな集団の遺伝的多様性が低いことに注目した。そして, アイソザイム分析を行い, この集団が 75 年前に意図的に持ち込まれた 1 個体に由来するものであることを明らかにした。また, Taggert et al. (1990) は, アイルランドに持ち込まれて小さな沼で生育する *S. purpurea* の遺伝的多様性を調査した。彼らは, Schwaegerle & Schaal (1979) と同じアイソザイム遺伝子座を用いて解析を行った。その結果, やはりその沼の遺伝的多様性は, 本来の生育地である北米よりも低いことを明らかにした。

これまで種子の長距離散布の実態を把握するのはなかなか困難であった。しかし, さまざまな遺伝的マーカーを活用することにより, その散

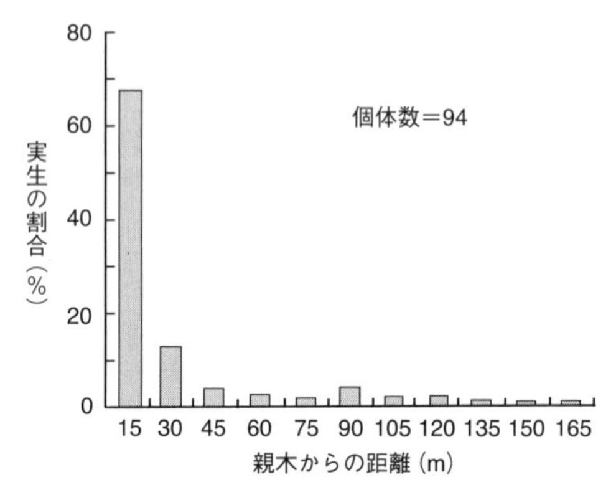

図 10-5　マイクロサテライトマーカーを用いて解析した *Quercus macrocarpa* の実生と親木との距離の関係（Dow & Ashley 1996 より）。

布距離の実態が徐々に明らかになってきている。図 10-5 は，マイクロサテライトマーカーを用いて，ヨーロッパに生育するコナラ属の *Quercus macrocarpa* の実生 94 本について，その親木の同定を行った結果である。実生のなかには 165 m 移動しているものも見られるが，その多くは 15 m の近距離に親木が存在している。しかし，実際に定着している実生は，貯食を逃れ，種子発芽，成長などのさまざまな生活史のふるいをくぐり抜けているため，種子散布の本当の姿を明らかにするためには，このような最新の遺伝解析と平行して基本的な生活史特性の理解も不可欠である。

10-3-3　近親交配

被子植物の多くは両性個体で，現実には自家受粉し，自殖により繁殖している場合も少なくない。さらに，種子の移動が制限されていれば，同じ親から生まれた子ども同士間での交配も生じることになる。このような近親交配により，子どもの遺伝子頻度にハーディー-ワインバーグ平衡からのずれが生じ，結果としてホモ接合体の増加およびヘテロ接合体の減少が生じる。

1対の対立遺伝子 A と a について見れば，

$$AA = p^2 + Fpq$$

$$Aa = 2pq - 2Fpq = 2pq\,(1-F)$$

$$aa = q^2 + Fpq$$

という値になる。F はライト（Wright 1889-1988）によって定義された近交係数（inbreeding coeffcient），すなわち，ある個体のもつ2個の相同遺伝子が共通の祖先遺伝子に由来する確率である。

近親交配は，近交弱勢をもたらし，その結果，生活力の弱い子孫や繁殖能力のない子孫を生みだすことになる。そのため，多くの植物では他家受粉を促し，自家受粉を妨げるような多様な形態学的および生理学的メカニズムを進化させている。しかし，集団の大きさが小さくなったり，また交配相手がいなくなるというような場合には，近親交配を妨げるメカニズムが働かなくなる。例えば，ハチなどの昆虫に花粉媒介されている自家和合性の植物の場合，集団サイズがより小さくなることにより，花粉媒介者の訪花行動の変化が生じ，隣花受粉の頻度が高くなったり，花粉媒介者の減少により自殖がより生じやすい状況になることが予想される。これが，近年保全生物学で問題とされている小さな個体群が直面する「遺伝的変異の減少」である。

現在，保全生物学者や希少種や絶滅危惧種の保全に関連する研究者にとっての大きな問題は，小さく残った個体群の存続可能性（viability），つまり「個体群を維持するための最小個体群サイズ（MVP：minimum viable population）」である。小さな集団の存続可能性には「個体群統計学的変動（demographic stochasticity）」，「環境変動（environmental stochasticity）」，「遺伝的変異の減少（loss of genetic variation）」の三つが重要な要素と考えられている。遺伝的変異の減少は，近親交配や次に紹介する遺伝子流動などの遺伝的な問題であるが，個体群統計学的変動は，出生率と死亡率のランダムな変化による人口学的な変動である。また，環境変動は，捕食，競争，病気の発生，不測に生じる火事，洪水，干ばつなどの自然の災害が含まれる。Shaffer（1981）は，MVP はいかなる種，またいかなる生息地においても，これからの1,000年間，上記のいかなる変動が生じても

99%の確率で生存が可能な最小の個体数と定義している。

現実の生物集団はもちろん有限であるが，ある程度以上の大きさがあれば近似的にハーディー-ワインバーグ平衡が成り立つ。しかし，集団が小さいときには，ある世代の遺伝子プールから次の世代を構成する配偶子が抽出されるときの誤差が，次世代の遺伝子頻度に大きな影響を与えるのである。

10-3-4 遺伝的浮動と有効集団サイズ

小さな集団では，特定の対立遺伝子の頻度が偶然に変化することがある。このような対立遺伝子頻度の変動は任意に生じ，あたかも浮動しているかのように見えるため遺伝的浮動（genetic drift）と言う。小さな集団では低い頻度でしか生じない対立遺伝子は，世代を経るに従って偶然により消失してしまう危険性が高い。さらに，いったん消失してしまった遺伝子は，新しい突然変異による以外，再び集団中に現れることはないため，遺伝的浮動の効果は世代とともに蓄積され，集団の変異性は失われていく。それでは，遺伝的変異を維持するためには，一つの集団中にどれくらいの個体が必要なのであろうか？

Wright（1931）は，1世代当たりのヘテロ接合の減少率（ΔF）と繁殖個体の数（N_e）との関係を次の式で表した。

$$\Delta F = \frac{1}{2} N_e$$

通常，集団の大きさ（N）は，集団に含まれる実際の個体数であり，生態学的にはこれらが大切であるが，遺伝的浮動に影響を与えるのは繁殖個体の数（N_e）である。この式によれば，繁殖個体の数が50（$N_e = 50$）の場合には，1世代当たり1%（1/100）のヘテロ個体が減少することになる（図10-6）。このように，遺伝的変異は不規則に生じる遺伝的浮動によって，時間経過に伴って失われる。したがって，N_eは遺伝的多様度の大きさに寄与する集団中の個体の数で，集団の有効サイズ（effective size of population）と呼ばれる。これは遺伝的浮動の大きさを決める要因であり，特に隔離されている小さな集団などでは，保全生物学上も非常に重要な

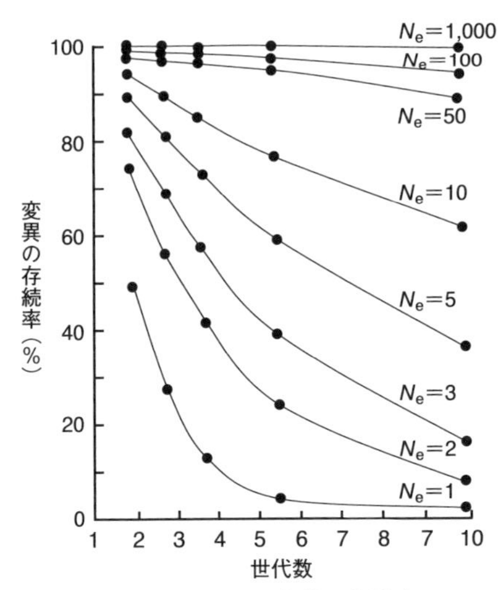

図 10-6　個体群の大きさと遺伝的変異の存続可能性（Primack 1995 より）。さまざまな大きさの個体群が 10 世代を経た時点の遺伝的変異の存続率を示す。

概念の一つである。N_e の値は植物個体の時間的変数や花の生産の分散のような生態学的なデータに基づいて推定できるほか，同じ集団における世代間の対立遺伝子頻度の変動を用いて推定できる（Caballero 1994）。

さらに，現実の生物集団の大きさは環境要因，あるいは集団内部のさまざまな要因によって世代ごとに変動する。ある期間の世代を通して見た平均の N_e は，集団が最も縮小した世代の N_e に左右され，そして集団の遺伝子頻度変化は N_e が最小の世代に依存する。したがって，その後個体数がもとの水準に回復しても，ヘテロ接合度は低い水準のままであることが一般的である。このように，一時的な個体数の減少が永続的にヘテロ接合度の減少をもたらすことを「びん首効果（bottle-neck effect）」と言う。これは，赤白の球を入れたびんから球を取り出すとき，びんの首から出てくる球の色の比が，取り出す球の数が少ないほどその比がばらつくことと同じことからの例えである。

有効集団サイズが小さくなることによる遺伝子頻度の変化には，方向性がなく，また遺伝子の性質とも無関係に起こる。したがって，自然選択によって減少するはずの有害な劣性遺伝子でも，小さな集団では遺伝的浮動により頻度の増大が起こりうる。上述したように，有効集団サイズ(N_e)は，集団を構成している見かけの個体数(N)よりも現実にははるかに小さいので，Nが少なくなった場合には遺伝的浮動により影響が無視できなくなる。さらに，このような小集団では近親交配も進み，劣性有害遺伝子のホモ接合体の出現頻度も増大することから，集団の存続が危うくなると考えられる。

10-3-5 選　択

選択(selection)とは，ダーウィンが指摘したように，個体によって残す子孫の数は異なり，子孫を残す割合は表現形質と行動によって支配されるプロセスのことである。これまであげてきたハーディー-ワインバーグ平衡からのずれを生じさせる要因のなかで，選択だけは適応進化をもたらす変化を生みだす。人為選択(artificial selection)では飼育者，栽培者が特定の特徴を残すように選択するが，自然選択(natural selection)では，環境条件が集団中に最も多くの子孫を残す個体を選択する。

自然選択が進化に結び付くためには，（1）集団中の個体間に変異が存在する，（2）個体の変異は次世代の個体数を変化させる，（3）変異は遺伝する，の三つの条件が必要である。例えば，(1)は，自然選択はある特定の形質をもった個体を選ぶため，その形質をもたない個体が淘汰される。変異が存在しなければ，そもそも淘汰が働く余地がない。(2)は，表現形質や行動により，ある個体は他の個体よりも繁殖に有利となる。いろいろな形質の多様性が存在しても，変異をもった個体が必ずしも生存や繁殖に有利であるとは限らない。(3)は，自然選択が進化に変化をもたらすためには，選択された形質が遺伝する形質でなければならない。自然界では時に遺伝的に同じ個体であっても，環境の違いによりその形態や繁殖が大きく異なっていることがある。集団中に形態的に異なるが遺伝的に同じ個体がいる場合，それらが産む子孫の数の違いは次世代の集団における遺伝構造を変えることにはならず，結局，進化をもたらすような変化は生じない。

10-4　フィールドに立脚したさまざまな解析方法

ここまで紹介してきたように，固着性で自ら積極的に移動することができない植物集団の遺伝的構造は，花粉や種子の散布様式やクローンの空間的な広がりなど，さまざまな要因によって影響を受ける。その一方で，遺伝的な空間構造の存在（同一クローンや近親個体によるパッチ）は，隣家受粉や近交弱勢の影響を介して，個体レベルでの繁殖成功度に影響を及ぼすことが考えられる。また，近年，植物の集団は，複数の局所集団の集まりであるメタ個体群として維持されているという知見が出されるようになり（Hanski 1991, Husband & Barrret 1996），局所集団の遺伝的構造と局所集団間の遺伝子流動を解析する必要が出てきている。ここでは「アイソザイム分析」,「マイクロサテライトマーカー」,「AFLP 分析」という，生態学の分野でも汎用性の高い遺伝的解析法について，フィールドにおける調査区設定や試料のサンプリングの注意点などを紹介しよう。それぞれの解析の実験手法ならび統計解析法は，『森の分子生態学（種生物学会）』(2001)，『森の分子生態学 2（津村・陶山）』(2012)，『生態学者が書いた DNA の本（井鷺・陶山）』(2013) を参照していただきたい。

10-4-1　アイソザイム分析

電気泳動と活性染色によって酵素多型を検出する「アイソザイム分析」は，異数倍数体形成，浸透性交雑などの雑種形成や，同所的・異所的種分化などの種分化研究において，非常に有効な遺伝的マーカーとして活用された。そのほか，アロザイム（同一遺伝子座上の異なる対立遺伝子によって発現される酵素）を活用して集団遺伝学的パラメーターを用いた自殖率や固定指数などの推定を通して，各種の交配システムの進化に関するさまざまな研究が発展した（Richardson et al. 1986, 矢原 1988, Soltis & Soltis 1989, Hamrick & Godt 1990）。特に，アイソザイム分析は，各酵素の遺伝様式と推定遺伝子座数が明らかになっており，遺伝的な情報が少ない植物でも非常に有効な分析方法である。

(a) 集団遺伝学的サンプリング

いわゆる，種内の遺伝的多様性 (genetic diversity) や遺伝子流動 (gene flow) などの集団遺伝学的サンプリングは，主にランダムサンプリングが主体であった。ランダムサンプリングは自分が対象とする植物から葉などを，集団内の開花個体やある一定サイズの個体から遺伝子型の分布に偏りが生じないように，サンプリングする方法である。このサンプリング方法は，さまざまな環境に生育したり，または，広い分布域をもつ植物種に関して，できるだけ多くの集団の遺伝的多様性を比較したりする場合に有効なサンプリング方法である。

例えば，春植物などでは，葉が展開している期間も短いため，集団の遺伝的分化を調査する場合には，多くの集団から短期間でサンプリングする必要がある。次章で紹介するオオバナノエンレイソウは北海道全域に分布するが，その集団の遺伝的変異を調査するために，各集団で約30～50個体の開花個体をランダムに選択し，葉のサンプリングを行った (Ohara et al. 1996)。

(b) 個体群統計遺伝学的サンプリング

根茎から生ずる根萌芽 (root sucker) で繁殖するアメリカブナ (図6-3) の一連の研究 (Kitamura et al. 1998, 2000, 2001, 2003; Kitamura & Kawano 2001) が，まさにこのサンプリングである (図10-7)。これは，特に多年生植物に関して，その群落内に調査区を設定し，そのなかの実生から成熟個体までの全ての個体に関して，サンプリングを行うというものである。このような調査を行うことにより，実際に集団内における種子の定着から成長過程における生存・死亡を含めた，時系列上での遺伝的変化を追跡することができる。

実際に植物の集団の成立には，その集団が成立している場所の微地形，光環境，土壌要因などのほか，その植物のもつ生活史特性 (繁殖体散布範囲，埋土種子集団の有無，実生の生存率とその後の成長様式) など，さまざまな要因が関与している。そのため，最初の調査区の設置場所やサイズが，研究成果の勝敗を決すると言っても過言ではない。研究対象としている種の生活史特性 (齢構造，花粉および種子の散布様式など) を十分に考

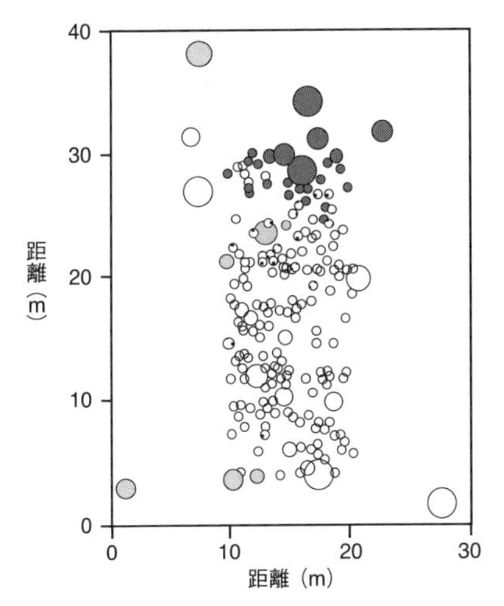

図 10-7　北米グレート・スモーキー山脈におけるアメリカブナ *Fagus grandiflorum* 個体群の遺伝構造（Kitamura et al. 2001 より）。丸の大きさは幹の相対的な太さを示す。パターンはそれぞれの幹の遺伝子型を示す。

慮することが大切である。

10-4-2　父系解析（マイクロサテライトマーカー）

9 章で紹介したように，植物個体群の動態は，個体の出生，死亡，移入，移出のバランスによって決定される。しかし，調査集団への移入率や移出率を野外調査から推定することは極めて難しい。また，新規に出現した個体がどの親に由来するのか，その親は花粉親なのか種子親なのか，各親個体の繁殖成功度はどの程度なのか，などの疑問に答えるためには，遺伝マーカーによる父系解析を行う必要がある。

(a) マーカーの選択

父系解析は子どもと親候補の遺伝子型を相互に比較することによって行うため，遺伝的な情報量が多いほど推定された親の信頼性は高くなる。情報の量は，使用できる遺伝子座と各遺伝子座における対立遺伝子の数，マーカーが共優性なのか，あるいは優性なのか，に大きく依存している。ここで，共優性マーカーとはホモとヘテロを識別できるもの，優性マーカーとは両者を識別できないマーカーのことで，共優性マーカーのほうが父系解析には適している。

個体群統計遺伝学的な研究で広く用いられているアロザイム，マイクロサテライト，AFLP などの遺伝マーカーのうち，アロザイムは共優性マーカーだが父系解析に関して得られる情報量が少なく，AFLP は情報量は多いものの優性マーカーである。マイクロサテライトは対象種ごとにマーカーを開発しなければならないという欠点ももつが，共優性かつ超多型であることから父系解析に最もよく用いられている。

しかし，野外の植物集団に対して，使用できる（開発済みの）マイクロサテライトマーカーが存在していることは稀である。研究を始める前に，対象種のマーカーが既に開発されているかどうか，されているとすればそれによって実際に親を特定できるかどうか，新しいマーカーを開発すべきなのか，といった点を考える必要がある。既にマーカーがある場合でも，事前に予備的なサンプリングを行い，最終的に得られるデータ（推定される親）の信頼性を予測しておくほうがよいだろう。データの信頼性は後に述べるプログラムによって検証することができる。

（b）調査区の設置

親候補から親を推定できる確率はマーカーの情報量によって変化するため，あまりに大きな調査区を設置すると無数の「親候補」が残ってしまう。逆に，小さな調査区ではほとんどの親が「調査区外」ということになりかねない。アイソザイム分析で述べたと同様に，目的とマーカーの情報量に応じて最適な調査地を選定し，調査区を設置することが重要である。

図 10-8 は，Kameyama et al.（2001）によるホンシャクナゲの父系解析を行った調査区の事例である。三つのサブ個体群（A1〜A3），計 174 個体の成木を含むように 150 m × 70 m の調査区を設置した。調査区の北側，東側には隣接して他のホンシャクナゲが生育しているが，マーカーの情報量を考え，やむなく調査対象からはずしている。父系解析に使用する実生は，各サブ個体群の林床に三つの方形区を設置し，そこから採取した。この研究では，排除分析（方法については下記を参照）によって実生の両親を特定するために，12 遺伝子座を用いている。12 のマイクロサテ

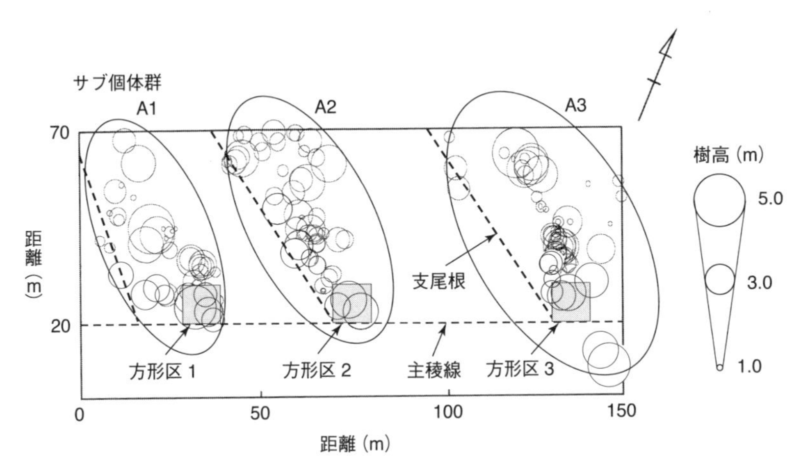

図 10-8　ホンシャクナゲ調査個体群の分布図（Kameyama et al. 2000 より）。網掛けの部分は，各サブ個体群（A1〜A3）内で，父性解析を行うための実生を採集した方形区 1〜3。

ライトマーカーを開発することは容易ではないが，母樹の情報がある場合や，親候補の数が少ない場合には，必要とされる遺伝子座の数は少なくなる。実際，採取した種子の花粉親を推定した際には，母樹が特定されていたこと，親候補となる開花木が 18 個体だけであったことから，6 遺伝子座の解析で花粉親を特定している（Kameyama et al. 2000）。

（c）解析方法

父系解析の方法はさまざまである。ここでは母親が *AA*，子どもが *AB*，父親候補が 3 個体あり，それぞれ *AA*，*BB*，*AB* の遺伝子型をもっていると仮定して，父親の推定方法を紹介しよう。

最も簡単な排除分析（simple exclusion）では，母親と子ども，父親候補の遺伝子型を比較し，「父親になりえない個体」を排除していく。今回の例では，父親候補 *AA* が排除され，*BB* と *AB* の 2 個体が候補として残る。この候補をさらに絞り込むためには，他の遺伝子座を調査する必要がある。この方法は考え方がシンプルで分かりやすい反面，親を特定するためには非常に多くの遺伝子座が必要となる。また，一つでも対立遺伝子の読み間違いがあると，本来の親が誤って除去される危険性が高い。

このような排除分析の欠点を克服するため，現在では「父親になりうる確率」を数学的に判断することが多い。今回の例の場合，子ども *AB* が母親 *AA* と父親候補 *AA*，*BB*，*AB* の組み合わせから生まれる確率は，それぞれ 0，1，0.5 となる。したがって，最ももっともらしい父親（most-likely parent）を一つだけ選ぶとすると，父親候補 *BB* が親となり，*AA*，*AB* は排除される。一方，父親候補 *AB* も親になりうるという点を重要視して，この個体に *BB* の半分の確率を与える（fractional allocation）方法もある。いずれを採用するかは調査者の目的によって判断すればよいだろう。

なお，実際の解析では，父親をランダムに選択した場合に母親 *AA* から子ども *AB* が生まれる確率を分母とし，特定の父親を選んだ場合に子ども *AB* が生まれる確率を分子として尤度比（likelihood ratio）を算出する。各遺伝子座の尤度比を積算し，自然対数をとったものは LOD score と呼ばれ，このスコアに基づいて父親の推定や信頼度の算出が行われる。

分析方法の詳細については，Jones et al. (2003) によってレビューされているので参考にしていただきたい。LOD score に基づいて父親を推定するプログラムとしては CERVUS（Marshall et al. 1998，Kalinowski et al. 2007），両親を推定するプログラムとしては FAMOZ（Gerber et al. 2003）などがあり，自由にダウンロードすることができる。これらのプログラムは，予備調査によって研究計画を立てる場合にも有益である。

10-4-3　クローンの識別（AFLP 分析）

無性繁殖によって形成されたクローンを識別することは，集団の動態や繁殖様式を明らかにするうえで重要な意味をもっている。しかし，野外調査によってクローンを正確に識別することは極めて困難であり，遺伝マーカーによる推定が不可欠である。この AFLP（amplified fragment length polymorhpism）分析法は，やっかいな（興味深い）クローナル植物の研究において，強力な機能を果たしてしてくれる。Suyama et al. (2000) は，成長様式や個体（ジェネット）の広がりに関してまだ謎に包まれていたササ類の研究に AFLP 分析を用いた。彼らは 10 ha にわたって広がるクマイザサ *Sasa senanensis* 群落をくまなく調査し，地下茎の成長により複雑に入り組んだクマイザサのクローンの広がりを見事に明らかにした。

(a) マーカーの選択

同一個体に由来するクローンは全て同じ遺伝子型をもっている（ただし，体細胞突然変異がある場合にはこの限りではない）。したがって，個々の遺伝子型を比較し，同一であればクローンである「可能性」が高い。クローンの識別能力はマーカーの情報量が多いほど高くなる。また，共優性マーカーであれば，シミュレーションによってクローンの信頼度を算出することもできる（下記を参照）。このことから，クローンの識別においても共優性かつ超多型のマイクロサテライトマーカーが最適と考えられるが，マイクロサテライトマーカーは対象種ごとに設計しなければならない一方，AFLP はどのような種にもある程度汎用でき，情報量も多い。

(b) DNA の抽出方法と抽出部位

AFLP の安定性は DNA の質に大きく依存する。質の高い DNA を簡単に得る方法として，QIAGEN 社の DNeasy kit がよく用いられており，定評がある。しかし，タヌキモの AFLP 分析を行った際には，QIAGEN 社のキットで抽出したサンプルは著しく不安定で，同一個体であってもバンドパターンが大きく変化した。キットを使わない方法として CTAB 法（Murray & Thompson 1980）で抽出を行った結果，濃度や抽出部位が異なっていてもほとんどのサンプルでバンドパターンが一致し，大幅な改善が認められた。このような違いが生じる原因は不明だが，DNA の質に大きく依存する AFLP 分析の場合，複数の抽出方法を試したほうが良い。

大幅な改善が認められた CTAB 法抽出においても，AFLP の安定性は，（1）DNA を抽出する部位，（2）用いる DNA 量，（3）用いるプライマーの種類，によって変化する。Kameyama et al. (2005) と Kameyama & Ohara (2006) が行ったタヌキモに関しては，常に安定したバンドパターンが得られたのは蕾や花茎から DNA を抽出した場合であった（表 10-1）。茎から抽出した DNA では，DNA 量が 1 ng と非常に少ない場合には多くの不一致が存在したが，5 ng 以上使用した場合には良好な結果が得られた。蕾や花茎は AFLP の安定性という面では最適だが，開花した個体しか解析できない。Kameyama & Ohara (2006) は DNA 量とプライマーを

表 10-1　タヌキモの抽出部位，DNA 量，プライマーの違いによる AFLP バンドの不一致の数（Kameyama et al. 2005，Kameyama & Ohara 2006 より）

抽出部位：蕾	プライマーペア	DNA 量（ng）			
		120	120	80	20
	MseI（CTg）－EcoRI（ACA）	0	0	0	0
	MseI（CTg）－EcoRI（Agg）	0	0	0	0
	MseI（CTg）－EcoRI（AAC）	0	0	0	0
抽出部位：殖芽	プライマーペア	DNA 量（ng）			
		10	10	5	1
	MseI（CTg）－EcoRI（ACA）	4	3	3	4
	MseI（CTg）－EcoRI（Agg）	2	0	0	2
	MseI（CTg）－EcoRI（AAC）	2	1	1	2
抽出部位：花茎	プライマーペア	DNA 量（ng）			
		20	20	10	2
	MseI（CTg）－EcoRI（ACA）	0	0	0	0
	MseI（CTg）－EcoRI（Agg）	0	0	0	0
	MseI（CTg）－EcoRI（AAC）	0	0	0	0
抽出部位：茎	プライマーペア	DNA 量（ng）			
		10	5	1	
	MseI（CTg）－EcoRI（ACA）	0	0	4	
	MseI（CTg）－EcoRI（Agg）	0	0	2	
	MseI（CTg）－EcoRI（AAC）	1	0	2	

最適化することにより，茎から DNA を抽出した場合でも常に安定したパターンを得ることに成功した。このような試行錯誤は，野生植物の遺伝解析を行う際には不可欠といえる。

（c）識別方法

遺伝子型が同一であったとしても，本当にそれがクローンといえるのかどうかは，検討すべき重要なポイントである。ホモとヘテロを識別できる共優性のマイクロサテライトやアロザイムなどの遺伝マーカーの場合，ランダム交配を仮定し，シミュレーションによってクローンの信頼性を判断することができる（例えば，Stenberg et al. 2003）。しかし，優性マーカーの AFLP の場合，数学的にクローンの信頼性を評価することは難しい。AFLP によって得られる情報，すなわちバンドの数は非常に多いため，全てが一致すればクローンに違いないと判断されているのが実情だろう。

Box 10-2　知っておきたい基礎遺伝学用語

遺伝子座（locus）　染色体上のDNAの一領域。遺伝子をコードするDNA，調節機能をもつDNAなどのほか，本章で紹介したマイクロサテライトマーカーで検出されるDNAを含む。

対立遺伝子（allele）　同じ遺伝子座を占める遺伝子に複数の種類がある場合の，個々の遺伝子を指す。対立遺伝子で優性遺伝子・劣性遺伝子の区別をつけることができる場合，優性の形質は大文字*A*，劣性の形質を小文字*a*などで表す。優性遺伝子と劣性遺伝子がヘテロ接合（*Aa*）している場合，優性遺伝子のホモ接合（*AA*）の場合と同様に，優性遺伝子支配の形質が表現型となる。

遺伝子型（genotype）　一つの遺伝子座における対立遺伝子の組み合わせ（例えば，*AA*，*AB*，*BB*など）。同じ対立遺伝子をもつ場合（*AA*，*BB*）は**ホモ接合体**，異なる対立遺伝子をもつ場合（*AB*）は**ヘテロ接合体**と呼ぶ。また，二つ以上の遺伝子座を含む複合遺伝子*AABB*などの場合もある。

共優性（co-dominance）　上記の優性遺伝子と劣性遺伝子のヘテロ接合とは異なり，全ての遺伝子型が表現型から区別できる状態。ABO式の血液型遺伝子の場合は，A型遺伝子はO型遺伝子に対して優性であり，遺伝子型が*AO*なら，血液型はA型である。しかし，遺伝子型が*AB*のとき，血液型はAB型となり，A型遺伝子とB型遺伝子は共優性遺伝子ということになる。

CTAB（cetyl trimethyl ammonium bromide）法　全DNAを単離する方法のなかで，現在最も一般的に用いられている方法。植物には動物と異なって，細胞壁があるために動物細胞のように高分子DNAを単離しにくい。しかし，CTAB法はタンパク質および多糖類も効率よく除去できるので，多糖類の多い植物や菌類，細菌類からDNAを抽出するのによく使われている。

制限酵素（restriction enzyme）　二本鎖DNAの特定の配列（認識配列）を認識し，その部位（またはその部位から一定の距離が離れた部位）を切断する酵素の総称。

プライマー（primer）　一方のDNA鎖とペアになる短いDNA断片。DNAポリメラーゼはプライマーをもとに伸長反応を行う。PCRにより目

(Box 10-2　続き)

的の DNA 断片を増幅できるか，できないかは，プライマーのデザインにかかっている。

PCR (polymerase chain reaction：ポリメラーゼ連鎖反応)　プライマーで挟まれた特定の DNA 領域を耐熱性の *Taq* ポリメラーゼで増幅する方法。ちなみに，*Taq* ポリメラーゼは，好熱菌 *Thermus aquaticus* から同定された酵素である。好熱菌は熱水噴出孔に生息することから，高温でも安定であるため，PCR のような熱を加える実験系に利用されている。

多型遺伝子座の割合 (*P*： percentage of loci polymorphic)　集団内の遺伝的多様性を示す指標の一つ。例えば 12 の遺伝子座を調査したうち，5 遺伝子座が多型 (変異があり)，7 遺伝子座が単型 (変異がない) の場合，$P = (5/12) \times 100 = 41.67\%$ となる。

遺伝子座当たりの対立遺伝子数 (*A*： allelic diversity)　多型遺伝子座の割合と同じく，集団内の遺伝的多様性を示す指標の一つ。遺伝子座当たりの対立遺伝子数の平均値。例えば，6 遺伝子座で観察された対立遺伝子数が，それぞれ 2，1，3，1，2，2 だった場合，$A = (2+1+3+1+2+2)/6 = 1.83$ となる。さらに，多型遺伝子座当たりの対立遺伝子数 (A_p) は多型遺伝子座のみの平均値である。したがって，この場合 4 遺伝子座が多型であることから，$A_p = (2+3+2+2)/4 = 2.25$ となる。

ヘテロ接合度の期待値 (H_e： expected heterozygosity)　ある対立遺伝子頻度をもち，任意交配でハーディー-ワインバーグ平衡に従って期待されるヘテロ接合度。例えば，二つの対立遺伝子［*A* (頻度 $p = 0.7$) と *B* (頻度 $q = 0.3$)］をもつ遺伝子座では $2pq = (2 \times 0.7 \times 0.3) = 0.42$ である。ヘテロ接合度の観察値の比較対照となる。

ヘテロ接合度の観察値 (H_o： observed heterozygosity)　ある集団で実際に測定されたヘテロ接合度の実測値。通常，複数の遺伝子座の平均値が用いられるが，例えば，ある対立遺伝子座に *A* と *B* の二つの対立遺伝子があり，100 個体調査したなかで，*AA* が 50 個体，*AB* が 30 個体，*BB* が 20 個体であった場合，ヘテロ接合度の観察値は，30/100 = 0.30 (30%) となる。

***F* 統計量 (*F* statistics)**　ライト (Wright 1969) は，調査した全集団 (*T*： total population) における個体 (*I*： individual) の近交係数 (inbreed

(Box 10-2　続き)

ing coefficient) F_{IT} を，集団の全近交係数に占める，個体が属する分集団 (S : sub-population) に関する個体の近交係数 F_{IS} と，集団に対する，分集団間の分化に起因する近交係数 F_{ST} の二つに分けた。これらの統計量には以下の式のような関係がある。

$$F_{ST} = \frac{(F_{IT} - F_{IS})}{(1 - F_{IS})}$$

集団に地理的構造がない場合，固定指数 F は F 統計量の F_{IS} と等しく，遺伝マーカーに基づき得られた，ヘテロ接合度の観察値 (H_o) と期待値 (H_e) から，次式のように計算することが可能である (Nei 1987)。

$$F_{IS} = \frac{(H_e - H_o)}{H_e}$$

ハプロタイプ (haplotype)　複数の対立遺伝子で，それぞれについてどちらの親から受け継いだ遺伝子かで分けたときに，片親由来の遺伝子の並びをハプロタイプと呼ぶ。染色体は，両親由来のものが 2 本 1 組で構成され，それぞれの遺伝子座の遺伝子 (対立遺伝子) の組み合わせにより発現する形質が決まる。この対立遺伝子の組み合わせを遺伝子型と呼び，実際に発現する形質を表現型と呼ぶ。例えば，血液型の A 型は，*AA* もしくは *AO* の組み合わせ (遺伝子型) があり，A 型の表現型を示す。親から子への遺伝は，染色体を最小単位とするため，ハプロタイプを得ることで，遺伝に関わるより詳細なデータを得ることができる。

連鎖 (linkage)　同一染色体上に互いの遺伝子座があるため遺伝子がともに子孫に伝わり，独立した分離が認められない状態。

尤度 (likelihood)　サイコロを振った場合，六つの目のうちの一つの目が出る確率は 1/6 である。このようにある事象の「確率」という場合，通常はその事象はまだ起きていない。もしも，「5」という目が出てしまうと，それは確率 1 であり，「1/6」という数値は確率という概念とは違ったものになる。もし，サイコロが少しひずんでいて，「5」の目の出る確率が 1/6 から少しずれるとすると，確率は p の関数となる。p のように，各事象の確率に影響を与える因子をパラメーターという。

尤度比検定においては，まず仮説を立て，それが実際の観察データに合っているかどうかを考える。その指標として尤度という概念を導入す

（Box 10-2　続き）

る。尤度を考える場合，まず，観察データが得られている。しかし，それを説明する仮説の正しさが不明である。そこで，あるモデルが正しいとして，その仮説のもとでの，観察データが起きる確率を考える。これが「尤度」である。サイコロのひずみが p であったという仮説のもとで「5の目が出る」確率を考える。これが，「5の目が出た」という観測データのもとでのサイコロのひずみが p であるという仮説の尤度である。

尤度比検定（likelihood ratio test）と LOD score　階層的な関係（陽性か陰性か，あるか無いか，など）にある二つの統計的仮説（帰無仮説と対立仮説）を，与えられたデータのもとで比較する検定法。それぞれの仮説（hypothesis：H）のもとでそのデータが生じる尤度（likelihood：L）を求め，尤度比を計算する。そして，その比（あるいは差）が有意であるとき，一方の仮説が棄却される。

一般にモデルの尤(もっと)もらしさを比較する場合，異なったモデルの尤度の比をとることが有用である。つまり，仮説1（H1）と仮説（H0）のどちらが尤もらしいか，尤度の比をとる。H0には今から否定したい仮説（帰無仮説）がとられ，H1には肯定したい仮説（対立仮説）がとられる。仮説Hの尤度をL（H）と表すと，L（H1）/L(H0) の尤度比をとって，H1の尤もらしさがH0の尤もらしさよりどの程度高いかを調べる。

LOD scoreは，「logarithm of the odd score（対数オッズスコア）」とも呼ばれる。ある特定の染色体上にある二つの遺伝子座が互いに連れ合って遺伝する可能性が高いほどに物理的に近接している（「連鎖している」）かどうかを統計学的に推定するための値。

例えば，連鎖解析ではH0は連鎖なし，H1は連鎖ありという仮説である。組み換え割合 θ で表すと，H0は $\theta = 0.5$，H1は $\theta < 0.5$ であり，尤度比は $L(\theta)/L(0.5)$ で表される。そして，以下の式のように，尤度比の常用対数をとったものが下記のロッド値（lod score：Z）である。

$$Z(\theta) = \log_{10}[L(\theta)/L(0.5)]$$

一般に，LOD scoreが3以上であれば，統計学的に有意な連鎖を示す証拠とみなされる。つまり，連鎖が無いとする確率に対して連鎖があるとする確率が1000倍（10^3）以上大きいということを示す。また，H1もH0も同様に尤もらしい場合は尤度比は1となり，LOD scoreは0となる。

11 繁殖様式と個体群の遺伝構造の解析

雌雄異株で，さらに性転換をする多年草，マムシグサ

植物の種を「生きた実態」として認識する生活史研究は1960年代に芽吹き，多様な環境に生育するさまざまな種を対象として，個体群生態学，繁殖生態学，数理生態学などの側面から数多くの研究が展開されてきた。そして，近年の分子生物学の進展は，この生活史研究の分野においてもこれまで想像できなかったさまざまな解析を可能にしてくれた。しかし，「解析技術の進歩が，それすなわち学問の進歩ではない」。分子マーカーを用いた解析結果は，多様な生育環境のもとで世代を重ねて維持されている個体群構造や繁殖特性などの生活史情報を統合して初めて有益な情報となる。前章までは，植物の生活史研究に関わる基礎知識，そして繁殖様式と個体群構造（時間的，空間的，遺伝的）の解析方法などを紹介してきた。本章では，実践研究編として，これまで私の研究室で行ってき

た，4 種の植物に関する研究例をご紹介したい。

ここで紹介する植物はオオバナノエンレイソウ，オオウバユリ，スズラン，マムシグサと，いずれも北海道の落葉広葉樹林の林床に生育する植物群である。しかし，これらの内容は日本に広く，一般的に生育する，多回繁殖型多年生植物（カタクリ，サクラソウ，ホタルブクロなど），一回繁殖型多年生植物（バイケイソウ，ヤブレガサ，ササ・タケの仲間など），クローナル植物（シロツメクサ，アマドコロ，ヒメニラ，フタバアオイ，スゲの仲間など），雌雄異株植物にも広く応用できる事例として参考にしていただきたい。

11-1　多回繁殖型多年生植物：オオバナノエンレイソウを例に

これまでにも本書のなかでたびたび登場したオオバナノエンレイソウは，日本においては東北地方（青森，秋田，岩手の 3 県）と北海道全域に分布する。1960 年代，北海道大学の倉林博士を中心としたエンレイソウ属植物の研究チームは，当時の先駆的な技術であった染色体の退色模様の変

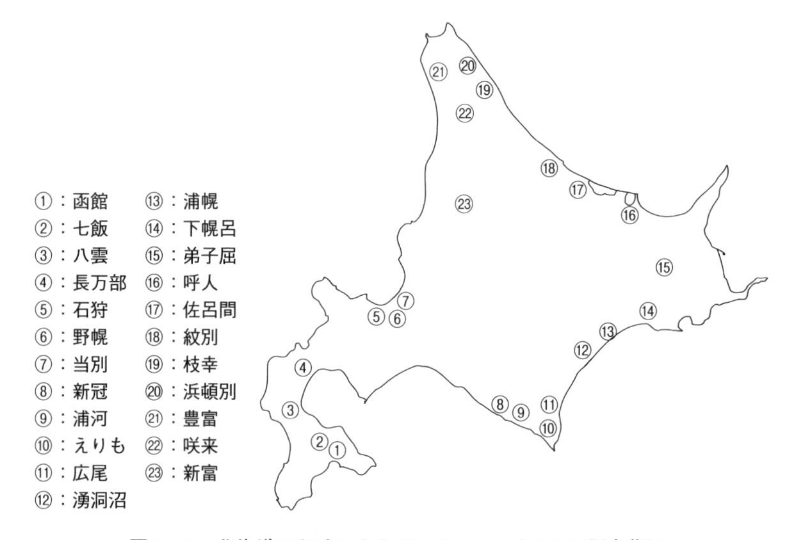

図 11-1　北海道におけるオオバナノエンレイソウの調査集団。

異を利用し，東北・北海道のオオバナノエンレイソウに関して種内の遺伝的分化に関する詳細な研究を行った。その結果，染色体変異のうえからオオバナノエンレイソウが北海道北部，東部，さらに南部（東北地方北部を含む）の三つの地域群に分かれることが明らかにされた（Kurabayashi 1958）。つまり，オオバナノエンレイソウという一つの種のなかでも，北部の集団は集団間・集団内の染色体組成の同質性が高く，変異に乏しいのに対し，東部の集団は多型を示し，集団間・集団内の変異に富む。また，

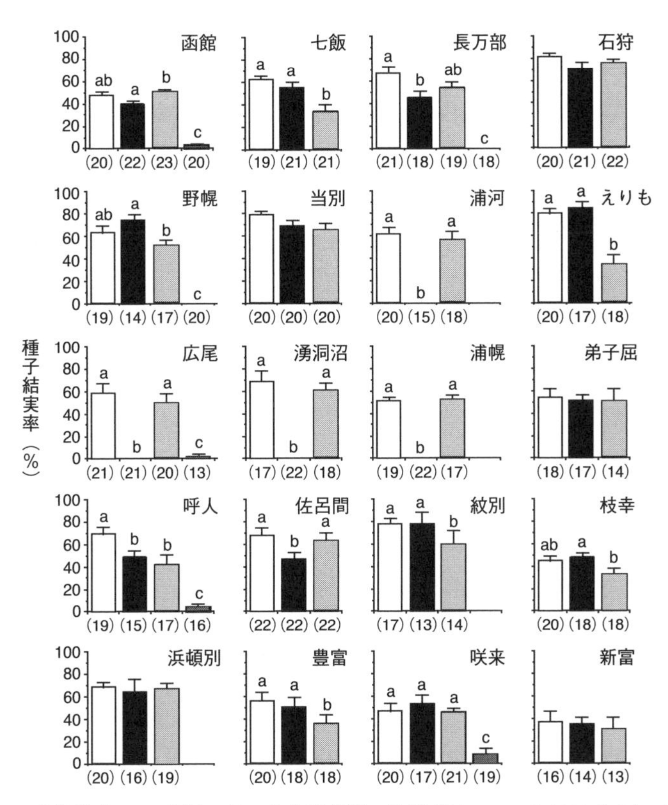

図 11-2　北海道内の 20 集団で行った交配実験の結果（Ohara et al. 1996 より）。□：コントロール，■：袋掛け，░：除雄，▒：除雄とネット掛け（一部の集団で実施）。（ ）内の数字は処理個体数。異なるアルファベットは，統計的な有意差（$P<0.05$）があることを示す。

南部の集団は北部と東部の中間的な遺伝的変異を示すというものである。では，なぜこのように遺伝的に異なる地域集団ができ上がり，また維持されてきたのであろうか。その謎を解くために，我々は，北海道内のさまざまな地域個体群を対象に，野外における生態調査と遺伝解析実験を行った。

まず，種子繁殖を担う交配様式を明らかにするために，北海道各地の集団で開花前の蕾に対してさまざまな処理を施してみた (図 11-1, 11-2)。その結果，開花前の蕾の段階で，6 本の雄しべを取り去る除雄処理を行い，自花の花粉では受粉ができない状況を作った場合，いずれの集団でも種子結実が認められ，どの集団でも他殖が可能であることが示された。さらに，この他殖における花粉の媒介様式を明らかにするために，除雄後の花にメッシュのネットを掛け，虫が訪花できないようにしたところ，全ての集団で種子ができなかった。したがって，オオバナノエンレイソウの花粉は昆虫たちによって運ばれており，訪花昆虫の観察からコウチュウ目やハエ目の昆虫のほか，時にはマルハナバチのような大型の社会性昆虫も花粉を媒介していることが明らかになった。一方，開花前の蕾に袋を掛け，自花の花粉のみが雌しべの柱頭に付着するようにしたところ，北海道北部や南部の集団では種子が結実し，自家和合性が存在することが確認された。しかし，東部に位置する日高・十勝地方の集団のなかには種子が全く作られないものが出てきた。人工的な自家受粉を行っても，種子の形成が認められなかったことから，この袋掛けにより種子が形成されなかった集団は自家不和合性をもち，種子形成は他殖によって行われていることが明らかになった。

次に，交配実験を行った 20 集団を含む 23 集団からオオバナノエンレイソウの葉を採集し，アイソザイム分析に基づく各集団の遺伝的変異の解析を行った (表 11-1)。その結果，日高・十勝地方の集団 (集団 8～14) は高い遺伝的多様性を示したのに対し，北部・南部の集団では遺伝的多様性が低いことが明らかになった。この結果は，染色体の退色模様に基づく結果と一致する。しかし，染色体観察の段階では，遺伝的多様性が低いことは自殖が優占していることに起因すると考えられていた。しかし，交配実験と遺伝解析を合わせて行ったことにより，北部・南部の集団では少なからず遺伝的変異が検出された集団は，ハーディー-ワインバーグ平衡からのずれが認められない（函館山集団を除く）。これらの事実から，これらの地域集団では自殖と他殖の両方が行われていることが明らかになった。それに対し，日高・十勝地方の集団では，自家不和合をもち，虫媒による完全他殖を行っているため，高い遺伝的多様性が維持されていることが明らかになった。

表 11-1　オオバナノエンレイソウ 23 集団の遺伝的変異（Ohara et al. 1996 より）

集団	P	A_P	A	H_o	H_e	F
1	7.69	2.00	1.08	0.054	0.036	−0.504
2	7.69	2.00	1.08	0.006	0.006	−0.034
3	15.38	2.00	1.15	0.035	0.039	0.091
4	0	0.00	1.00	0	0	−
5	0	0.00	1.00	0	0	−
6	7.69	2.00	1.08	0.008	0.008	−0.067
7	7.69	2.00	1.08	0.004	0.004	−0.053
8	15.38	2.00	1.15	0.062	0.064	0.036
9	15.38	2.00	1.15	0.054	0.048	−0.137
10	30.77	2.25	1.38	0.059	0.068	0.137
11	30.77	2.50	1.46	0.092	0.100	0.080
12	30.77	2.50	1.46	0.150	0.125	−0.205
13	30.77	2.25	1.38	0.125	0.118	−0.057
14	30.77	2.50	1.46	0.128	0.120	−0.066
15	0	0	1.00	0	0	−
16	0	0	1.00	0	0	−
17	0	0	1.00	0	0	−
18	0	0	1.00	0	0	−
19	0	0	1.00	0	0	−
20	7.69	2.00	1.08	0.012	0.014	0.130
21	0	0	1.00	0	0	−
22	0	0	1.00	0	0	−
23	7.69	2.00	1.08	0.046	0.039	−0.176
平均	10.70	1.30	1.13	0.036	0.034	−0.060

P：多型遺伝子座の割合　A_P：多型遺伝子座当たりの対立遺伝子数
A：遺伝子座当たりの対立遺伝子数　H_o：観察されたヘテロ接合体頻度
H_e：期待されるヘテロ接合体頻度　F：固定指数

11-2　一回繁殖型多年生植物：オオウバユリを例に

次に，一回繁殖型の多年生植物オオウバユリの事例を紹介する。図 11-3 にオオウバユリの生育段階を示した。オオウバユリは種子繁殖と娘鱗茎の形成による栄養繁殖を行う。種子から発芽したあとは，1 枚葉の状態で経年成長し，地下部（鱗茎）の肥大成長とともに 2 枚，3 枚とロゼット葉の枚数を増やし，その後開花する。オオウバユリは自家和合性をもつが，花の奥には蜜腺があり，蜜を求めてマルハナバチをはじめとするさまざまな昆虫が訪花する。結実した蒴果のなかには風散布に適した翼をもつ種子が大量に形成される。一方，親の鱗茎上に娘鱗茎が形成される栄養繁殖では，娘鱗茎の数は少ないものの大きな 1 枚葉や 2 枚葉をもつ個体が形成される（図 6-2 参照）。

この種子繁殖と栄養繁殖が，一回繁殖型植物のオオウバユリの生活史のなかでどのように機能しているかを明らかにするために，以下の調査を行った。オオウバユリは北海道の低地性落葉広葉樹林林床に一般的に見られる植物であるが，調査集団として環境の異なる四つの集団を選んだ。札幌市近郊でより自然が残る野幌森林公園（以下，野幌），千歳市内の防風林（以下，千歳），北海道大学構内（以下，北大）や北海道大学植物園（以下，植物園）のように大都会の中心に孤立的に存在する集団である。

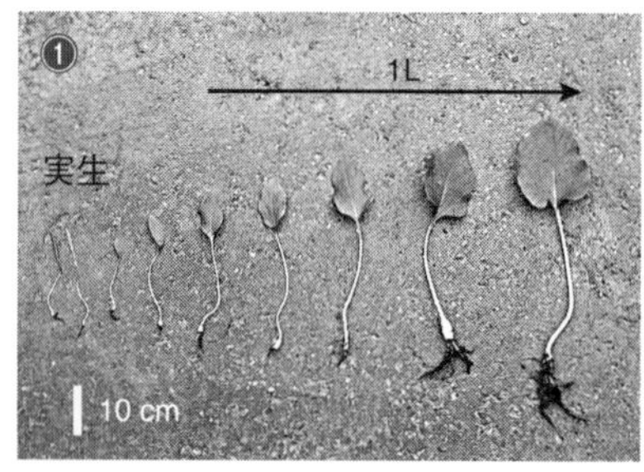

図 11-3　オオウバユリの生活史段階。実生から 1 葉（1L）段階（①），複数葉段階（②）。

それぞれの集団に 5 m × 5 m の調査区を設定し，調査区内の全ての個体をマーキングし，それらの生存，成長，枯死などを丹念に追跡調査するとともに，交配実験を行った。

図 11-4 には，各集団で行った交配実験（除雄処理）の結果を示した。上述したように，オオウバユリは自家和合性をもつが，除雄処理による結実は，明らかに昆虫の訪花により他個体から花粉が運ばれたためである。野幌のように自然度が高く，訪花昆虫相も豊かと考えられる環境では除雄処理個体でもコントロールと同じ結実を示したが，それ以外の場所では除雄処理個体はコントロールと比較して結実が低下していた。ちなみに，野幌

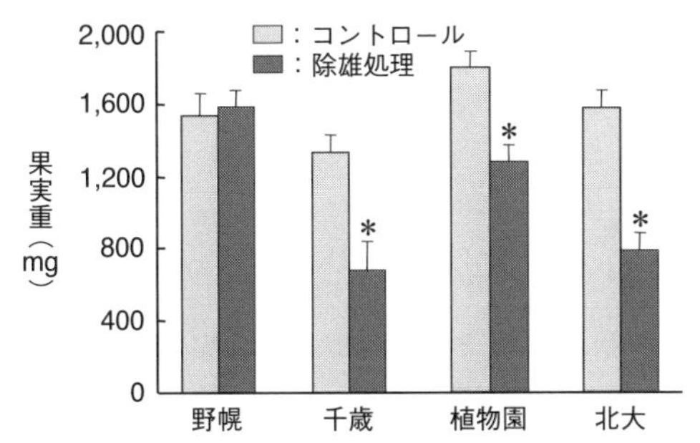

図 11-4　オオウバユリ 4 集団で行った交配実験の結果。＊はコントロールの値と統計的な有意差（$P < 0.001$）があることを示す。

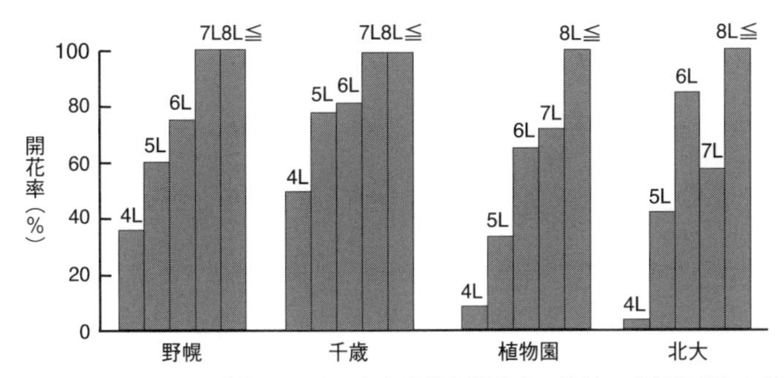

図 11-5　オオウバユリ 4 集団における生育段階と開花率の比較。当年開花した個体の前年度の生育段階より算出。

以外の3集団でもコントロールの値が変わらないのは，自動自家受粉によって柱頭に自家花粉が付着したためと考えられる。

次に，図11-5は，開花前年の個体サイズのデータである。このデータも5m×5mの調査区を設定し，調査区内の全ての個体をマーキングし，追跡調査をすることにより得られたデータである。このデータより，4枚葉以上になると翌年は開花することが分かる。また，ここで注目してほしいのは，野幌と千歳では比較的少ない葉数から次年に開花し，7枚葉以上になると翌年には全てが開花している。それに対し，北大と植物園では4,5枚葉からの開花は少なく，また8枚葉以上の段階になって初めて全ての個体が開花する。つまり，同じ一回繁殖でも，北大と植物園の集団はより葉数が多くなってから（個体サイズが大きくなってから）開花することが分かった。図11-6は，各集団における栄養繁殖体の形成率である。オオウバユリは種子繁殖と栄養繁殖の両方を行うが，必ずしも全ての開花個体が娘鱗茎を形成するわけではない。野幌に比べて，北大と植物園の個体の多くが開花時に娘鱗茎を形成していることが分かる。

図11-7は，野幌と北大の5m×5mの調査区内における開花個体に関して行った，アイソザイム分析の多座遺伝子型（multi-locus genotype）によって区別された遺伝子型の3年間の変化である。オオウバユリは一回繁殖型なので開花個体は全て前年度とは異なる個体である。一見して分かるのは，野幌では北大よりも開花個体数がはるかに少ないにもかかわらず，多様な遺伝子型が見られ，また年ごとの変化も顕著である。それに対して，北大は観察された遺伝子型の数も少なく，かつ3年間で同じ

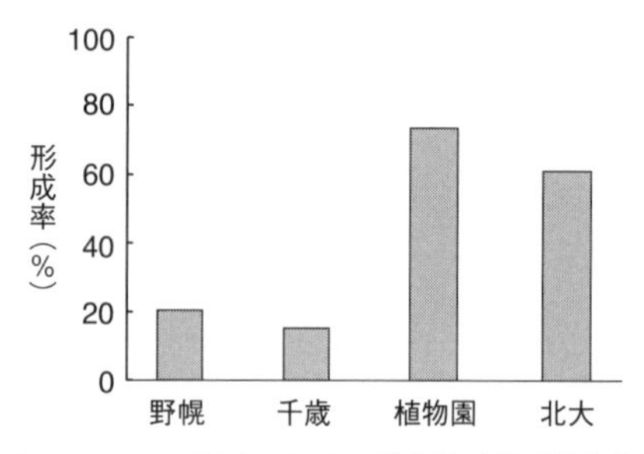

図11-6　オオウバユリ4集団における栄養繁殖体（娘鱗茎）の形成率。

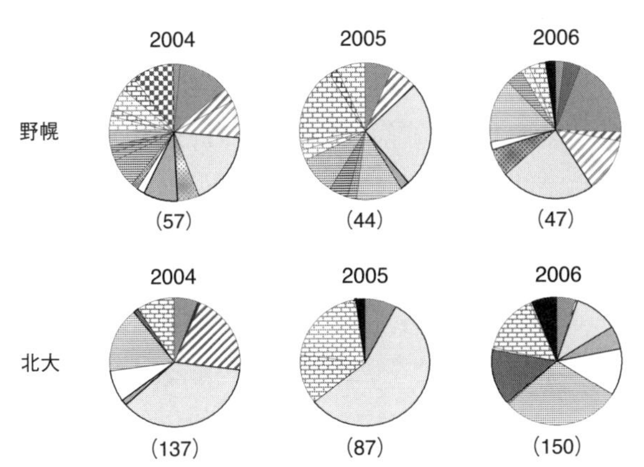

図 11-7　野幌と北大の調査区 (5 m × 5 m) 内の開花個体の遺伝子型の変化 (2004～2006 年)。(　) 内は開花個体数を示す。3 年間で観察された遺伝子型数は，野幌は 26，北大は 13 であった。

遺伝子型のものが多く見られる。

これらの結果から，自然環境のより豊かな野幌に比べ，都心に位置する北大では個体群の孤立化が進むことにより，昆虫の訪花が減少し，自殖，さらには栄養繁殖への依存がより高くなっていると考えられる。そのために，遺伝的多様性の低下が生じ，同じ遺伝子型のものが開花個体として比較的連続して登場してきているものと推測される。

11-3　クローナル植物：スズランを例に

植物におけるクローン成長は個体の認識を難しくするとともに，集団の遺伝構造に大きな影響を及ぼす。スズランは世界に 3 種が知られているが，その 1 種 *Convallaria keiskei* は日本に自生し，種子繁殖とクローン成長を行う (図 6-2 参照)。まず，北海道十勝地方のスズランの大きな群落に 100 m × 90 m の調査区を設定した。そして，その中を 5 m × 5 m のメッシュに区切り，各メッシュの交点からスズランの葉を採集し，アイソザイム分析に基づく共通した遺伝子型 (多座遺伝子型) をもつラメットの分布を把握した (図 11-8)。アイソザイム分析では，同じ多座遺伝子型

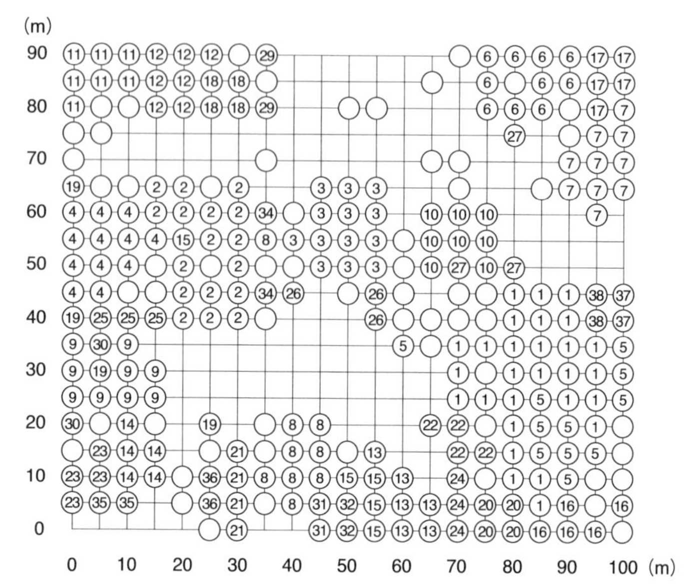

図 11-8　スズランの 90 m × 100 m 調査区内で検出された遺伝子型の分布 (Araki et al. 2007 より)。番号はそれぞれの遺伝子型を示し，○ は，共通の遺伝子型を示すものがなく，それぞれ固有 (単独) の遺伝子型を意味する。

を示すラメットを同一ジェネットとは断定することはできないが，この調査区内では 89 の多座遺伝子型が認識された。また，さまざまな遺伝子型がモザイク状に存在するとともに，そのなかには 20〜30 m と，大きく広がる遺伝子型も存在することが分かった (Araki et al. 2007)。

このことを背景として，オオバナノエンレイソウの場合と同様に，種子繁殖に関わる繁殖特性を把握するための交配実験を行った。ただし，1 本の花茎に一つの花をつける場合が多いオオバナノエンレイソウとは異なり，スズランでは一つの花茎に複数の花をもつ花序を形成するため，交配実験の組み合わせも自ずと複雑になる (図 11-9)。図 7-6 のバイケイソウの交配実験も参照してもらいたい。行った交配処理は，(1) 花序全体に袋を掛ける袋掛け，(2) 一つの花の中での受粉 (自家受粉)，(3) 同じ花序の中の花間での受粉 (隣花受粉 1)，(4) 同一ジェネットと考えられる異なるラメットの間での受粉 (隣花受粉 2)，(5) 異なるジェネットの花

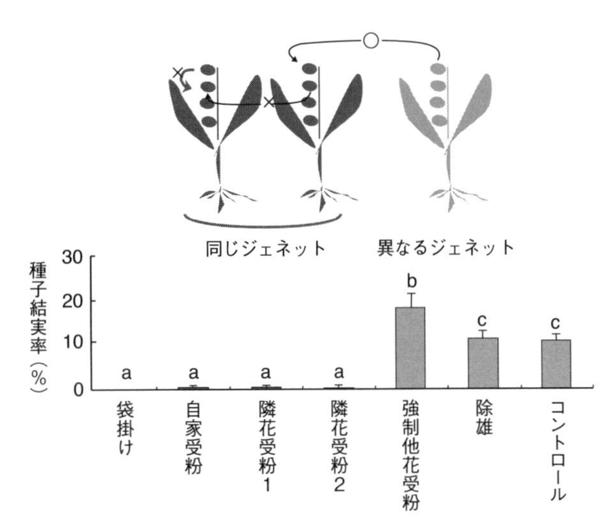

図 11-9　スズランにおける交配実験の結果（Araki et al. 2005 より）。異なるアルファベットはコントロールの結実率との統計的な有意差（$P<0.05$）があることを示す。

序の中からの花粉による強制受粉，（6）花序内の花の全ての雄しべを除去する除雄処理，である。

(4) と (5) の処理は，上述したように遺伝子型を特定したことにより，花粉親を区別してできた処理である。その結果，袋掛け，自家受粉，隣家受粉のいずれの処理においてもほとんど結実が見られなかった。それに対し，遺伝子型の異なるジェネット間の強制受粉と除雄処理では結実が認められた。このことは，スズランは自家不和合性をもつとともに，同じジェネット内のラメット間の花粉の授受では結実しないこと，そして，結実は異なるジェネット間での他家受粉によりもたらされることが明らかになった。スズランの花は開花時にはとてもよい香りを出すとともに，花の基部に蜜腺をもち，カミキリモドキ，ケシキスイ，ハナアブの仲間の昆虫の訪花が観察された（Araki et al. 2005）。

ここで，もう一度，クローンの広がりに話を戻そう。昆虫は，直接自分たちあるいは自分たちの子どもへの食料を得るために訪花する。昆虫たちにとっては，その餌がスズランのどのジェネットであろうが，問題ではなく，より効率的に餌を集めることがより重要なはずである。そうすると，一つのジェネットがクローン成長によって大きくなりすぎると，訪花昆虫は同一ジェネット内に滞在する確率が高くなる。そうなると，結局，花粉は同じジェネット内を移動するだけで，種子結実には結び付かないことになってしまう。したがって，スズランとしては，クローン成長によりジェネットを空間的に広げるとともに，別のジェネットと近接することにより，訪花昆虫が異なるジェネット間で移動することを通して，種子結実が維持されることになる。

次に，各地上茎の遺伝子型をより詳細に把握するために，100 m × 90 m の調査区の中に 2 m × 28 m の調査区を設定した。そして，その中に出現する全てのラメット（地上茎）の遺伝子型を正確に識別するために，より精度の高いマイクロサテライトマーカーを用いて分析を行った（図 11-10）。その結果，実生を含め 33 の遺伝子型が特定され，大きなスケールで確認されたジェネットのまとまりは，ラメットレベルでもある程度まとまったパッチ状に分布していることが確認された。さらに，ジェネットが接している部分では，異なるジェネットのラメットが混在していることも明らか

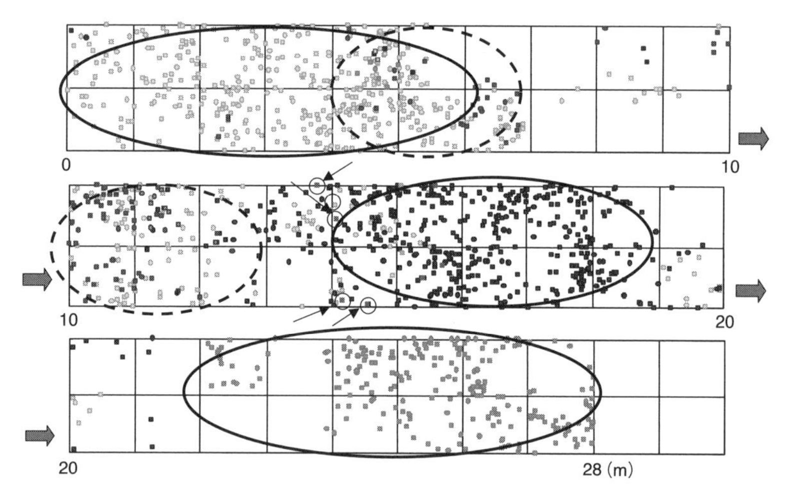

図 11-10　スズランの 2 m × 28 m 調査区内の全ラメットの遺伝子型。実線で囲んだ部分はクローン成長により同一ジェネットが広がっているが，ジェネットが接する場所にはそれぞれのジェネット由来のラメットが混生している（破線で囲んだ部分）。また，集団レベルの解析では特定されなかった遺伝子型も見られた（矢印で示したラメット）。

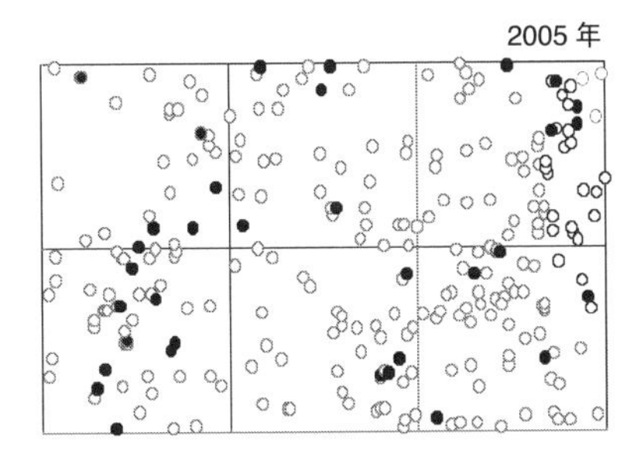

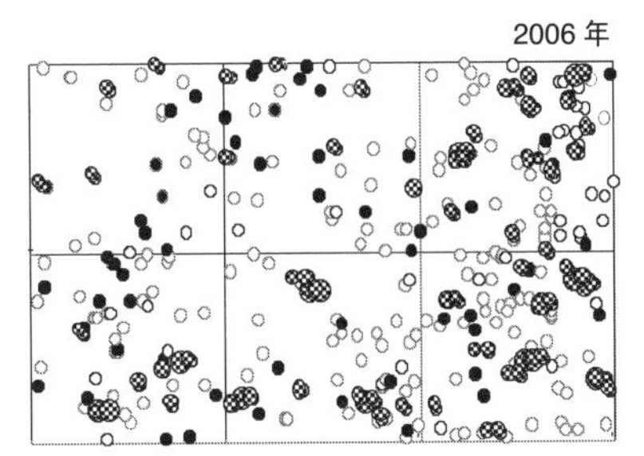

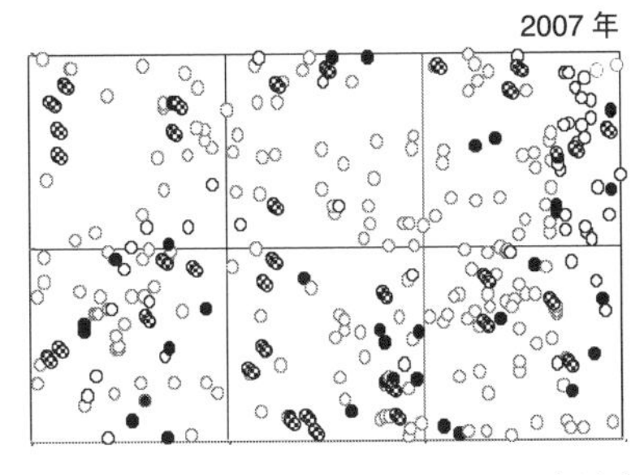

○：ラメット
●：開花ラメット
◎：クローン成長による新規ラメット

図 11-11　スズランの 2 m × 3 m 調査区（plot-A）内のラメット動態（2005〜2007 年の追跡調査結果）。

になった。また，大きなスケールでは特定されなかった新たな遺伝子型もいくつか検出された。

さらに，各ラメットに丁寧にマーキングを施し，ラメットの動態とクローンの広がりを明らかにした（図 11-11）。この結果，前年に開花したラメットは翌年には花序を形成せず，同じジェネット内で毎年異なるラメットが花序を形成することが分かった。また，クローン成長による新しいラメットの供給のほか，固有の遺伝子型を示す実生が確認され，種子による（他殖による）繁殖も持続的に行われていることが示された（図 11-12）。

以上のことから，種子繁殖とクローン成長を行うスズランは，ラメットレベルでは，クローン成長により同一ジェネットがまとまって分布する。その一方で，集団は遺伝的に多様なジェネットで構成されており，ジェネットが接する部分では，ラメットが混生するとともに，種子繁殖による新たな実生の出現も見られた。したがって，まず種子によりもたらされたジェネットは，クローン成長により新たなラメットを更新することでその

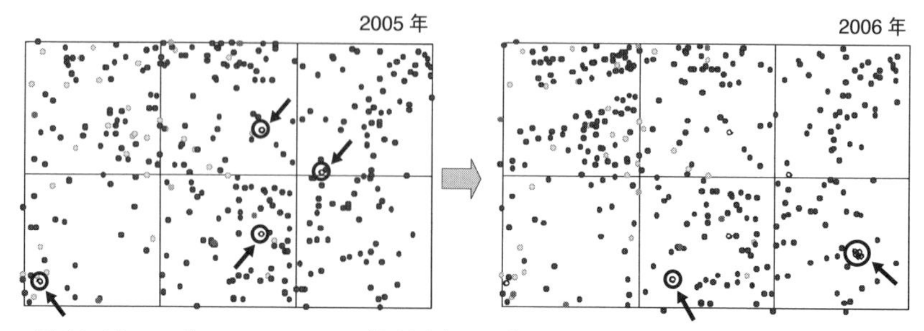

図 11-12 スズランの 2 m×3 m 調査区 (plot-B) のラメット動態 (2005 年と 2006 年の追跡調査)。○で囲んだのが，個体サイズが 10 cm 以下で，固有の遺伝子型を示したラメット (＝種子由来の実生)。

ジェネットの定着を強化する。このようなクローンの水平方向の広がりは，同じように定着した他のジェネットと接する可能性を高め，ジェネット内での隣家受粉の確率を軽減する。そして，同じジェネット内でも同じラメットが毎年花序を形成しないことは，毎年ジェネット内の異なる場所で果実 (種子) が形成されることになる，という巧みな戦略をもっているのである (Araki & Ohara 2007，Araki et al. 2009)。

11-4 雌雄異株植物：性転換植物マムシグサを例に

自ら動くことができない植物において，雌雄異株であることは，その種子を作るためには，また雌雄の各個体がそれぞれの遺伝子を残すためには，雌雄個体間で確実に花粉の授受を行う必要がある。そのためには個体群内の雌雄の性比や雄個体空間分布は，非常に重要と考えられる。ここで紹介するマムシグサ *Arisaema serratum* は，雌雄異株であるうえに，同じ個体であっても年によって性が換わる植物である。

図 11-13 には，マムシグサの生活史を示した。種子から発芽した後は，しばらく栄養成長を経年的に続けるが，生殖成長の始まりは「雄個体」からである。雄個体で経年成長し，光合成を通して獲得した資源を地下部に蓄えることにより，「雌個体」に性転換する。そのため，通常，雌個体は雄個体よりも大型である。また，さらに興味深いのは，その性転換が可

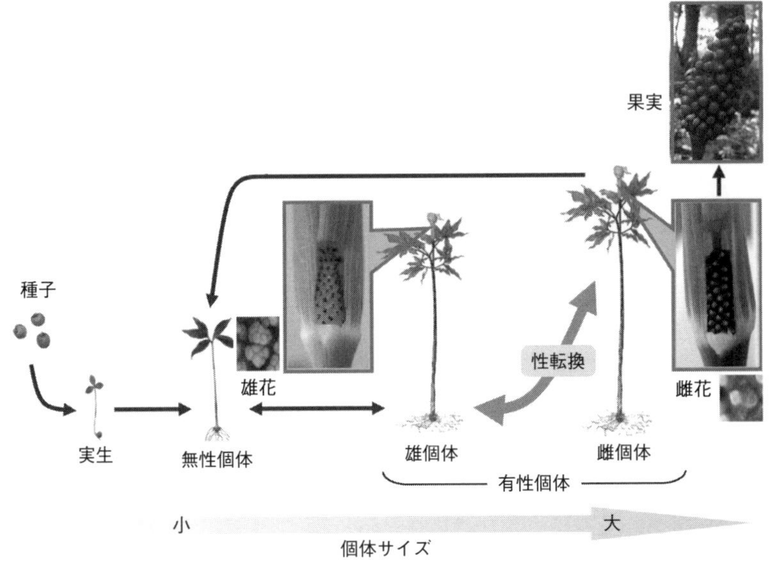

図 11-13　マムシグサの生活史。

逆的にも生じるのである。つまり，一度，雌個体になっても，そのまま雌個体にとどまるのではなく，また雄個体に戻る場合もある。当然のことながら，種子は雌個体で生産されるが，雄個体から雌個体への花粉の移動は，キノコバエが花粉媒介者の役目を果たしている。

図 11-14 は，マムシグサ個体群内で，雌雄の性転換が生じた場合のイメージ図である。図示すると単に雄→雌，雌→雄となるが，性転換するということは，雄→雌は，同一個体が前年は「花粉を渡す側から，もらう側へ」，そして，雌→雄は，「花粉をもらう側から，渡す側へ」と大きく立場が換わるほか，自分の個体の周りの花粉のやり取りの環境が毎年変化することを意味する。実際に，マムシグサ個体群で，個体の性転換がどのように生じているかを理解するために，北海道恵庭市の郊外の防風林内に 50 m × 50 m の調査区を設定し，調査区内のマムシグサ個体の追跡調査を 3 年間（2008～2010 年）行った（図 11-15）（Ohmatsu 2010）。その結果，やはり，個体群内で個体の性は年により変化していることが分かった。

また，興味深いことに個体群内の性比は，雄：雌が9：1と，雄個体が非常に多いこと，そして，個体の性は各年で変化しても，個体群内の性比はほぼ一定であった。

上述したように，マムシグサの性は可逆的に換わる。雄から雌への転換は，光合成により個体に蓄積された資源量であるが，雌から雄への性転

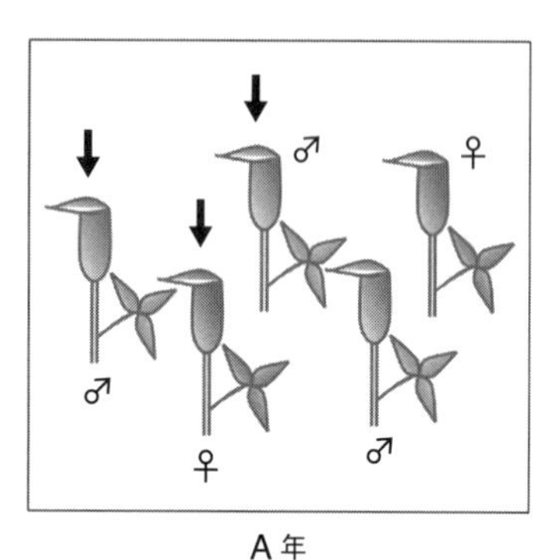

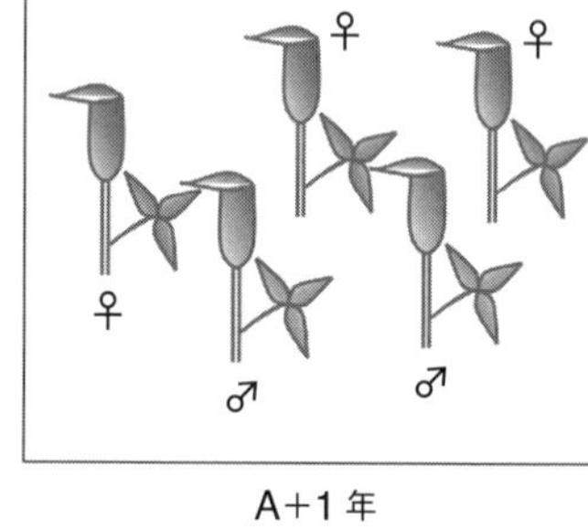

図 11-14　マムシグサ個体群の雌雄個体の空間分布の変化のイメージ図。A年の矢印の付いた個体が性転換すると，雌雄個体の空間分布は，A+1年のようになる。

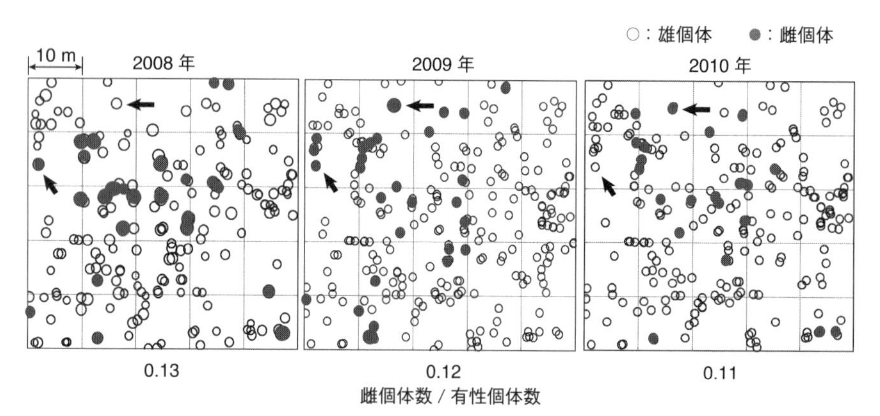

図 11-15　マムシグサ個体群（50 m × 50 m）における，2008～2010年の雌雄個体の性転換と空間分布動態。上の矢印の個体は，3年間で，♂→♀→♀。下の矢印の個体は，♀→♀→♂となっている。各年の調査区の下に示した数値は，総雌雄（有性）個体数に占める雌個体の割合。

換はどのようにして生じるのだろうか？　そこで，まず，3年間の個体の追跡調査をもとに，雄個体と雌個体についてそれぞれ翌年の性を調べてみた（図11-16）。その結果，個体群内の個体の絶対数は雄のほうがはるかに多いものの，前年の雄個体は，翌年も雄個体である割合が高く（約75%），雌に性転換した割合は5%程度であった。一方，雌個体に関しては，約40%が翌年に雄へ性転換が生じていた。そこで，雌から雄への性転換の割合の高さに着目した。図11-17は，雌個体で翌年性転換した個体と，しなかった個体で，前年の種子生産量を比較したものである。その結果，性転換をした雌個体は，前年の種子生産量が性転換しかなった個体よりもはるかに高いことが分かった（Ohmatsu 2010）。

植物は，独立栄養の生物であり，また多回繁殖型の多年生植物は，その資源を繁殖と生存の二つの用途に用いる。この観点で考えると，前年，種子を多く作った雌個体は，より繁殖へ投資をしたため，雄個体（個体サ

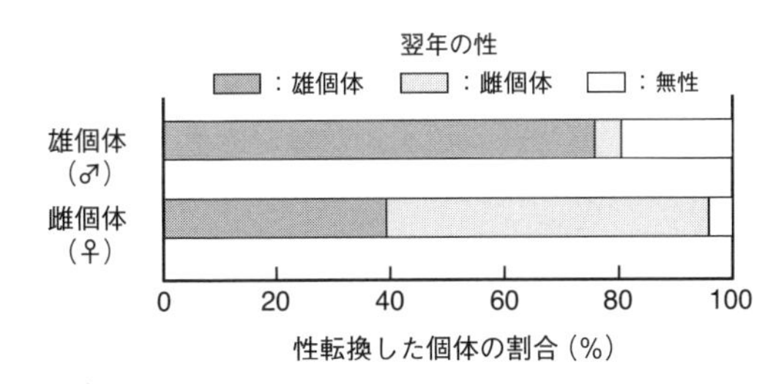

図11-16　マムシグサ個体群（50 m × 50 m）内の雌雄個体の翌年の性。

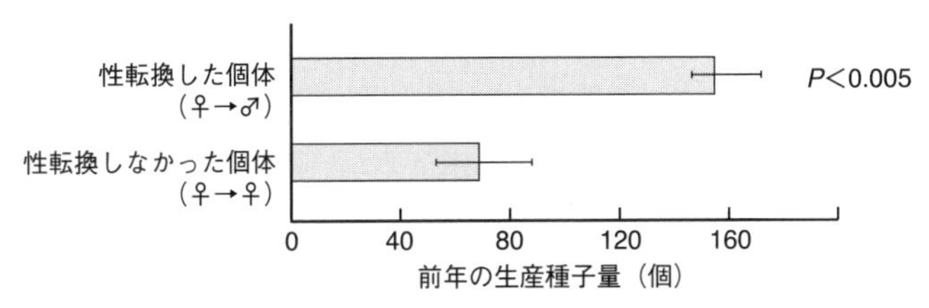

図11-17　マムシグサ個体群（50 m × 50 m）内の雌個体（♀）の性表現と前年の種子生産量の比較。性転換した個体と，しなかった個体の種子生産量には，統計的な有意差が認められた（$P<0.005$）。

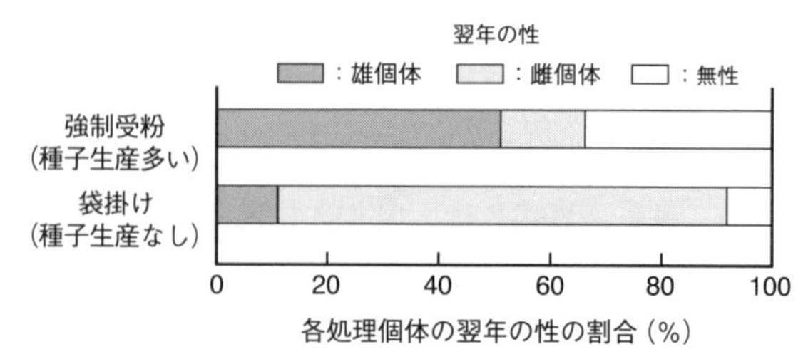

図 11-18　強制受粉処理および，袋掛け処理を行った雌個体（♀）の翌年の性。

イズが小さい）へと生育段階が戻ったと予想した。そこで，その仮説を検証するために，野外個体群で雌個体に対して二つの操作実験を行った。一つは，雌個体に雄個体からの花粉を強制受粉させ，種子生産を促し，もう一方は，逆に，雌個体に袋掛けを行い，受粉をさせない（種子生産をさせない）ものである。そして，これらの処理を行った個体が翌年にどのような性発現をするのかを調査した（図 11-18）。予想どおり，強制受粉を行った雌個体の約 50%は雄個体となり，袋掛けを行った個体では，雌個体にとどまるものが大半であった。このことから，雌個体から雄個体への性転換の要因として，前年度の種子生産量が大きく影響していることが分かった（Ohmatsu 2010）。

では，性転換が行われる個体群のなかで，雌個体はどの雄個体から花粉を受け取り，受粉をして，種子生産を行っているのであろうか？　風媒による受粉の場合は，雌雄個体の位置関係や風向きを含む風の流れなどが，雌の受粉効率に大きく影響していると考えられる。前述したように，マムシグサはキノコバエが主たる花粉媒介者で，さらに花は筒状の苞の中に位置するため，風による花粉媒介は考えにくい。そこで，雌個体に対する雄個体の空間的位置関係（距離や密度）と，種子結果の関係を調べてみた（図 11-19）。より雄個体に近い雌個体，あるいは周囲の雄個体の密度が高い雌個体がより高い種子生産をすると思いきや，雌個体の結果率には，雄個体との距離や密度は関係していなかった。

そこで，雌個体が個体群内のどの雄個体から花粉を受け取っているのかを明らかにするために，マイクロサテライトマーカー解析を用いて，父系解析を行った。図 11-20 (a) は，図 11-15 に示した 2008 年の調査区の雌雄個体の空間分布である。この調査区内の雌個体のうち 12 個体の雌個体を対象に，父系解析を行った (図 11-20 (b))。そして，図中に矢印で指し示した雌個体が，花粉を受け取った雄個体 (花粉親) を，図 11-20 (c) に

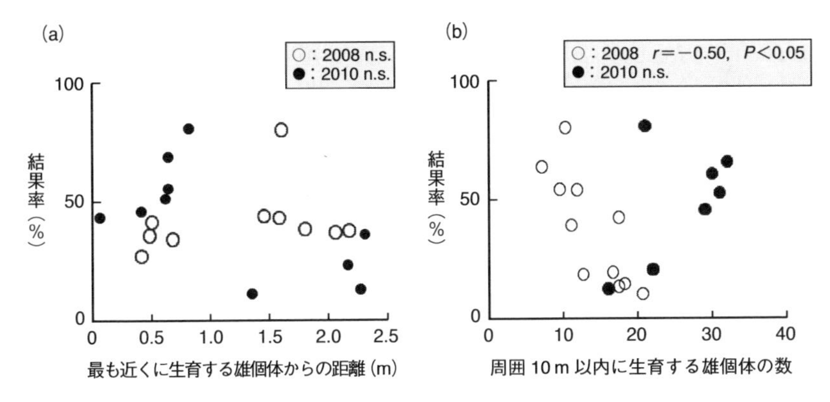

図 11-19 雌個体 (♀) の結実率に及ぼす雄個体 (♂) の効果。(a) 雄個体 (♂) との距離と雌個体 (♀) の結果率との関係，(b) 10 m 以内に存在する雄個体 (♂) の数と雌個体 (♀) の結果率の関係。図には 2008 年と 2010 年の結果を示す。(a) では，統計的に有意な相関関係が認められなかった (n.s.) が，(b) では，2008 年に両変数の間に統計的に有意 ($P<0.05$) な負の相関関係 ($r=-0.50$) が認められた。

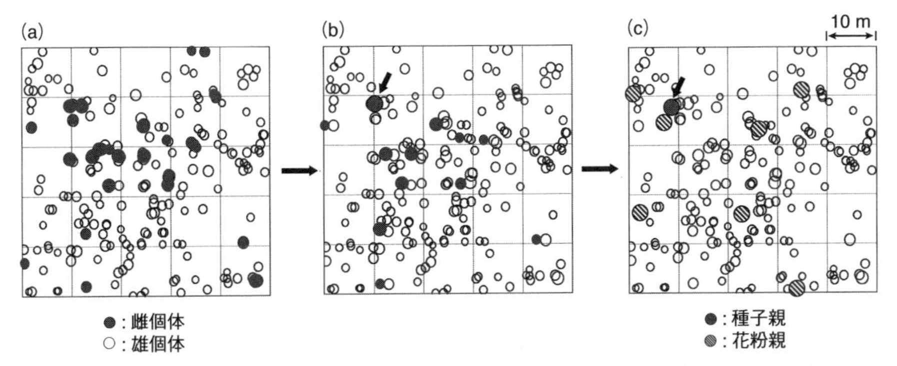

図 11-20 マムシグサ個体群 (50 m × 50 m) 内における種子親と花粉親の空間分布。(a) 調査個体群内の雌雄個体の位置 (図 11-15 の 2008 年)。(b) (a) の雌個体のうち，マイクロサテライトマーカーを用いて花粉親 (♂) を調査した雌個体 (♀) (12 個体) の位置。(c) 図中の矢印の雌個体 (♀) で特定された花粉親 (雄個体：♂) の位置。

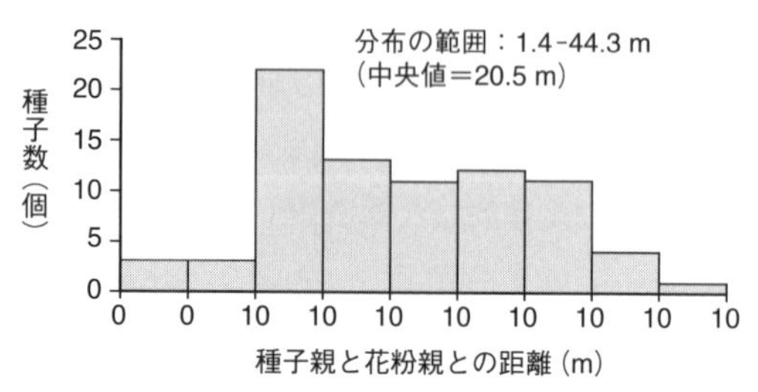

図 11-21　種子親と花粉親との距離の頻度分布。図 11-20 で調査した種子親（12 個体）で生産された種子と，その花粉親となった雄個体（♂）の直線距離より算出。

示した。その結果，この雌個体には少なくとも調査区内の七つの雄個体から花粉が運ばれ，種子が形成されたことが明らかになった（Ohmatsu 2010）。また，図 11-19 の結果を裏づけるように，花粉親となっている個体は必ずしも近い雄個体ではなく，特定できた調査区内の花粉親でも，30 m 以上離れているものもあった。父系解析を行った 12 個体の雌個体に関して，花粉親となった雄個体との距離と種子数を調べてみると，個体群内には，自分（雌個体）のすぐ近くも含め，多くの雄個体が存在するにもかかわらず，距離の離れた雄個体からの花粉によって種子が作られていた（図 11-21）。

今後は，花粉媒介者であるキノコバエの行動パターンなど，さらなるフィールでの調査・観察が必要であるが，雌雄異株で性転換を行うマムシグサでは，繁殖成功が局所的な空間分布には影響を受けない交配様式により，雌雄個体の成功度を維持するように進化した植物であることが明らかになった。

12 植物群集のダイナミクス

匂いでコミュニケーションする，カリフォルニア州のセージブラッシュ

1章で見たように「太陽からのエネルギー量とその季節変化」と「大気循環と海洋循環」は，この地球上に多様な環境を生みだす。そして，その環境に対して，生理的あるいは形態的に適応したさまざまな生物たちが生きている。ただし，いかなる生物も単独では生きておらず，複数の種がさまざまな関係をもちながら生きている。ある場所に一緒に生育する全ての生物を群集（community）と呼ぶ。実際，この地球上のどのような場所にも，一連の種からなる特有な生物群集が形成されている。それらの種はどれくらい強く「相互に結び付いている（web of life）」のだろうか。

本章では，生態環境と植物群集の関係から，同一群集内の種間関係まで，多様なスケールの生物群集の姿をみていこう。

12-1　群集の概念

群集の構造と機能には大きく二つの考え方がある。一つは，アメリカの植物生態学者グレアソン（Gleason 1882-1975）が1926年に提唱した群集の「個別概念（individualistic concept）」である。これは，群集とはある場所にたまたま一緒にいる種の集まりにすぎないというものである。これとは対照的なもう一つの概念が，アメリカ・ネブラスカ大学のクレメンツ（Clements 1874-1945）が1916年に提起した「全体論的概念（holistic concept）」である。これは群集を統一された単位と考えるもので，群集内のそれぞれの種が強く結び付いたり，または，それぞれ排除しあうような強い関係を考えている。しかし，実際にほとんどの種はそれぞれ部分的にしか他の種に依存していない。むしろ，このような部分的な相互依存のほうが自然界は一般的である。多くの場合，生物は環境条件の変動に独立に反応しているように見える。群集の構成はある種がより多くなったり，また別の種が徐々に少なくなり，消失するに伴い，生物間の関係および群集は全体にわたって徐々に変化する。

群集を特徴づける要素として，これまで（1）生物多様性，（2）成長型と構造，（3）相対優占度，（4）栄養段階構造，などが評価されてきた。生物多様性は，その群集内に何種の動植物が生息しているかを評価するものである。この単純な種のリストは我々にこの生物多様性をコントロールしているのは何か？　という重要な問題を提起する。成長型と構造は，植物群集のタイプを，高木，低木，草本，コケなどの生育型でおおまかに記載できるとともに，さらに，それらを広葉樹・針葉樹などのカテゴリーに分けることもできる。このような生育型の違いは，群集の階層構造を決定している。相対優占度は，群集内の各種の相対頻度であり，群集内で異なる種がどの程度の割合で存在するかを評価することができる。栄養段階構造は，種間の食う食われる関係（植物 → 草食者 → 肉食者など）を調べ，群集内のエネルギーの流れを評価し，群集の生物学的な組織性を決定するものである。

これらの特性は，平衡状態にある群集でも，あるいは変化している群集においても評価することができる。植物群集は，時間的にも，空間的にも変化する。時間的な変化の例としては，（後述する）群落が安定した「極相群落（climax community）」へと向かう「遷移（succession）」があり，また空間的変化としては，水分や温度などの「環境傾度（environmental gradient）」にそって群集の組成が変化することなどが考えられる。

12-2　群集の境界

自然界の群集には，群集間にはっきりとした境界が存在する場合もあれば，その境界があまり明瞭ではない場合もある。しかし，実際にはその境界を明瞭に表現することは難しい。例えば，一つの植生を見たときに，我々の多くはそこに優占するいくつかの樹種に着目し，体系化する場合が多い。しかし，数多くの低木種や草本種に着目し，詳細に調査することによって，そこに存在する境界が明らかになることもある。

したがって，多くの植物生態学者は植物群落間に不連続で明瞭な境界の存在を仮定するのではなく，植生はより複雑な連続体であることを意識するようになった。そのなかで，アメリカ・コーネル大学のホイッタカー（Whittaker 1920–1980）は，1967 年に環境要因とともに連続的に変化する植生パターンの解析の手法として，環境傾度分析（environmental gradient

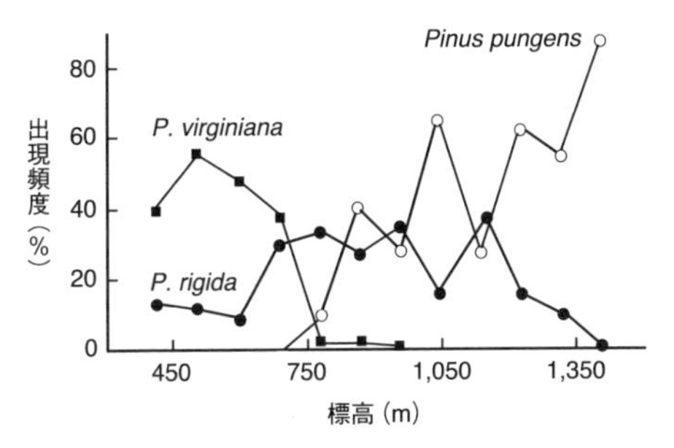

図 12-1　北米テネシー州のグレート・スモーキー山脈における標高にそった 3 種のマツ（*Pinus*）の分布（Whittaker 1956 より）。

analysis）を考え出した。図 12-1 は，北米東部のグレート・スモーキー山脈における，標高にそった 3 種のマツ（*Pinus*）の相対出現頻度を示したものである（Whittaker 1956）。この 3 種間に明瞭な境界など存在しないことが一見して理解できる。標高差という環境の違いには，温度，水分，風，積雪量などさまざまな環境要因が作用しているが，Whittaker（1960）は水分環境にそった樹木の分布を調査し，その分布パターンには明瞭な境界が認められないことを示している（図 12-2）。

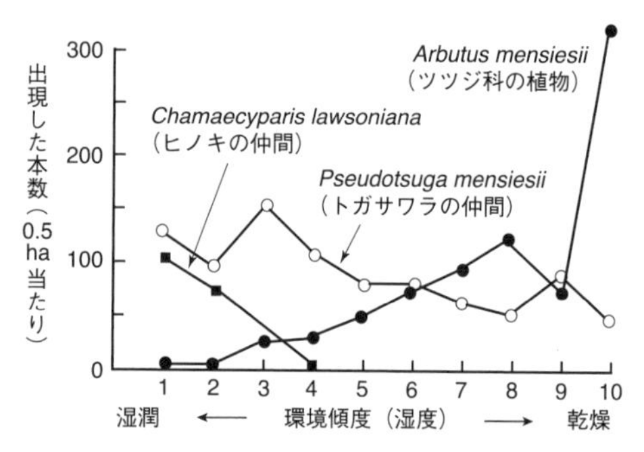

図 12-2　北米西海岸のシスキュー山脈における水分環境の傾度にそった 3 種の樹木の分布（Whittaker 1960 より）。

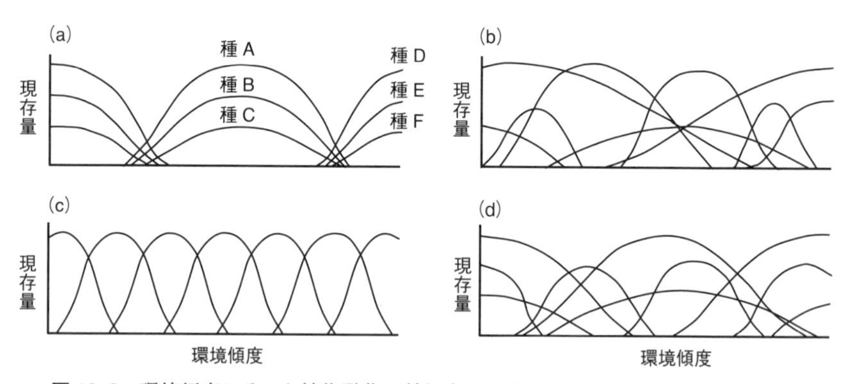

図 12-3　環境傾度にそった植物群集の種組成に関するモデル（Austin 1985 より）。図中の曲線は，それぞれ仮想的な種をイメージしたもの。(a) 明瞭な境界が存在する有機体説に基づくモデル，(b) 個別説に基づくモデル，(c) 資源分配連続モデル，(d) いくつかの階層からなる資源分配連続モデル。

Austin (1985) は，環境傾度にそった自然植生の分布パターンをモデル化した (図 12-3)。例えば，(a) は群落間に明瞭な境界が存在するモデルであるが，それに対し，(b) ～ (d) の三つのモデルは，いずれも植生の連続的な変化を表現している。(b) は，環境傾度にそって各種が独立して分布し，明瞭な境界も種のまとまったグループ制も見られない。(c) は，仮に環境傾度にそった資源に関する強い競争などが存在する場合である。(d) は，群落内に高木，低木，草本などの階層構造が存在し，各階層が独立して機能している場合を想定しており，結果として (b) と類似している。

このように多くの場合，群集を構成する種の豊富さ (個体数) は，時間的にも空間的にも独立して変化する。しかし，それにもかかわらず，群集内の種の豊富さは地理的に同調したパターンで変化する場合も存在する。このようなことは生育環境が急激に変化するエコトーン (ecotone) で見られる。図 12-4 は，蛇紋岩土壌 (一般的な土壌より銅やカルシウムの含有率

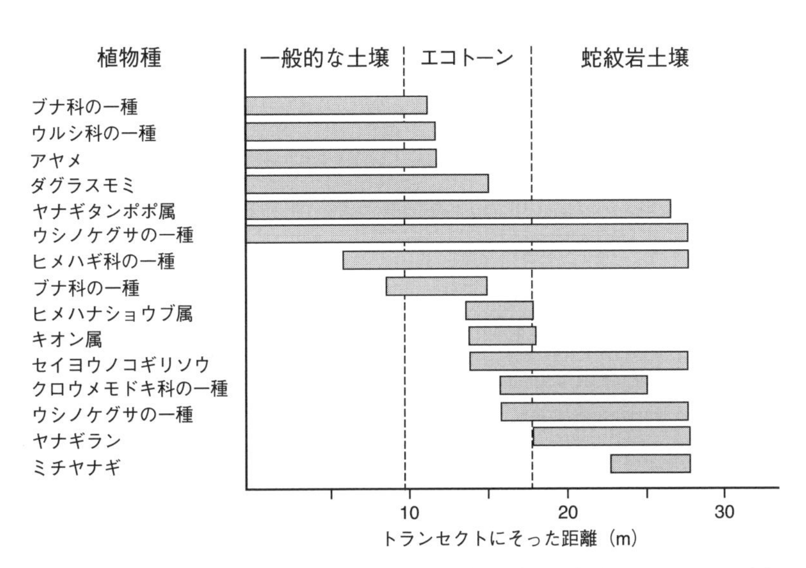

図 12-4　エコトーン (推移帯) を横断したときの群集組成の変化 (Ricklefs 2007 より)。一般的な土壌と蛇紋岩土壌の植物群集は大きく異なるほか，群集の移行が非常に短い距離で生じている。

が低い一方で，ニッケル，クロム，鉄の含有率が高い土壌）と一般的な土壌の種構成をトランセクトに沿って示したものである。この図から，10～20 m の間の非常に短い距離で，種組成がダイナミックに変化していることが分かる。また，エコトーンでは，それぞれの群集の優占種の欠落や相互混交により，優占種の影響が弱まるため，よりエコトーンに特異的に出現する種（図中では，ヒメハナショウブ属やキオン属のように）も存在する。

12-3　群集内の種間関係

生物は他種の存在によりさまざまな形で影響を受ける。そこには互いに利用しあう正の効果もあれば，互いに排除しあう負の効果も存在する。ここでは，主に植物から見た生物群集の種間関係を見ていくことにする。

12-3-1　分布域から見た種の関係

図 12-5 は，北米大陸における植生帯を示したものである（Gleason & Cronquist 1964）。植物群落の場合，その群落を構成する各種の分布域は一致しており，また逆に各種の分布の境界は，その群落の境界と一致すると考えられる。図 12-5 には 10 の植生帯が示されているが，それぞれの植生帯の境界部は移行帯（tension zone）と呼ばれ，それは多くの種の分布の境界と一致している。Curtis（1959）は北米ウィスコンシン州の二つの植生帯の境界域の植生を調査し，わずか 16～48 km の幅の間で，182 種もの種が入れ替わることを明らかにした。

このように，一つの植生帯は多くの異なる群集から構成されており，地域の種レベルの詳細な分布は植生帯のスケールでは把握することはできない。異なる群落の類似性を評価する方法はいくつかあるが，カナダ・ブリティッシュコロンビア大学のクレブス（Krebs 1945-）は 1999 年に，群落を構成する種数に基づいて群落を比較する類似度指数（index of similarity）を提案した。これは，次の式で定義される。

$$\text{類似度指数} = \frac{2z}{x+y}$$

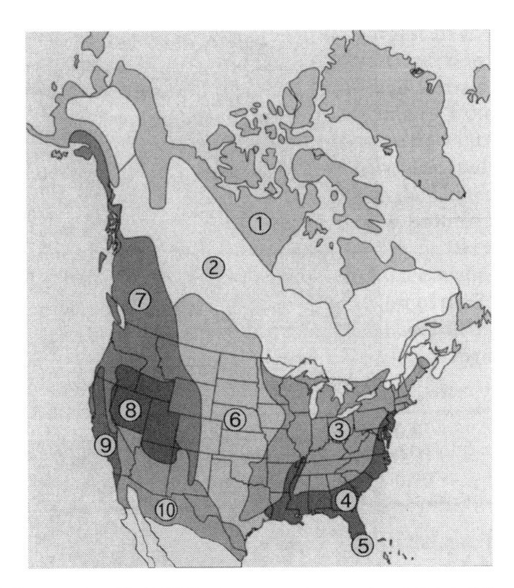

図 12-5　北米大陸における植生帯（Gleason & Cronquist 1964 より）。① ツンドラ帯，② 北方針葉樹林帯，③ 東部夏緑樹林帯，④ 海岸平野帯，⑤ 西インド帯，⑥ 草原帯，⑦ 山岳森林帯，⑧ グレートベイズン帯，⑨ カリフォルニア帯，⑩ ソノラ帯。

（x：群集 A の種数，y：群集 B の種数，z：群集 A と B の両方で見られる種数）したがって，この指数は 0 から 1 まで変化し，0 の場合は両群集間で全く類似性がなく，1 の場合は完全に一致していることになる。例えば，群落 A で，ブナ，ミズナラ，カエデ，シナノキなど 18 種の樹木が優占し，一方，群落 B では，ブナ，カエデ，カバノキ，ツガ，シナノキなど 23 種の樹木が優占するとしよう。そして，そのうち 13 種が両群落で見られるとしたら，類似度指数は 0.63（$2 \times 13/(18+23)$）となる。

12-3-2　競争と共存

ある個体群がその大きさを維持し，成長するために必要な資源と，これらの資源の利用方法が，総合的にまとめ上げられたのがその個体群のニッチ（niche：生態的地位）である。ニッチの概念は，20 世紀初頭には存在していたが，ハッチンソン（Hutchinson 1903-1991）は，1957 年にニッチの概念を再定義し，ニッチは生息空間，温度環境，水分環境などの物理的環境や，捕食者，被食者などの生物的環境のさまざまな要因で記述されるとした。そして，生理的な耐性や必要とする資源を基礎として，ある種が潜在的に使える全体のニッチを基本ニッチ（fundamental niche），種間競争などの相互作用により実際にその種が占めているニッチを実現ニッチ

Box 12-1　類似度の評価の難しさ

北米大陸の五大湖は，世界最大の内陸に位置する水系である。この五大湖の水はスーペリオ湖とミシガン湖からオンタリオ湖，ヒューロン湖，エリー湖を流れ，セントローレンス川を経て大西洋に流れ込む。五大湖に生息する甲殻類のうち 25 種は全ての湖で観察された。したがって，甲殻類に関して湖間の類似度指数は高い。

	類似度指数
スーペリオ湖とミシガン湖	0.81
ミシガン湖とヒューロン湖	0.93
エリー湖とオンタリオ湖	0.90

Watson（1974）より。

しかし，全ての種群で類似度が高いわけではない。例えば，ワムシ類について見ると，エリー湖（25 種中）とオンタリオ湖（30 種中）では，15 種が共通しており，この湖間の類似度指数は 0.55 となる。魚類になると類似度はさらに低くなり，五大湖全体では 11 種の魚類が生息するが，エリー湖（3 種中）とオンタリオ湖（7 種中）では，わずか 2 種しか共通しておらず，類似度指数も 0.4 であった。

この五大湖の事例は，群集の類似度を評価する場合の一つの問題点を表している。つまり，群集の一つの生物相を見ると非常に類似性が高くても，別の生物相に関しては必ずしも類似度が高くない場合もある。

植物群落についても同じような事例が示されている。北米大陸東海岸の木本種を見てみると，湿潤な場所ではサトウカエデが優占しているものの，より大きなスケールで見るとブナ，シナノキ，トチノキが優占している。また，一般的に一様であると考えられがちな針葉樹が優占する湿地帯でも，北米の西海岸と東海岸を比較してみると，共通している種はアメリカカラマツとクロトウヒの 2 種だけであった。

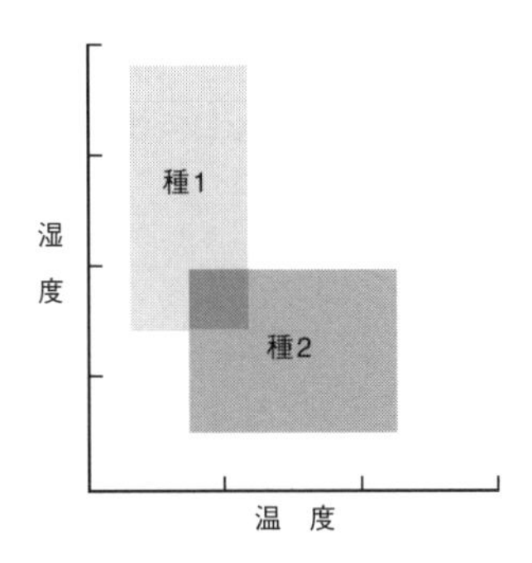

図 12-6 温度と湿度に関する 2 種のニッチ分割の概念。長方形の部分が各種の基本ニッチを示す。

(realized niche) と定義した。さらにハッチンソンは，実現ニッチは基本的ニッチに比べてかなり小さく，共存する競争種間では，実現ニッチは重ならないと考えた (図 12-6)。

生物のニッチは物理的要因により大きく影響を受けているが，生物が生息している場所は，ニッチが重なる他の種との競争や捕食者によっても影響を受けている。基本ニッチの大きさを決定し，どの要因が実現ニッチの限界を決定するかを明らかにするためには，競争者や捕食者を排除した実験系が用いられる。

動物における基本ニッチと実現ニッチに関する古典的な実証例としてカリフォルニア大学サンタバーバラ校のコネル (Connell 1923-) が行った，スコットランドの海岸の岩礁帯に生育するフジツボ類の実験がある (Connell 1978, 1979)。コネルが調査した 2 種のフジツボのうち，イワフジツボ属の一種 *Chthamalus stellatus* は干潮時には干上がることがある潮間帯に生息しており，一方フジツボ属の一種 *Semibalanus balanoides* は干上がることのないもう少し深い浅瀬に生息している。より深い場所では，たとえそこでイワフジツボが成長を始めても，両種間に干渉的競争 (interference competition) が生じ，フジツボはイワフジツボを排除する。しかし，フジツボを取り除くと，イワフジツボが深いところまで生息できる。したがって，イワフジツボは生理的に深いところで生息できないわけではない。対照的に，フジツボはイワフジツボがいなくても浅いところでは生息できなかったため，明らかにフジツボは浅いところの生息には適していない。この実験結果より，イワフジツボの基本ニッチは浅いところからより深いところまでの幅広い部分であるが，フジツボの存在によりその実現ニッチは，基本ニッチよりも狭い浅い部分になっている。

その後，動物ではこの基本ニッチと実現ニッチの存在を確かめるために，さまざまな生物群で実験が行われるようになった。しかし，植物ではハッチンソンがニッチを再定義するはるか前に，イギリスに生育するヤエムグラ属の *Galium saxatile* と *G. sylvestre* を用いて実験が行われていた。*G. saxatile* は酸性土壌に生育が限定され，*G. sylvestre* は石灰岩地に生育する。イギリスの生態学の生みの親ともいえるケンブリッジ大学のタンズリー（Tansley 1871-1955）は 1917 年に，この両種を本来の生育地の土壌と，それとは異なるもう一方の土壌に，単植と混植の二つの条件で生育させた。単植の場合には，両種ともにどちらの土壌でも成長したが，本来の生育地の土壌に生育する種と混植した場合には，移植された種の成長は種間競争のため抑えられ，元の種のみがよく成長した。

また，Hall（1979）は，窒素（N）とカリウム（K）の二つの無機養分の利用に関する種間関係を，マメ科のヌスビトハギ *Desmodium intortum* とイネ科のエノコログサ *Setaria anceps* の混植実験により見いだした。吸収可能なカリウムが多いときには，カリウムが十分に供給されることにより，ヌスビトハギは余剰の窒素を根粒菌から得ることができるため，二つの資源軸の上の両種のニッチの重なり合いが少なくなる。しかし，吸収可能なカリウムの量が少ないときにはニッチが重なり，窒素とカリウムをめぐる種間競争が生じる。

競争排除則は，ニッチを共有する二つの種は，共存することはないことを述べているが，ここで注意しなければならないことは，ニッチ理論が循環論法であることである。つまり，生態学者は共存を説明するためにニッチの違いを探し求めているため，競争排除則により，「共存する種は異なるニッチをもっているはずである」と仮定する危険性がある（Silvertown 1987）。タンズリーの実験が示すように，ある特定の種の実現ニッチを決定する要因を発見することは容易ではない。なぜなら，同じ生育地に生育

Box 12-2　ガウゼの競争排除則（competitive exclusion）

この考え方の基本は，資源に限りがあるとき，同じ生態的地位をもつ2種は共存できない，というものである。ロシア人生態学者のガウゼ（Gause 1910-1986）は，1934年に3種のゾウリムシ（*Paramecium*）を用いてこの原理を検証した。ガウゼの実験では，3種のゾウリムシ個体群はそれぞれ別々に培養すればよく成長する。しかし，*P. caudatum* は *P. aurelia* と一緒に培養すると減少し，最終的には絶滅した。なぜなら，それぞれが同じ実現ニッチをもっており，食物資源をめぐる競争では *P. aurelia* が *P. caudatum* に勝るからである。その一方で，*P. caudatum* と *P. bursaria* を一緒に培養すると，両種は共存することができる。それは，この2種は異なる実現ニッチをもっているためである。ただし，両種の密度は，それぞれ単独で培養したときの1/3になっていたことから，競争はそれぞれの負の効果をもたらした（図12-7）。

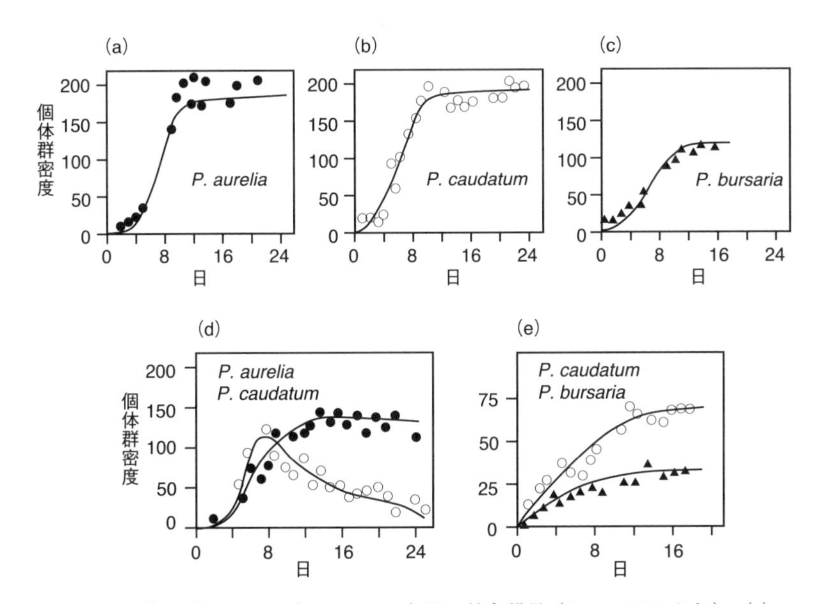

図12-7　3種のゾウリムシ（*Paramecium*）間の競争排除（Gause 1934より）。(a)～(c)に示すように，3種のゾウリムシ個体群は個別に飼育すればよく成長する。しかし，*P. aurelia* と一緒に飼育すると食物資源をめぐる競争が生じ，*P. caudatum* は減少する(d)。一方，*P. caudatum* と *P. bursaria* は互いに競争を避け，共存できる(e)。

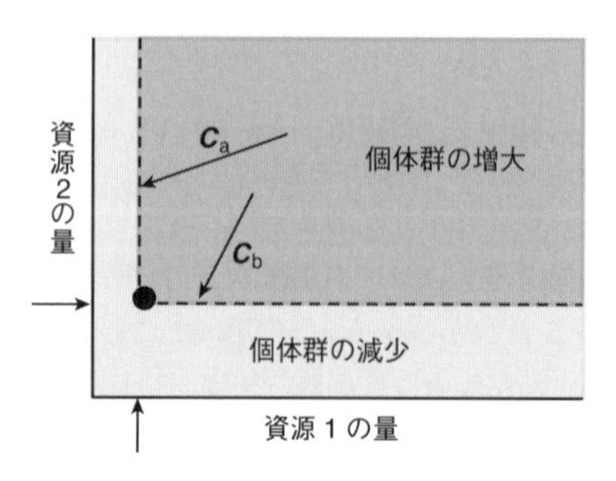

図 12-8 2種類の必須資源（例えば，窒素や水）の変化に対するある植物種の反応（Tilman 1982 より）。破線は，それぞれの資源による増加率ゼロの等値線（the zero growth isocline）を示す。この破線の上の部分（濃い灰色）では個体群が成長でき，下の部分では個体群は減少する。縦の破線の左側では資源1が制限要因となり，横の破線の下側では，資源2が制限要因となる。そして，破線の交点でのみ，両方の資源が制限要因となる。仮想の資源消費ベクトル C_a の場合には，植物は資源2よりも資源1をより早く消費し，ベクトル C_b の場合には，資源1よりも資源2をより素早く消費する。

している植物でも，一般には，環境の違いに対して明瞭に識別でき，しかもよく分化した反応を示すとは限らないからである。

Tilman（1977, 1982）は，植物における種間の資源利用速度の違いが共存に果たす役割に着目してモデルを作った（図 12-8）。これがいわゆる「ティルマンモデル」と呼ばれるものである。ティルマン（Tilman 1949-）は，ある植物種の平衡密度が二つの資源軸（例えば，窒素とリン）でどのように決まるかを考えた。もしも，どちらか片方の資源量が低い場合には，その個体群は減少し，反対に両方の資源が豊富であれば，個体群は増大する。このような個体群の増大と減少の境界を，その種の成長ゼロの臨界線（zero growth isocline）と呼ぶ。この臨界線より右上の領域では個体群は増大する。

ティルマンモデルのもう一つの重要なパラメーターは，生育地の利用可能な資源の比である。それぞれの種は，異なる割合で資源を消費する。例えば，ある植物はより早く窒素を消費するかもしれない。この消費速度と資源供給量の釣り合う部分が，消費ベクトルと供給ベクトルのベクトルが合成した部分になる。これをもう一つの植物種に対して繰り返して行うことにより，二つの臨界線を重ね合わせることができる。

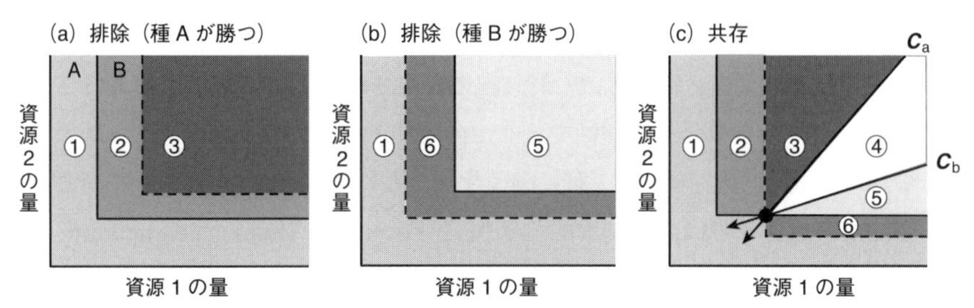

図 12-9 二つの必須資源に対するティルマンの種間競争モデル（Tilman 1982 より）。それぞれの種（A種とB種）の資源消費ベクトル C_a と C_b にそった増加率ゼロの等値線が実線（種A）と破線（種B）で示されている。①は，両種とも生存できない。②は，種Aのみが生存できる。③は，種Aが競争に勝つ。④は，2種が共存。⑤は，種Bが競争に勝つ。⑥は，種Bのみが生存。●は平衡点を示す。

図12-9は，資源をめぐる競争を行っているAとBの2種の植物において想定される結果を示している。(a) は，種Bは，種Aよりもより両方の資源を必要とする。すなわち，種Aは競争に勝ち，種Bは衰退する。(b) は，(a) とは反対に，種Aが衰退する。(c) は，臨界線が交叉している（交点が存在する）ことから，そこには平衡点が存在する。この平衡点が安定か不安定なものかを判断するには，それぞれの種に関する資源消費速度に関する情報が必要になる。この平衡点では，種Aにとって資源1は十分にあり，資源2が制限されている状況である。その反対に，種Bにとっては資源1が制限されているが，資源2は豊富に存在する。このように両種の資源消費ベクトルが，自らの制限となっている資源をより速く消費する方向に向かっている場合には，両種は安定平衡にある。

12-3-3 捕 食

捕食（predation）とは，ある生物が他の生物に消費されることである。捕食は餌個体群に対して強い選択圧を与える。防衛する側の進化は，それに対抗する適応を捕食者に促す。被食者が防衛を強化させ，捕食者がそれに打ち勝つ方法を進化させることを進化的軍拡競争と呼ぶ。2章でも紹介したように，中生代に軟体動物の殻を割ったり，二枚貝の殻を開けたりすることができる甲殻類が進化した。その結果，軟体動物は殻を厚くしたり，棘をもつようになった。

植物においても，草食動物の捕食を逃れるさまざまな防御機構を進化させてきた。最も顕著なのが棘や茨（いばら）などの形態的な防御である。また，葉の中にケイ酸を含み，葉をより硬く強くすることにより，捕食から逃れているものもある。このほか，二次的化学物質（secondary chemical compound）を生成し，草食動物に対する防御をしている場合もある。これらの化学物質は，呼吸のような主要な代謝経路で生じる一次的化学物質とは区別される。二次的化学物質は捕食者に対して有毒であるか，あるいは捕食者の代謝を大きく阻害する。アブラナ科の植物は，カラシ油として知られている，多くの昆虫類に対して有毒な一連の化学物質を生産する。また，ガガイモ科の植物は，葉や茎が傷つけられたときに乳白色の液を分泌するが，この液には脊椎動物の心臓の機能を阻害する配糖体が含まれている。

このように，植物は葉や茎への昆虫などによる食害に対し，さまざまな防御反応を示すが，なかには食害を受けた後に同個体あるいは他個体の被食を減少させる誘導防衛反応を示すものがある。誘導防衛には，被食された個体が防衛を誘導するだけでなく，無傷の近隣個体も防衛を誘導する場合があり，それは「植物間コミュニケーション」として知られている。このコミュニケーションにおいて，被食時に植物から空気中に放出される揮発性物質がシグナルとして機能していることが報告されている。それらは「植食者誘導性揮発性物質（HIPVs： herbivore-induced plant volatiles）」と呼ばれ，リママメ *Phaseolus lunatus* では野外および室内実験から HIPVs による近隣個体の誘導防衛が報告されている（Arimura et al. 2000）。北米大陸西部の乾燥地域に生育するキク科ヨモギ属の低木種セージブラッシュ *Artemisia tridentata* は，食害などで葉が傷つくと強い匂い（HIPVs）を放出し，自身の防衛反応を誘導する。さらに，Karban et al.（2006）の報告では HIPVs 放出個体から 60 cm 以内に生育する無傷の他個体でも，HIPVs を受容すると防衛反応が誘導されることが明らかになっている。また，HIPVs を分析したところ，その組成は個体によって異なっており，近接する個体同士で類似した組成をもつことも示されている（図 12-10）。

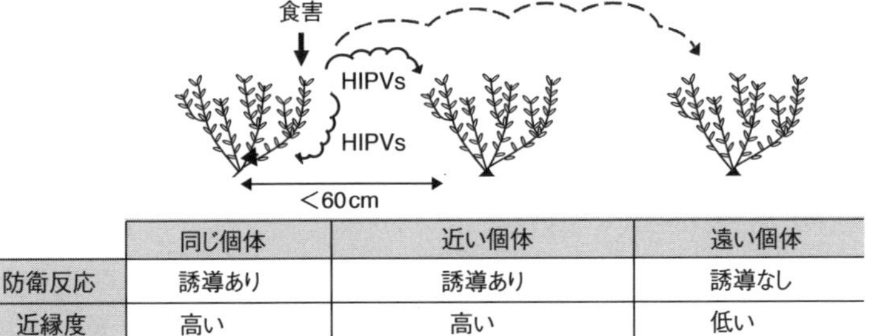

	同じ個体	近い個体	遠い個体
防衛反応	誘導あり	誘導あり	誘導なし
近縁度	高い	高い	低い

図 12-10　本木性のヨモギ属の一種 *Artemisia tridentate* における匂いを介した個体間のコミュニケーション。

12-3-4　共　生

捕食者と被食者の関係のように，生物群集内の種はさまざまな形で相互作用をしている。このように群集内の複数の種が長期的な相互作用を通して進化することを共進化（co-evolution）と言う。捕食者-被食者の関係とは異なる共進化のもう一つの事例が共生（symbiosis）である。共生関係は片利共生（commensalism），相利共生（mutualism），寄生（parasitism）に分けられる。

片利共生では，1 種は利益を得るが，もう一方の種には利益も，害もない。着生植物はほかの植物の枝に付着して成長するが，一般的には宿主となる植物には害はなく，その表面で成長する着生植物だけが利益を得ている。相利共生は，それに関わる 2 種がともに利益を得る共生関係である。

相利共生は，生物群集の構造の決定に非常に重要である。1 章で述べたように，花弁をもつ被子植物の形態は，その花から食物（花粉や蜜）を得るために訪れ，その際に花粉を媒介する動物の形態や行動と密接に関連して進化してきた。一方，動物の形質も，花からより効率的に食物を得るために特殊化してきた。花粉の媒介以外でも，植物と動物にはユニークな相利共生が成立している。ラテンアメリカに生育するアカシア属植物（*Acasia*）の一種では，葉の托葉が中空の棘になっており，その中にクシフタフシアリ属のアリが巣を作っている。葉の付け根には蜜腺があり，蜜のほか，小葉の先端にあるタンパク質に富むベルト氏体（Beltian body）と呼ばれる部分を，アリに食料として提供している。その一方で，このアリは巣に持ち込んだ有機物の一部をアカシアに提供する。さらに，アカシアを食べる草食動物を撃退するほか，アリが棲んでいるアカシアに他の植物の枝が触れると，それを切り取り，宿主であるアカシアが他の植物に覆われ，被陰されることから防いでいる。

寄生は，寄生者にとっては有益であるが宿主にとっては有害である。生物の体の外表面に寄生する寄生者は外部寄生者（ectoparasite）と呼ばれる。ネナシカズラ属植物（*Cuscuta*）は，葉もクロロフィルももたず，宿主となった植物から栄養を獲得して成長する。また，脊椎動物の体内には，内部寄生者（endoparasite）として，無脊椎動物や原生生物が寄生している。通常，内部寄生は外部寄生よりも特殊化しており，寄生者の生活が宿主の生活とより密接になるほど，寄生者の形態と行動が進化の過程で変化している。しかし，生物体内では外部よりも一定の状態に維持されているため，内部寄生者の外部形態は単純化している。

間接効果（indirect effect）は，捕食-被食の関係のユニークな事例である。間接効果は2種の生物の直接的相互作用はなく，第三，第四の種を介して影響を及ぼしあっている関係である。例えば，齧歯類（げっしるい）とアリはともに種子を捕食するため，齧歯類の存在はアリに直接的な負の効果を及ぼす。また，大型の種子を生産する植物は，小型の種子を生産する植物の成長に負の効果を及ぼしている。しかし，齧歯類の捕食により大型の種子を生産する植物個体群がある程度抑えられ，小型の種子を生産する植物

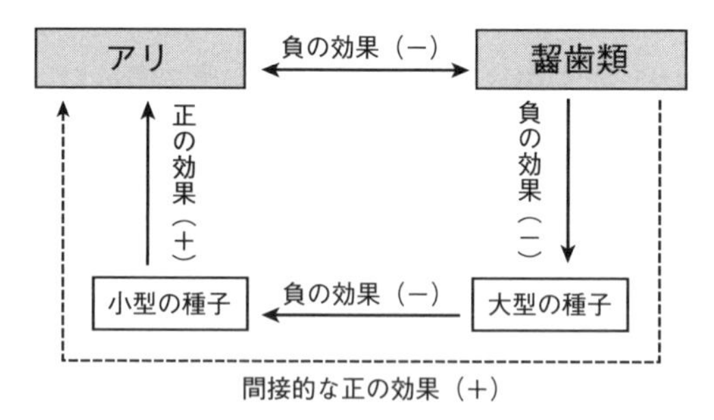

図 12-11　齧歯類とアリの間接効果。

個体群が維持される。小型の種子の生産は，アリに正の効果をもたらすことから，齧歯類の存在は間接的にアリの個体群維持に正の効果を及ぼしている（図 12-11）。

12-4　指標種とキーストーン種

それぞれの群集には多様な分類群に属する多くの種が存在する。したがって，それぞれの群集の特徴を端的に評価し，かつその群集の時空間的変化を正しく理解するためには，その群集を特徴づける種を見いだす必要がある。その一つの考え方が指標種（indicator species）である。保全生態学の立場から考えても，群集内の全ての生物を調査するのではなく，その群集を代表する指標種に着目し，その群集内の他のメンバーに影響を及ぼす指標種の存在や数の変化を把握することは，合理的かつ実践的である（Landres et al. 1988, Noss 1990）。したがって，最も大切なプロセスは，その群落の「指標種」を的確に評価し，選定することである。

指標種を選定するためには，その群集タイプを代表する種，さらには健全な群集を表現する種である必要がある。Krebs（2001）は，以下のような条件を提示している。

（1）指標種は，分類学的によく理解されており，その分類基準がしっかりしていること。それによって，私たちは，個体をしっかり認識できるようになる。

（2）指標種は，その生態と生活史がよく理解されていること。それによって，私たちはその種の環境の耐性の程度や要求する環境条件を把握できる。したがって，指標種は，その群集内で常時生活しているものでなければならない。

（3）指標種は，簡単に観察できるものであること。それによって，あまり観察の経験がない者でも，また地域住民でも観察に協力してもらえる。

（4）指標種は，その群集や生育地に特徴的なものであること。したがって，より正確な指標種としては，一般種（generalist）よりもより特定種（specialist）のほうが好ましい。

（5）指標種は，それが指標となる他の分類群と密接に関連しているものであること。

指標種は，群集の動向をモニタリングするような場合に選定される種群であるが，保全生態学的な目的としては，指標種としてほかのカテゴリーも考えられる。アンブレラ種（umbrella species）は，その地域における食物連鎖の頂点の消費者である。アンブレラ種を保護することにより，生態系ピラミッドの下位にある動植物や，広い面積の生物多様性・生態系を傘を広げるように保護できる。グリズリーベアーなどの大型肉食哺乳類や猛禽類など，生態的ピラミッドの最高位に位置する消費者がこれに相当する。また，象徴種（flagship species）は，その美しさや魅力によって世間に特定の生育場所の保護のアピールすることに役立つ種で，保全の象徴的，カリスマ的な種，例えばパンダなどがこれに相当する。そして，群集における生物間相互作用と多様性の要をなし，群集の組成に極めて大きな影響を及ぼす種をキーストーン種（keystone species）と呼ぶ。そして，群集からその種が失われると，その群集や生態系が異なるものに変質してしまう可能性が高い。ただし，この変質は，負の影響ばかりではなく，ビーバーのように小川をせき止めて，池に変え，多くの動植物のための新しい生息場所を作り出す場合もある。

12-5　群集の変化をもたらす要因

どのような要因が群集の変化をもたらすのだろうか？　そして，また，群集の変化をどのように予測することができるだろうか？　群集の変化ということで，まず思い浮かぶのが，遷移（succession）である（図 12-12）。例えば，森林が伐採されてそのまま放置されると，その後その土地に植物が生育し，最後には再び森林となっていく。このような遷移は，二次遷移（secondary succession）と呼ばれ，生物群集が森林伐採，山火事，河川の氾濫，崖崩れなどにより撹乱されても土壌が残っている状況で起こる（図 12-13）。我々が目にすることができる多くの遷移は二次遷移である。日本では，温暖・湿潤な気候のもとで土壌も発達し，植生の生育に好ましい

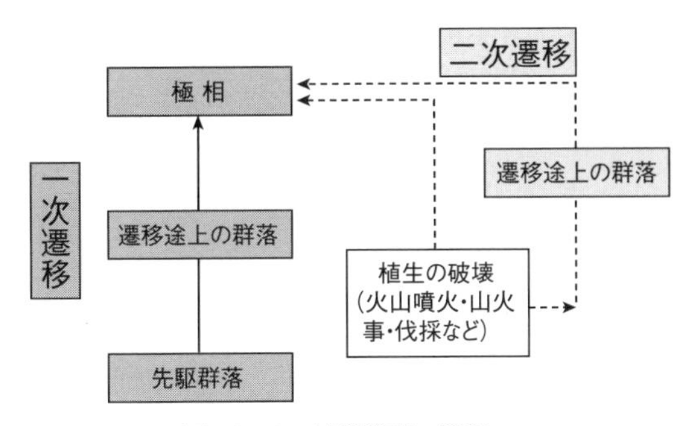

図 12-12　植物群落の遷移。

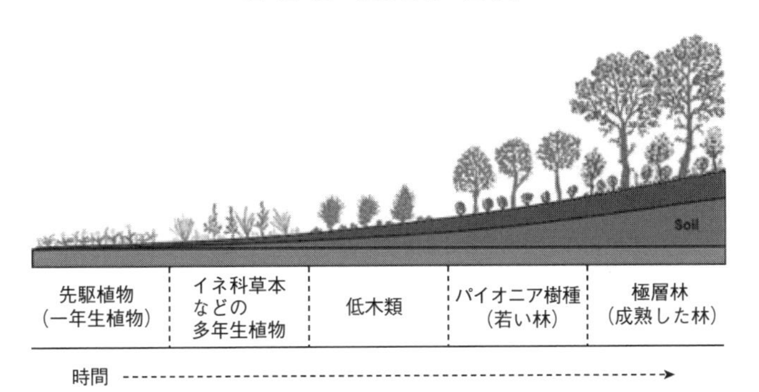

図 12-13　植生遷移の例。場所，撹乱の程度によりさまざま段階から遷移がスタートする。

条件を備えている土地が多いため，伐採などが行われても遷移によって植生が回復しやすいことが特徴である。特に「里山」と呼ばれるコナラやクヌギなどの雑木林の多くは，もともと燃料用の薪や炭を得るなどの目的のために，伐採と再生が繰り返されてきた森林であり，二次遷移の途中段階であることから「二次林」とも言われる。

一次遷移（primary succession）は，氷河の後退や大規模な火山の爆発により生じた裸地のような生物のいない場所に，次第に生物が侵入し，その場所の性質を変化させながら進んでいく。例えば，火山の爆発は，貧栄養で，極度に乾燥した環境を生みだし，また，氷河の後退により貧栄養の岩盤や土壌が露出する。このようにして生じた無機塩類が乏しい裸地では，岩石の中の炭酸塩のために土壌の pH 値は塩基性で，窒素レベルは低い。このような貧栄養条件でも生育できる地衣類が最初の植生となる。そして，その地衣類から分泌される酸性物質がpHを下げ，また岩石の破砕に役立つ。そして，そのわずかな土壌に窒素固定能をもつ細菌と共生する，先駆的なコケ類が生育するようになる。この地衣類やコケ類のように，遷移の最初に侵入，定着する植物を先駆植物 (pioneer species) と言う。コケ類によって十分な栄養塩類が土壌に供給されるようになった後は，一年生草本，多年生草本からなる草原，その後は低木林，高木も存在する森林へと移り変わっていく。

図12-14は，1977年に噴火した北海道有珠山の植生が回復していく状況を，同じ場所から1986，2000，2006，2012年と撮影したものである (露崎史朗博士提供)。噴火後，裸地化した山肌に植物が生い茂り，遷移が進んでいく様子がよく分かる。また，一次遷移のなかで，岩礫地や溶岩上など基質が乾燥した所から始まる遷移を乾性遷移 (xeric succession) と呼び，湖沼 (湖岸，中州，河岸)，池など水分の多い基質の陸地化によ

図12-14　有珠山における植生の回復状況 (写真：露崎史朗博士)。

り進む遷移を湿性遷移（mesic succession）と呼ぶ。

12-6　極相と撹乱

遷移が進行し，最終的に成立する植生を極相（climax）と呼ぶ。異なる場所で生じた一次遷移が，結局はその地域全体に特徴的な同じ植生になることが多いことから，Clements（1916）は一つの大気候には一つの極相しか存在しないという単極相説（monoclimax theory）を提唱した。しかし，極相は気候以外にも地形や土壌条件，人間活動の程度などのさまざまな環境要因によって規定されることから，Tansley（1939）らは，多極相説（polyclimax theory）を提唱した。さらに，Whittaker（1953）は，先に説明したように，絶対的な極相群落はなく，植生は環境傾度（光，水，栄養塩類などの）にそった各種個体群で構成されており，時空間的に変動する環境要因とともに変化するという第三の極相説，極相パターン説（climax-pattern theory）を提唱した。

これまでの極相群落の考え方は，種組成や構造の変化が少なく，比較的安定した平衡状態（equilibrium）にあると考えていた。しかし，極相とされる群落もさまざまな発展段階の群集がモザイク状に存在しており，ある程度広い面積では安定的だが，局所的には撹乱と修復によりダイナミックに変化している（non-equilibrium）。Watt（1947）は，遷移はある方向に向かうのではなく，一つのサイクルになっているというパッチ動態（patch dynamics）の考えを提起した。ワット（Watt 1892-1985）が意味するところの群集の時空間スケールは，クレメンツ（Clements 1874-1945），タンズリー（Tansley 1871-1955），ホイッタカー（Whittaker 1920-1980 らのそれよりも小さいが，このような植物群集の捉え方は，極相群落の維持機構とそれに関わるギャップ動態（gap dynamics）の重要性を考える流れにつながった。例えば，安定した森林の中で大きな１本から数本の林冠木が枯死したり，台風などにより倒れたとき，林の中に小さな空白地（ギャップ）が生じる。林冠にギャップが形成されると，ギャップ内の環境はその周囲の閉鎖林冠下の環境と大きく異なり，なかでも特に光環境の変化が大

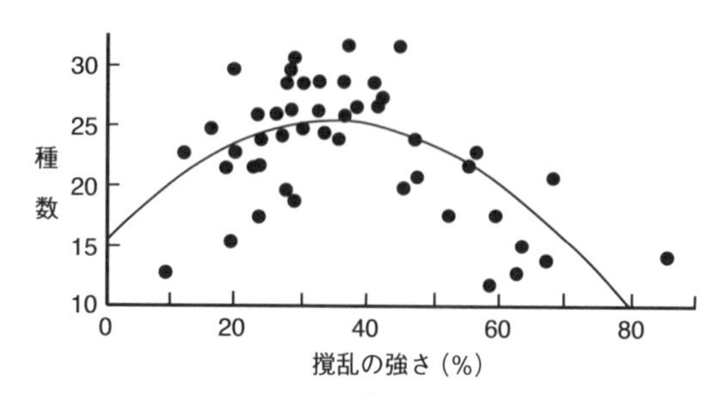

図 12-15　ニュージーランドのある河川における攪乱の強さと，さまざまな底生無脊椎動物群の種数の関係 (Townsend et al. 1996 より)。適度な攪乱がある状況で多様性が最大になるという，中規模攪乱仮説を支持する事例。

きく，ギャップ内は相対的に明るくなる。ギャップ形成後は，ギャップ形成前から待機していた稚樹の成長が促進され，そのギャップでは遷移の順序に従って種が入れ替わり，最終的には林冠を構成する種が再びその空間を占有するようになる。これがギャップ動態のメカニズムである。

このようなギャップ形成による極相林の変遷のような攪乱の作用が，ある地域の種の多様性を増加させる場合もある。森林にギャップが生じた場合，極相木の下の暗い林床で耐えていた幼樹や埋土種子からの更新もあるが，種子散布により他所から，他種の侵入も可能となり，これまで存在した周りの樹木と異なる種の侵入も可能になる。この場合，攪乱の頻度が大きかったり，攪乱後の時間が短い場所では，攪乱直後の環境に適した種しか生活できないため，種の多様性は低い。その一方，攪乱の頻度が小さかったり，攪乱から十分時間がたった場所では，遷移が進行し，競争に勝った少数の種のみが生き残るため，この場合も，種の多様性は高くならない。そこで，この間の中程度の攪乱が，ある程度の頻度で生じる場合，競争力が大きい種と種子散布力の高い種の共存が可能になり，種の多様性が高まるというのが，中規模攪乱仮説 (intermediate disturbance hypothesis ; Connell 1978) である (図 12-15)。そして，一つの森林に遷移段階の異なるギャップが数多く存在すれば，さらに多くの異なる種が存在できることになるのである。これは，熱帯多雨林での群集の多様性を理解するうえでも，重要な考え方となっている。

13 生物多様性

蛇行する川の流域は，豊かな動植物たちの生息の場所である

近年，温暖化を含む地球規模での気候変動，オゾン層破壊，砂漠化などの地球環境問題が指摘され，そしてそれに伴い地球環境保全への関心が急速に高まっている。その共通のキーワードとして広く使われている言葉に「生物多様性（biodiversity）」の保全がある。しかし，そもそもなぜ生物多様性は守られなくてはいけないだろうか？　守る必要があるのであろうか？　生物多様性の重要性を考えるポイントは2点ある。一つは，2章や12章で紹介したように個々の生物種は長い進化の産物であり，また，生物間の巧みなバランスのなかでその種の生活が維持されており，生物の多様性が失われることによりそれらのバランスが失われたら，簡単には回復しない。もう一つは，人類の将来にとっての有用な資源の維持のためである。まだまだこの地球上には未開の自然が存在するほか，野生生物

種をバイオテクノロジーによる品種改良のための貴重な生物資源（遺伝子源）と捉える観点，また将来の医薬品開発において先導化合物の探索資源としても熱い注目を集めつつある。

ただし，生物多様性が「なぜ守る必要があるのか」は述べられても，「どのようにして守る」かとなると，その解答は難しい。それは，本書で扱ってきたような自然科学の分野のみならず，社会科学，人文科学などの総合科学的な視点が必要であること。そして，先進国，開発途上国の間での経済的な格差などによる生物多様性の意識の違いがある。

本章で上記のさまざまな問題を解決することは無理であるが，生物多様性の重要性や，人類が文明を獲得してから生じてきた生物多様性の減少の問題点などを紹介することにより，わずかでも読者のみなさんへ生物多様性と環境保全の問題整理やその解決策を導くヒントが生まれることを期待する。また，ある意味「生物多様性」と次章の「保全生態学」は，これまでの各章で紹介してきた内容の総合理解に基づくものなので，この章が本書の総括になるかもしれない。

13-1　生物多様性とは

環境省のホームページには，「生物多様性（Biodiversity）とは，生きものたちの豊かな個性とつながりのこと。地球上の生きものは40億年という長い歴史の中で，さまざまな環境に適応して進化し，3,000万種（種数に関しては諸説ある）とも言われる多様な生きものが生まれました。これらの生命は一つひとつに個性があり，全て直接に，間接的に支えあって生きています。生物多様性条約では，生態系の多様性・種の多様性・遺伝子の多様性という三つのレベルで多様性があるとしています。」と書かれている。

また，外務省のホームページには，「生物多様性条約（生物の多様性に関する条約）：Conservation on Biological Diversity（CBD）」の背景として，「人類は，地球生態系の一員として他の生物と共存しており，また，生物を食糧，医療，科学などに幅広く利用している。近年，野生生物の種の絶滅が過去にない速度で進行し，その原因となっている生物の生息環境の悪化及び生態系の破壊に対する懸念が深刻なものとなってきた。このような事情を背景に，希少種の取引規制や特定の地域の生物種の保護を目的とする既存の国際条約（絶滅のおそれのある野生動植物の種の国際取引に関する条約（ワシントン条約），特に水鳥の生息地として国際的に重要な湿地に関する条約（ラムサール条約等））を補完し，生物の多様性を包括的に保全し，生物資源の持続可能な利用を行うための国際的な枠組みを設ける必要性が国連等において議論されるようになった。」と書かれている。

この生物多様性条約は，1992年5月22日，ナイロビ（ケニア）で開催された合意テキスト採択会議において採択された。そして，本条約は，同年6月3日～14日までブラジル・リオデジャネイロにおいて開催された国連環境開発会議（UNCED）における主要な成果として，国連環境計画（UNEP）とともに会議の会期中に署名が行われた。我が国も6月13日に署名を行った（署名開放期間内に計168カ国が署名）。その後，2年ごとに締結国による会議が開催され，2010年10月には第10回会議（COP10）が愛知県名古屋市にて開催された。

生物多様性条約では，以下の三つの目的が掲げられている。

（1）生物多様性の保全（preservation of biodiversity）

（2）生物多様性の構成要素の持続可能な利用（sustainable development of biodiversity）

（3）遺伝資源の利用から生ずる利益の公正かつ衡平な配分（sharing of benefits obtained from biodiversity）

生物多様性条約は，理念的には妥当なものであるが，現実の問題となると，先進国といわゆる発展途上国の間では国益という観点から全く相反する見解を表明しているのが現状である。発展途上国，とりわけ生物多様性の豊かな熱帯圏諸国は生物多様性を石油，鉱物資源などと同等の価値をもつ資源と考え，それを対象とした開発，応用で得られる利益分配の権利を主張している。一方，先進国側は，利益分配で譲歩する代わりに熱帯多雨林の伐採などを規制し持続的開発の遵守を途上国側に強く求めている。もともと資源としての生物多様性は，石油，石炭などの鉱物資源や天然ガスなどとは異なり，長期にわたる応用研究を経て価値を生むという潜在的なものにすぎないのであるが，途上国側は早期の利益を求める。1992年のリオデジャネイロでの会議から20年以上を経た今日でも，さまざまな国の考え方の溝はなかなか埋まらず，CBDの当初の目的である生物多様性の保全が遵守されているとは言いがたい。これまで長い年月をかけて進化，適応してきた多くの生物が生きるこの地球は唯一で，誰のものでもない。

13-2　生物多様性のレベル

上述した，環境省のホームページに記載されているように，生物多様性を考えるレベルとして，「生態系の多様性」，「種の多様性」，「遺伝子の多様性」の三つがある（図13-1）。

まず，「生態系の多様性（diversity of ecosystem）」は，1章を中心に紹介してきたように，生物は個々に生きているわけではなく，他の生物種とともに一定の生物圏のなかに組み込まれて相互依存的に生息している。生態系を構成する生物種の組み合わせは無数に存在し，気候，地質など自然環境により異なってくる。さらに，地球上の多様な自然環境では，それに伴って多様な生態系が存在することになる。生態系とそれを構成する生物種の枠組みは固定的なものではなく，生物種によってはさまざまな生態系に生息するものがある。それは「個体の多様性」によって多様な生態系での生存を可能にする遺伝形質に裏打ちされたものである。

「種の多様性（diversity of the species）」は，まさに「種（species）」の数

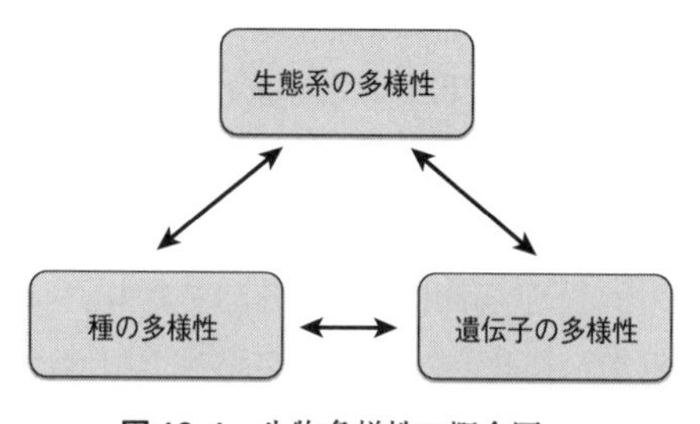

図13-1　生物多様性の概念図。

である。2 章では，生命誕生の裏に，度重なる大規模な種の絶滅も生じていたことを紹介した。しかし，現在問題となっているのは，人間の活動により野生生物が絶滅の危機に瀕していることであり，多くの生物種がかつてないほどの速度で絶滅しつつある。「種の多様性」の喪失は生態系の破壊によってもたらされ，熱帯多雨林に生息する生物種（地球上の総種数の 2/3 以上と言われている）の 5～10%が，今後 30 年間の間に絶滅するという推定もある。温帯地域においても，酸性雨などによる森林の立ち枯れがあって多くの生物が絶滅の危機にあることは確かである。酸性雨は，直接的に木を枯らすだけではなく，昆虫など小動物や土壌微生物にもインパクトを与える。微生物は目には見えないが，自然界では物質循環を担当し有機物質を分解するという重要な役割を果たしている。

このように，地球上の全ての生物が多様な生態系において相互依存的バランスのもとで生息している。もしある種群が，いや，時には 1 種でも絶滅したとしたら，このバランス関係が非可逆的に崩壊することが想定される。自然界の生態系は非常に複雑なシステムであり，その構成要素が欠ければ根底から破壊されることを認識する必要がある。

「個体の多様性（diversity of the individual）」は「遺伝的多様性（genetic diversity）」と言い換えることもできる。現在，遺伝子操作技術の発展により，さまざまなクローン生物が作られているが，クローンは親からの遺伝子の複製であり，個体数がいくら多くても遺伝的多様性は低い。栽培植物の場合も，品種改良により耐病性，耐冷性などの特徴をもった品種が開発され，それらの多くは遺伝的に均質なものが多い。そのため，新たなウイルス病や害虫の出現や異常気象などにより環境に変化が生じた場合，甚大なダメージを受ける。一方，野生生物種は遺伝子多様性に富んでおり，環境の激変に耐えうる形質をもっている。人類は歴史的に多くの有用植物種を利用してきたが，いずれも遺伝的多様性のなかから人為的に特定の形質を選抜してきた。現在のようにいわゆる異常気象が頻繁に起きる時代には，食用資源など有用植物資源について個体レベルの多様性は特に重要な要素であろう。

以上，生物多様性を包括的に理解するうえで重要な三つのキーワード，すなわち，「生態系の多様性」，「種の多様性」，「遺伝子の多様性」を紹介した。しかし，基本的にはこれらはそれぞれ独立して考えるべきものではなく，互いに相補的な存在として捉えることにより，「生物多様性」の価値の全体像を理解することができる（図 13-1）。

Box 13-1　ドードーの絶滅とともに激減した植物種

インド洋沖合のモーリシャス島に生息していた飛べない鳥「ドードー（dodo）」が，サトウキビ畑の開拓のため入植した人々の食用となったり，彼らが持ち込んだ家畜や動物が卵や雛を食べたことにより絶滅したとされている。このドードーの絶滅に関連して，1977 年，生態学者であるスタンリー・テンプル（Stanley Temple 1946-）は，アメリカの学術雑誌“Science”に‘Plant-animal mutualism: coevolution with Dodo leads to near extinction of plant’という，興味深い論文を発表した。モーリシャス島の高地には，アカテツ科の *Calvaria major* という固有種が生育しているが，1970 年代にこの木の毎木調査を行ったところ，個体数がわずか 10 数本しかなく，かついずれも樹齢数百年という老木ばかりだった。次に彼が気がついたのが，この木はよく結実するものの，自然状態では全く発芽しないことであった。テンプルは，この木の不思議な事実に，1681 年に絶滅したとされるドードーと密接な関連があるのではないかと，謎解きを試みたのである。

まず，この木の果実は非常に硬い果皮で覆われており，種子に切れ込みが入らなければ吸水しないため，発芽できない。テンプルの仮説は，ドードーが絶滅する前は，ドードーたちがその果実を食べ，その胃袋と砂嚢での消化を経てはじめて種子に切れ込みが入り，体外に排出されて発芽していたために，固有種 *C. major* は更新していた，というものである。ドードーではなくインコとコウモリの激減がその原因とする説もあるが，いずれにしてもモーリシャス島における生態系の変化が *C. major* の激減を導いたことは広く認められている。幸い，ドードーに似ていることから導入された七面鳥がこの果実を食べることにより，その糞の中に出てきた果実が初めて発芽するという事実が明らかにされた。ある動物種の絶滅が全く無関係に見える植物種の生存にも影響を与えているのである。

今日，我々が目にする「種の多様性」および「個体の多様性」は，2章で紹介したように地球の誕生以来数十億年にわたる「生物の進化の結果」であり，「生態系の多様性」も気候など環境の変動とともに進化した多くの生物種により構成されている。特に生態系についてはその成立と時間的経過との間にはずれがあることに留意する必要があろう。つまり，現存する生態系は必ずしも現時点での環境に最適化されたものではなく，過去に成立したものが緩やかな変化をもって遷移途上の状態にあるということである。また，遺伝的多様性を生むのは異なる環境へ置かれたときの個体の適応度 (fitness) であり，その適応の帰結として「個体の多様性」は生まれたものである。

循環論的になってしまうが，生態系は地球上のさまざまな環境のもとで成立する生物のコミュニティでもあり，そこでは環境への適応だけではなく，他の生物との壮絶な生存競争もある。こうした状況のもとでは各生物種は生存のためさまざまなかたちでの適応を余儀なくされ，同じ生物種でも異なる生態系で生息するものは互いに遺伝形質が異なってくる。このように同一の生物種が種々の異なる環境に最も適した生理的または形態的な変異を起こして多くの系統に分かれる。「個体の多様性」があって初めて適応が可能となり，それは「生態系の多様性」に深く依存したものであるということができる。

13-3　個体群の衰退と絶滅の要因

Caughly (1994) は，現在の保全生態学の焦点を「小さな個体群の理論的背景 (small-population paradigm)」と「衰退している個体群の理論的枠組み (declining population paradigm)」の二つに整理した。10章で，小さな集団の存続可能性には「個体群統計学的変動 (demographic stochasticity)」，「環境変動 (environmental stochasticity)」，「遺伝的変異の減少 (loss of genetic variation)」の三つが重要な要素であると述べた。Gilpin & Soule (1986) は，この三つの要素が負の相乗効果を生みだし，ひいては小さな個体群を絶滅に導くシナリオを「絶滅の渦 (extinction vortex)」として紹

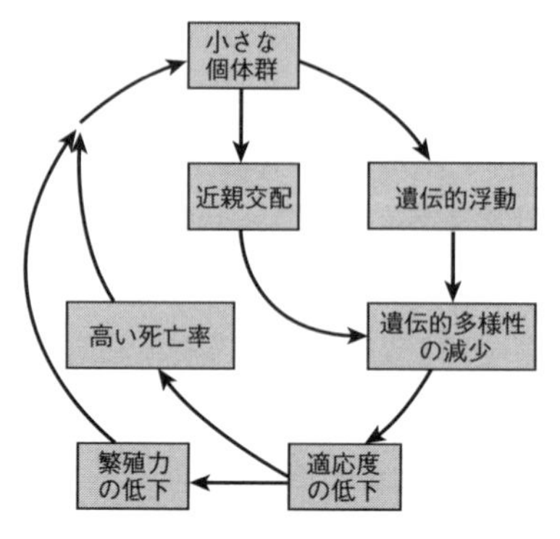

図 13-2　小さな個体群がたどる絶滅の渦 (Krebs 2001 より)。

介した (図 13-2)。小さな個体群は，個体群統計学的変動である出生率と死亡率のランダムな変化による人口学的な変動の影響を受けやすい。また，少数個体からなる小さな個体群は，近親交配や遺伝子流動などにより遺伝的変異が減少する。小さい個体群は小さいがゆえに，捕食，競争，病気の発生，不測に生じる火事，洪水，干ばつなどの環境変動の影響を受けやすいのである。

この絶滅の渦で説明される一つが，北米のプレーリーに生息するプレーリーチキン *Tympanuchus cupido* の事例である (図 13-3, 13-4)。この鳥は北米のイリノイ州において 1970〜1997 年にかけて，生息数，産卵数，遺伝的多様性のいずれもが減少した。しかし，近隣のカンサス州，ミネソタ州，ネブラスカ州では個体群が維持されていたため，1992 年に行われた移入により，個体群が回復したのである。

一方，現在，衰退 (減少) している個体群が絶滅する要因としては，乱獲，生息地の破壊と分断化，外来種 (移入種) などが考えられる。図 13-5 は，アフリカゾウの個体群の減少を示したものである。1950 年以降，象牙を得るためにアフリカゾウの乱獲が始まった。そして，1980 年を境に象牙の収穫 (アフリカゾウの捕獲) は急減したにもかかわらず，アフリカゾウの個体群はいまだに衰退し続けている。

また，図 13-6 は，北米のウィスコンシン州のカデツ (Cadiz) という町における 1831 年以降の入植に伴う森林の細分化の様子である。ほぼ全体に覆っていた森林は開発に伴い減少し，1950 年には元の面積の 1% 以下の孤立した林ばかりになってしまった。このように，生物の生息場所の一部が消失し，断片化することを「生息場所の分断化（habitat fragmentation）」と呼ぶ。生息場所の分断化は，生息地を小さくするだけでなく，残った個体群を孤立化させ，個体群間での交流を絶えさせてしまう。また，生息場所が細分化され，小さくなるにつれて，生育地の周辺部における微環

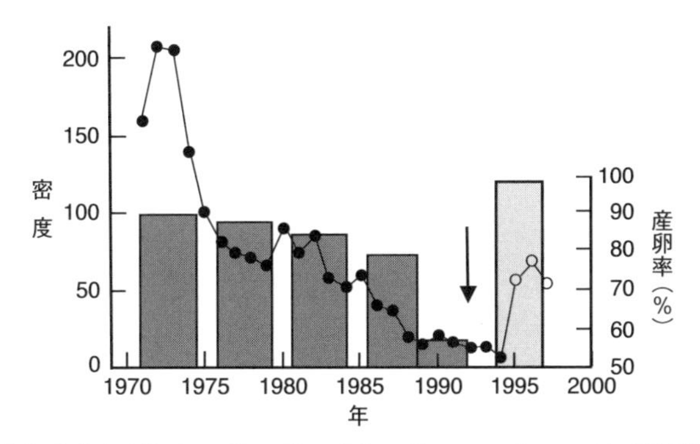

図 13-3　北米イリノイ州でのプレーリーチキン *Tympanuchus cupido* 個体群の推移（折線グラフ）と，産卵した個体の割合（棒グラフ）（Westemeier et al. 1998 より）。イリノイ州の個体群は個体群サイズが小さくなり，近親交配により産卵率が減少した。しかし，1992 年に近隣のミネソタ州，カンサス州，ネブラスカ州より個体が移入された（矢印）後に遺伝的多様性が増大し，産卵率と個体群が回復している。

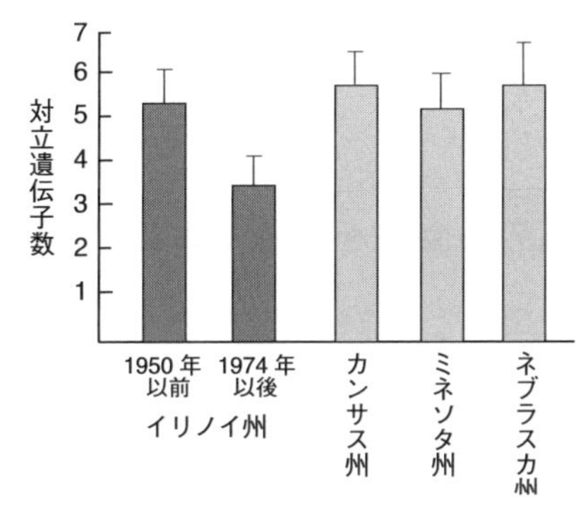

図 13-4　イリノイ州（1950 年以前と 1974 年以後），カンサス州，ミネソタ州，ネブラスカ州のプレーリーチキンの対立遺伝子数（Bouzat et al. 1998 より）。

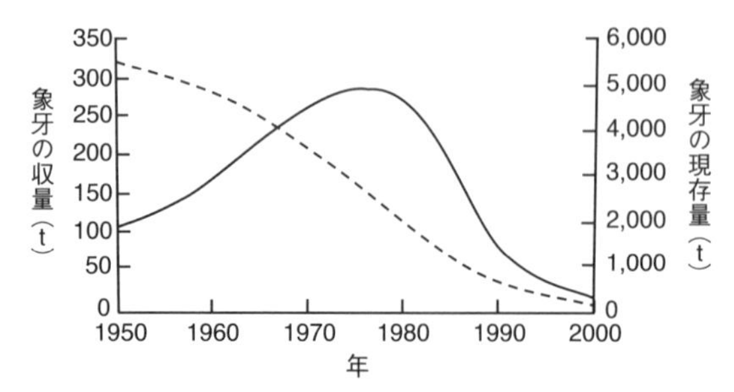

図 13-5 象牙の収量の変化（実線）と，生存するゾウの数より推定した象牙の現存量（破線）（Caughtley et al. 1990 より）。保護事業により象牙の収穫は減少しているにもかかわらず，ゾウの数は減っている。

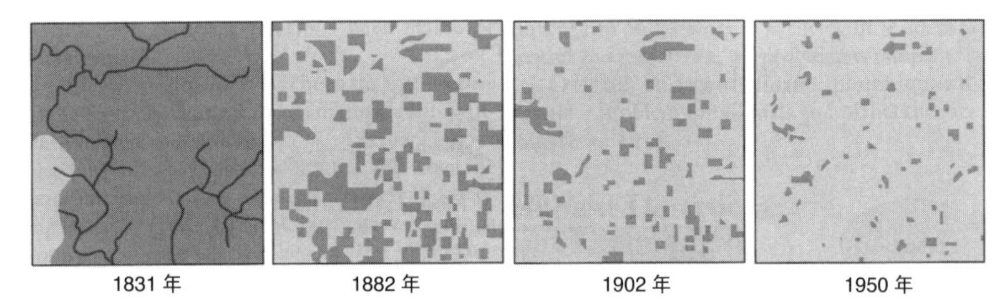

図 13-6 北米のウィスコンシン州カデツ（Cadiz）における，開発による森林の減少と孤立化（Curtis 1959 より）。濃い部分が森林部分。

境（気温，風，湿度など）にも変化が生じ，さらに生育適地が減少する。これを周辺効果（edge effect）と呼ぶ。生育地の破壊と分断化がもたらす個体群の衰退に関しては，13-5 節以降で見ていくことにしよう。

13-4 生物多様性の重要性を理解する実際の研究例

ここまで，「生態系レベル」，「種レベル」，「遺伝子レベル」，「個体群レベル」などのさまざまレベルから「生物多様性」を紹介してきた。しかし，一般の人にとって，生物多様性の重要性は分かりながらも，その認知度が低いのが現状である。その最大の理由は，「生物多様性」の重要性が具体的なイメージとして湧いてこない点にある。ここでは，林床性多年生草本オオバナノエンレイソウの北海道十勝地方の個体群を対象に行った，さまざまなレベルの研究事例を紹介する。これにより，「生物多様性」の重要性のイメージをつかんでいただけたら幸いである。

13-4-1　生育地の分断・孤立化

北海道十勝平野は，現在日本を代表する作物生産の拠点である。ダイズ，アズキ，サトウダイコンなどの大規模な畑作地帯が延々と広がっている。十勝地方の開拓は，明治時代初期（1800 年代後半）から始まり，1950 年にはほぼ現在の畑作面積まで開拓が進んだ。したがって，林床植物であるオオバナノエンレイソウの生育地はその残された森林と深く関係し，時には 5 ha を超える大きな群落も存在するが，その生育地の多くは，畑作地の間に取り残された「孤立林」の林床なのである（図 13-7）。

オオバナノエンレイソウの生活史特性をもう一度ここで整理しておこう。オオバナノエンレイソウは種子繁殖を行い，種子発芽から開花までは長い年月を必要とする多年生草本である。実生から小さい 1 葉段階の個体の死亡率は高いが，3 葉以上になるとその生存率は高く，開花個体に到達すると多くの個体が生存し，ほぼ毎年開花する。さらに，北海道の地域集団で交配様式が分化しており，日高・十勝地方の集団は自家不和合性をもち，虫媒による完全な他殖により種子形成を行っていることを思い出してほしい。つまり，オオバナノエンレイソウが生育する森林の分

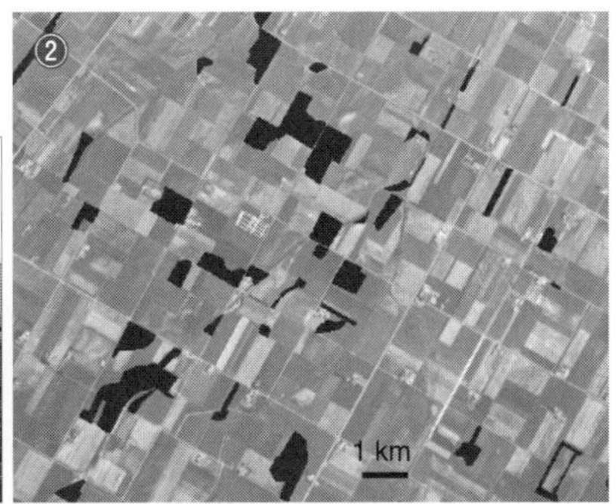

図 13-7　北海道十勝平野で見られる孤立林（①）。航空写真で見ると、さまざまな大きさの孤立林が点在する（②; 富松原図）。黒く見える部分が孤立林。

断・孤立化は，当然のことながらがオオバナノエンレイソウの群落を縮小する。小さくなった（花数が少なくなった）オオバナノエンレイソウ群落は訪れる昆虫にとっては魅力のない（報酬の少ない）場所となってしまい，訪花回数，訪花頻度などが低下するのではないだろうか。そして，その結果，その群落で作られる種子の数も低下するのではないだろうか。これまでの生活史研究から，オオバナノエンレイソウの群落の未来にいろいろな不安が湧いてきた。

13-4-2　種子生産数の減少

はたして，小さな群落では作られる種子の数は少なくなっているのか。図 13-8 は，1998 年と 1999 年に，十勝地方の大小さまざまな個体群を対象に個体群の大きさと種子生産量の関係を見たものである。調査を行った 2 年間で，1999 年だけが統計的に有意であったが，全体的に小さな個体群で作られる種子の数が低下する傾向が見られた。これはやはり，訪花昆虫の数の低下により，個体間での花粉のやりとりが低下しているためなのだろうか。それを検証するために，あらかじめ野外で花に除雄処理を施し，開花終了後に柱頭を実験室に持ち帰り，顕微鏡下で柱頭に付着している他家花粉の数を測定した。その結果，大きな個体群に生育するオオバ

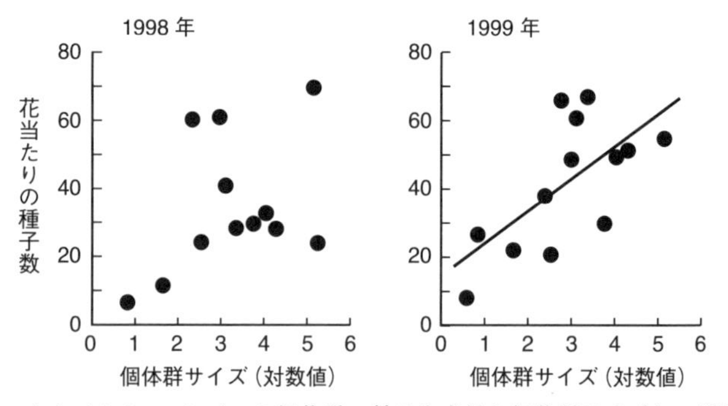

図 13-8　オオバナノエンレイソウ個体群の種子生産量と個体群サイズとの関係（Tomimatsu & Ohara 2002 より）。1999 年には統計的に有意な個体群サイズの効果が認められた（共分散分析，$P<0.05$）。小さな個体群では種子生産量が少なく，不十分な花粉媒介に起因するものと考えられる。

ナノエンレイソウは，より多くの他家花粉を柱頭に受けとっていた。したがって，小さな個体群における種子生産量の減少は，訪花昆虫の訪花が低下し，花粉媒介が十分に行われないためであることが明らかになった(Tomimatsu & Ohara 2003a)。

おそらく，十勝地方のオオバナノエンレイソウ群落は，十勝平野という大きな低地性の森林の林床で大きな群落を形成することにより，訪花昆虫の生息場所としても，そして餌を得るためにも好適な場所として，確実に虫媒による他殖を行う繁殖様式が進化してきたに違いない。その長い年数をかけて進化してきた背景が，わずか100年余りのうちに行われた人間による開発行為により，瞬く間にそのバランスが崩れてきているのである。

13-4-3　個体群構造の変化

森林の分断化がその林床に生育するオオバナノエンレイソウの繁殖様式にも，大きく影響を及ぼすことは分かってきた。これまで見てきた十勝地方のオオバナノエンレイソウ群落では，その群落の大小にかかわらず毎年，白い花々が開花する。しかし，オオバナノエンレイソウの生活史研究のバックグラウンドはさらなる不安を引き起こした。9章の個体群構造で見た，実生や小さな1葉段階個体の高い死亡率。そして，開花個体の高い生存率である。開花個体の高い生存率の何が悪いか？　それは全く悪くないが，そのために私たちが気がつかないことがある。

図13-9は，サイズの異なる六つの個体群の生育段階構造である。どの個体群を見ても開花個体や3葉段階の個体は存在する。しかし，注目してほしいのは，実生や1葉といった若い生育段階の占める割合である。大きな個体群では，3葉個体や開花個体よりもはるかに高い頻度で実生個体と1葉個体が存在する。その一方で，個体群サイズが小さくなるに伴い，実生個体と1葉段階の個体の頻度が低下している。左から二番目の個体群では実生個体が全くなく，さらにより個体群サイズが小さい，いちばん左側の個体群では，実生個体や1葉個体が全く存在しない。

これは，個体群サイズが小さくなることにより，その個体群で作られる種子生産数が低下したうえに，もともと実生個体や1葉個体の死亡率が

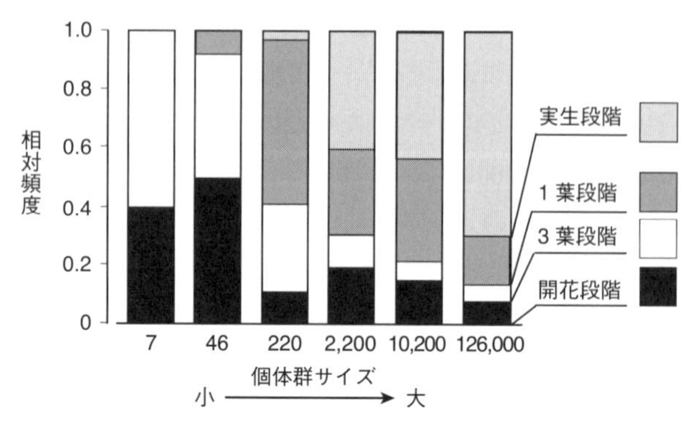

図 13-9　オオバナノエンレイソウ個体群における孤立化と個体群構造の関係（Tomimatsu & Ohara 2002 より）。小さな個体群では実生段階の個体の割合が低く，3 葉段階の個体の割合が高くなる傾向が見られる（並び換え検定，$P<0.05$）。

高いために，十分な数の次世代個体が維持されてないことを示すものである。しかし，その一方で，開花個体は生存率が高く，毎年咲き続けるために，その生活史を知らないものにとっては，毎年安定して開花する個体群としてしか認識されないのである。このように，個体群の分断・孤立化は種子生産の低下，次世代個体の補充の低下を経て，ボディーブローのように長期的に個体群を衰退へと向かわせている。

13-4-4　遺伝的劣化

個体群が小さくなることで引き起こされる遺伝的な問題として「遺伝的劣化（genetic deterioration）」がある。これは，個体の生存や繁殖に負の影響を与える遺伝的な変化であり，対立遺伝子やヘテロ接合度の減少がそれに相当する。図 13-10 は，十勝地方のオオバナノエンレイソウ個体群について，アロザイム遺伝子座に関して個体群サイズと遺伝的多様性の関係を見たものである。やはり小さな個体群では対立遺伝子が少なく，遺伝的多様性が低いことが分かる。そこで，その要因を把握するために，対立遺伝子を出現頻度の高い遺伝子（$p \geqq 0.1$）と低い遺伝子（$q<0.1$）とに分類してみたところ，小さな個体群で観察されなかったのは全て出現頻度の低い対立遺伝子であることが分かった。

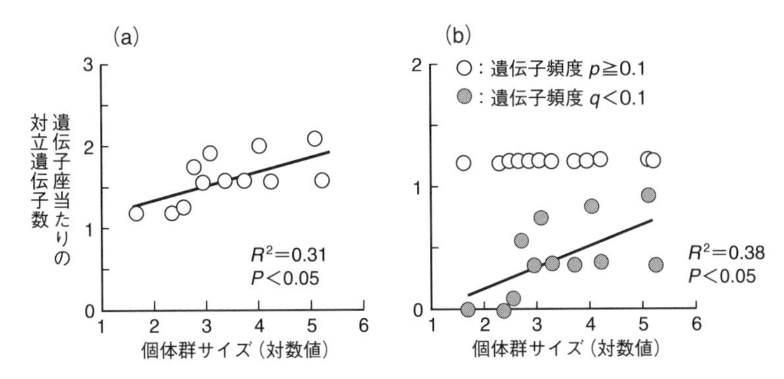

図 13-10　オオバナノエンレイソウの個体群サイズと遺伝的多様性の関係（Tomimatsu & Ohara 2003b より）。アロザイム 11 遺伝子座における遺伝子当たりの対立遺伝子数を示した。(a) 全対立遺伝子をまとめた場合。(b) 対立遺伝子を出現頻度に応じて二つに分類した場合。

個体群が分断され，その一部が切り取られて残った場合，個体群内に分布していた対立遺伝子の一部が確率的に失われるために，「創始者効果（founder effect）」により遺伝的多様性が減少する。そして，分断された後は，個体群が小さいために遺伝的浮動の影響が強くなり，対立遺伝子は時間とともにやはり確率的に失われていく。オオバナノエンレイソウは開花個体の寿命が長いため，おそらく十勝平野で開発による分断化が生じてから数世代しか経過していないと考えられる。したがって，十勝地方のオオバナノエンレイソウで見られる遺伝的多様性の減少は，分断時の創始者効果によるものが大きいと考えられる。

13-4-5　個体群の存続可能性

ここまで，オオバナノエンレイソウを事例に，生育地の分断・孤立化がその生活史に及ぼす影響を，繁殖，個体群構造，遺伝構造，の項目別に見てきた。どの項目を取り上げても，開発による分断化がオオバナノエンレイソウに良い結果を生みだすことはない。Young & Clark (2000) は，分断化された個体群の存続可能性を，個体群統計学的要因（demographic factor）と遺伝学的要因（genetic factor）の両面から評価することの重要性を提起している。

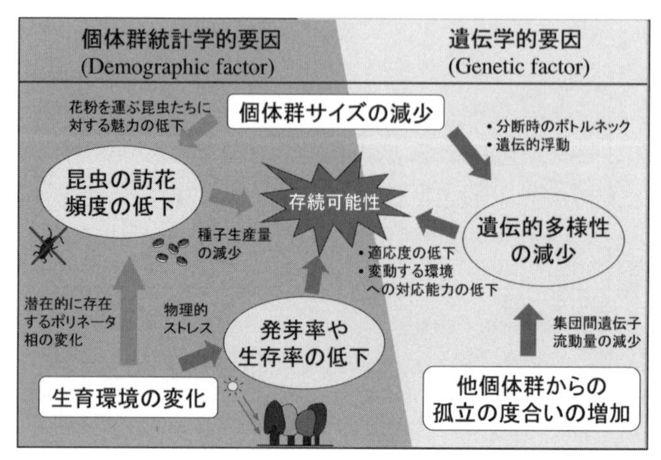

図 13-11 森林の分断化が林床植物個体群の存続可能性に影響を与えるプロセス（富松原図）。

図 13-11 は，オオバナノエンレイソウの事例から導き出された，森林の分断化が，林床植物個体群の存続可能性に影響を与えるプロセスをまとめたものである。個体群サイズが小さくなることにより，まず個体数が減少する。すると遺伝的多様性が失われ，繁殖率が低下し，個体群サイズが小さくなる。このように，個体群サイズが小さくなるにつれて個体群統計学的要因と遺伝学的要因が相互に作用し，いわゆる「絶滅の渦」（図 13-2）に巻き込まれ，最終的には個体群は消滅してしまう。したがって，消滅の理由を一つの要因だけに限定するのは大きな誤りを導くことになりかねない。

このように，オオバナノエンレイソウに関する生活史研究の積み重ねが，開発行為により自然が受ける短期的・長期的影響を的確に評価する重要な役割を果たすことが分かってきた。開発を行わず，その環境を維持することが最優先ではあるが，昨今，アセスメントでしばしば提案される「希少植物の移植による回避」は愚の骨頂ともいえる。やむなく開発が行われる際にも，一つの生物の生活史にさまざまな生物が関与していることを理解し，それらを同一群集として包み込む物理的・生物的環境を一つのユニットとして担保できる環境を吟味，そして整備したうえで，移植などの保全・回避対策を考える必要があろう。

14 保全生態学

田園生態系も，守っていきたい日本の自然のひとつ

13章では，「生物多様性」の重要性を紹介してきた。では実際どのようにしたら「生物多様性」を存続させることができるのであろうか？そのためには，どのようなアプローチが有効なのであろうか？　現実には，まだまだ暗中模索である。なぜなら，多様で，変わりゆく環境に対して，長い進化の歴史のなかで適応してきた生物たちを，人為的に守ることは容易なことではない。しかも，その自然を，生物の進化の速度よりも，はるかに上回る速度で破壊してきたのが人間だからである。この章では，13章で紹介した，「生態系の多様性」，「種の多様性」，「個体の多様性（遺伝的多様性）」の保全に関わる考え方や，実際に行われている保全の試みや現状について紹介する。

14-1　レッドリスト

国際自然保護連合（IUCN： International Union for Conservation of Nature and Natural Resources）は，自然および天然資源の保全に関わる国家，政府機関，国内および国際的非政府機関の連合体として，全地球的な野生生物の保護，自然環境・天然資源の保全の分野で専門家による調査研究を行い，関係各方面への勧告・助言，開発途上地域に対する支援などを実施している団体である。IUCNのなかにある「種の保存委員会（SSC：Species Survival Commission）」は毎年「絶滅の恐れのある生物リスト（以下，レッドリスト）」を作成している。2021年10月には，世界の生物種でIUCNレッドリストデータベースに登録された種は138,374種で，そのうち38,543種が絶滅危惧種となっている。日本では環境省や地方自治体（主に都道府県），学術団体（日本自然保護協会，日本哺乳類学会など）などによって，同様のリストが独自に作成され，これらもレッドリストの名で呼ばれている。これらの多くは，IUCN版のカテゴリーに準拠した形で作られている。レッドリストを公表後，掲載種の生態，分布，現在の生育状況，絶滅の要因などのより詳細な情報が盛り込まれたレッドデータブックが作成されている。

では，この広い地球の多様な環境に生きる生物たちの生息状況をどのような共通の視点から把握すればよいのであろうか。つまり，同じ研究者が全世界の全生物を見て，状況を調べることは不可能である。日本の研究者でも，アメリカの研究者であっても，どこの国の研究者が，どこの地域の，どこの生物を対象にしても，同じ基準で判断できるようになっていなければならない。そして，最初のレッドデータカテゴリー（ver. 1）は1966年，以下の基準で出された。

- Extinct－「絶滅」：　過去50年間にわたって，野外で観察されることがなかった。
- Endangered－「絶滅危惧」：　保護対策が講じられなければ，近い将来に絶滅すると考えられる。

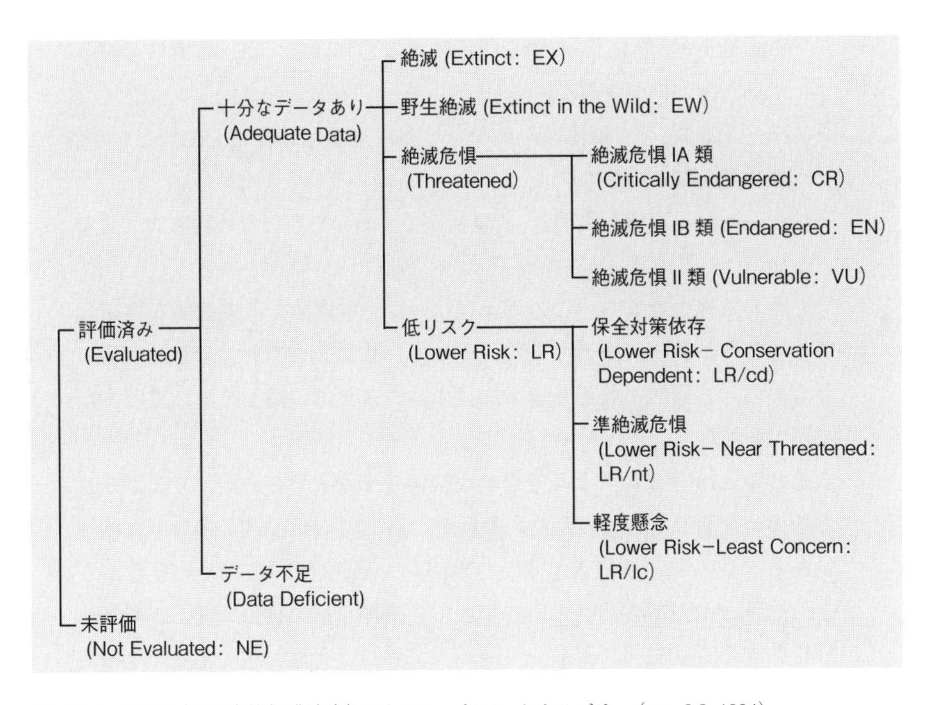

図 14-1 IUCN（国際自然保護連合）によるレッドデータカテゴリー（ver. 2.3, 1994）。

絶滅：	既に絶滅したと考えられる。
野生絶滅：	飼育・栽培下のみで持続している。
絶滅危惧 IA 類：	ごく近い将来，野生での絶滅の危険性が極めて高いもの。5 年以内に 50％以上の確率で絶滅する可能性がある。
絶滅危惧 IB 類：	IA 類ほどではないが，近い将来における野生での絶滅の危険性が高いもの。20 年後に 20％以上の確率で絶滅する可能性がある。
絶滅危惧 II 類：	絶滅の危険が増大している。100 年後に 10％以上の確率で絶滅する可能性がある。
保全対策依存：	保全プログラムによって生存が支えられているが，保全プログラムが中止されると 5 年以内に絶滅危惧カテゴリーに該当すると考えられる。
準絶滅危惧：	保全対策依存には該当しないが，危急と判断される状態に近い。
軽度懸念：	保存対策依存，純絶滅危惧のいずれも該当しない。

- Vulnerable－「危急」：　すぐに絶滅する恐れはないが，確実に絶滅危惧へと向かいつつある。
- Rare－「希少」：　個体数を減少させる圧迫要因は作用していないが，個体数が特に少ない。
- Unknown－「現状不明種」：　現状がよくわからないため判断が下せない。

しかし，残念ながら，このカテゴリーは，定性的で，主観的な判断によるところが多い。1966 年の時点では，生物保全の重要性の意識はあったものの，客観的な共通基準で評価するシステムに関しては，まだまだ未熟であった。

そこで，1994 年に，より定量的な数値基準を設けるためにカテゴリーと基準の全面改訂が行われた。それが，以下の version 2.3 のカテゴリーである。さらに，2001 年には，1994 年の ver. 2.3 の改良版とも言える ver. 3.1 カテゴリーが出された。しかし，1994 年版に従って既に行われた分類をすぐに 2001 年版に従って見直すことは，至難の業である。そのため，現在の IUCN 版レッドリストでは，1994 年版と 2001 年版が併用されており，そこには「ver. 2.3 (1994)」あるいは「ver. 3.1 (2001)」のどちらによったものかが表記されている。いずれも，まず，第一段階は評価の有無で二つに別けられ，その次は，十分な情報の有無で二つに別けられている。図 14-1 には「ver. 2.3 (1994)」のカテゴリーを示す。

繰り返しになるが，1966 年のレッドデータカテゴリー，1994 年 (ver. 2.3) や 2001 年 (ver. 3.1) の特徴は，「定量的な数値基準」が示されたということである。では，どのようにして，20 年，50 年，100 年後のその生物の絶滅などの確率を予測できるのであろうか？　その一つの手法として，重要になってくるのが 9 章で紹介した個体群の経年追跡調査である。この調査で得られた個体の長期モニタリングデータに基づいて，個体群の将来予測を行うのである。そのイメージをつかんでいただくために，次頁の問いを解いてみていただきたい。

問：

以下に，ある多年生草本個体群の2014年から，2015年における個体数とその推移の内訳を示した。この植物は，実生，幼植物，開花の三つの生活史段階をもつ。図14-2に示す，2014年と2015年の個体数の推移から，2016年の実生，幼植物，開花の各段階の個体数を予測しなさい。この植物の開花個体は，全て100個の種子を生産し，発芽率は100％で，埋土種子は存在しない。

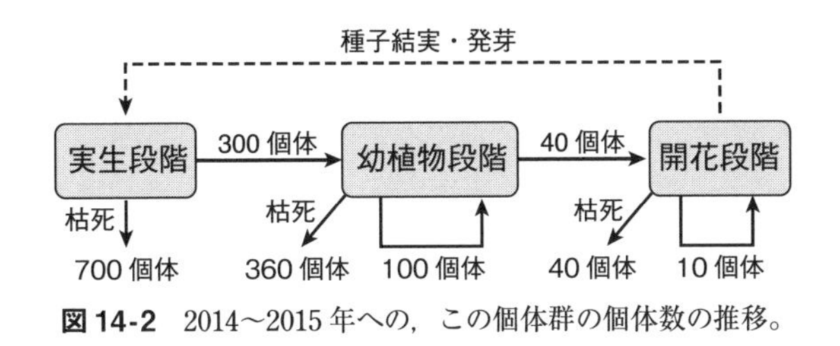

図14-2　2014〜2015年への，この個体群の個体数の推移。

	2014年	2015年
実生個体	1,000	900
幼植物個体	500	400
開花個体	50	50

正解は，実生個体が900個体，幼植物個体が350個体，開花個体が42個体である。

この場合は，2年間の短期間の追跡調査データだったり，発芽特性や埋土種子の問題などに関して，条件を簡略化しているが，各植物個体群に関してこのような個体群の追跡調査（モニタリング）ならびに，成長や繁殖に関する「詳細な」生活史特性を把握することにより，植物個体群の将来を予測することが可能となる。現在，環境省が推進しているプロジェクト事業「モニタリングサイト1000（通称，モニ1000）」で集積された貴重なモニタリングデータも，数理生態学者たちによる推移確率行列などを用いた解析がなされることであろう。

14-2　生物多様性ホットスポット

「ホットスポット」は，もともと，火山の活動地点を意味する用語であるが，生物多様性の分野では，多様な生物が生息しているにもかかわらず，絶滅に瀕した種も多い，いわば世界的な生物多様性重要地域の意味である。イギリスの生態学者ノーマン・メイヤー（Norman Myers 1934-）が1988年に提唱したもので，地球上の陸地のなかで，とても豊かな生態系があり，かつ危機的な状況に陥っている場所をホットスポットとして選び，優先的に保全を進めるという考え方である。当初は14～15カ所だったが，2000年に25カ所，2004年に34カ所，そして2011年に35カ所へと，その数が増加している（図14-3）。

そもそも，地球上の生物たちは均等に分布してはいない。現在ホットスポットとして指定されているエリアは地球の地表面積のわずか2.3%だが，その狭いエリアに，哺乳類，鳥類，両生類の75%，維管束植物の50%が分布している。ホットスポットは，その地域にしかいない固有の植物が1,500種以上あり，かつ，もともとの植生から7割以上が失われている場所を指す。さらに，そのなかでも9割以上が失われ，特に危機的な状況

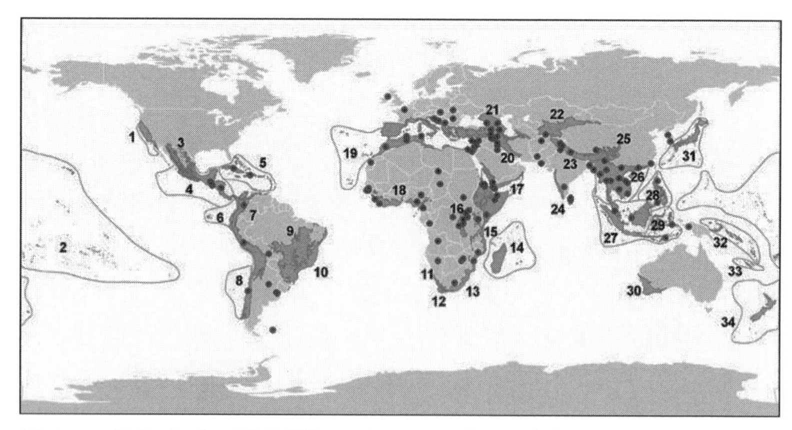

図14-3　地球における生物多様性ホットスポット（34地域）（Hanson et al. 2009より）。

にある場所は「Hottest of the Hotspots－特に危機的な状況にあるホットスポット」と呼ばれる。図 14-3 を見てもわかるように，ホットスポットとして大きな地域は，東南アジアの島嶼群，南米のアマゾン地域，アフリカのコンゴ地域などの熱帯多雨林地帯である。

残念ながら，生物多様性ホットスポットのうち，まだ数％程度しか保全・保護に至っていないのが現状である。このホットスポットを保全するために幾つかの国際団体が活動している。代表的な団体としては，

(1) コンサベーション・インターナショナル (Conservation International : CI)　生物多様性ホットスポットや原始自然地域，重要な海洋など，地球上で動植物の多様性に富んだ地域を保護するために，科学や経済，政策や地域参加の変革を促している組織。

(2) 世界自然保護基金 (World Wildlife Fund : WWF)　保全の優先順位が高いエコリージョンを定めたグローバル 200 エコリージョンと呼ばれる指標を提案した組織。グローバル 200 では生物の多様性，固有性，分類学的独自性，特異な生態学的・進化的現象や世界的稀少性に従って選別し，陸生生物については 14 段階，淡水生物については 3 段階，海洋生物については 4 段階に分け，保全の優先順位を定めている。

ホットスポットは生態系保全のために強調されるべきであるが，ここで注意しなければならないのは，ホットスポットに注目が集まることにより，指定されていないところが大事な場所ではない，という誤解が生じないようにすることである。「生物多様性ホットスポット」は地球規模で見て国境を越えるような広いエリアで区切って選定されているが，今後は，より細かいエリアで区切って重要な保全地域を把握し，保全事業を進めていく必要もある。

14-3　メタ個体群

メタ個体群 (metapopulation) とは，パッチ状に分布する局所個体群が個体や遺伝子の交流を通して影響し合う個体群のネットワークを指す。メ

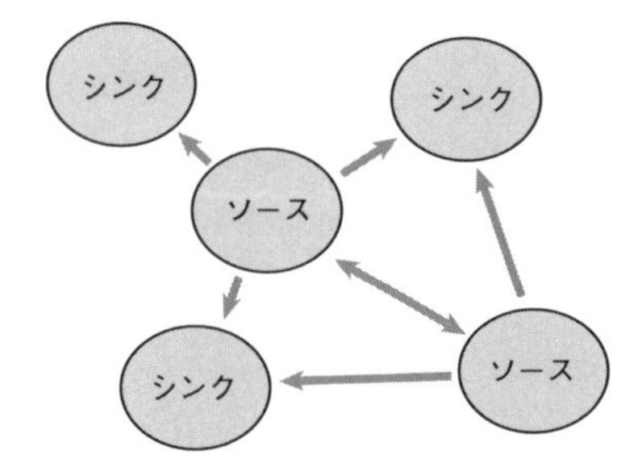

図 14-4 メタ個体群におけるソース（source）- シンク（sink）関係。

タ個体群内の個体群間の相互作用は，個体や遺伝子の分散量に左右される。個体群のサイズが増加するにつれて，より多くの個体が移出され，その一方でサイズの小さい個体群は移入個体を受け入れる。このような状況を，ソース・シンクメタ個体群（source-sink metapopulation）と言う。したがって，個体群の孤立化が進み，メタ個体群としてのネットワークが途絶えると，そのシンク側の個体群には個体の移入が減少し，個体群の成長は負になり，やがて消滅する（図 14-4）。

Hanski et al.（1996）は，フィンランドの南西に位置するオーランド諸島で，チョウ *Melitaea cinxia* の小さな個体群（1,502 個体群）を調査した。その結果，毎年 200 の個体群が絶滅し，チョウの生息していなかった 114 の場所で新たな個体群が確認された。個体群が絶滅した要因としては，ソース個体群からの隔離，資源量（花の数）の低下，個体群内の遺伝的多様性の低下などがあげられる。このフィンランドのチョウの個体群は一つだけでは生存できる大きさがなく，新しい個体群が連続して形成され，既存の個体群は移入によって供給されるというメタ個体群のネットワークの存在が非常に重要である。

メタ個体群間でのネットワークの存在と，そのネットワークの強さは，当然のことながら個体群の遺伝的構造にも大きな影響を及ぼす。北米東南部に生息するアカゲラの仲間 *Picoides borealis* は，かつてはこの一帯に幅広く生息していた。しかし，開発による生息地の分断化が進み，孤立した個体群間でのアカゲラの移住が減少した。そのため，より小さな個体群では遺伝的多様性が減少するとともに，個体群間の遺伝的分化の程度もより大きくなったことが知られている（Meffe & Carroll 1997）。

メタ個体群は保全生物学上，二つの重要な意味をもつと考えられる。一つは一度分断された空白地へ，新たに連続的な個体群を形成できる。もう一つは，ソース・シンクメタ個体群の存在により，全体として広い地域を占有し，分断された局所個体群間でネットワークができることにより，長期的な絶滅を防ぐことができる。もしも，個体群間での交流がなければ，個体群は消滅し，ひいては種までも絶滅しかねない。

14-4　分断化された個体群の保全・管理計画

保全の取り組みで大切なのは，特定の種にのみ目を向けるのではなく，その生活史の把握に基づいて，生物的・物理的環境との相互作用を網羅した自然の生態系全体の保全を行うこと。また，その環境を長期的に維持することにある。しかし，これはまさに「言うは易く行うは難し」である。

分断化された個体群はどのように保全・管理すれば良いのであろうか。Frankham et al.（2002）は，分断化された個体群の遺伝的多様性を最大化し，近交弱勢や絶滅のリスクを軽減するための方策として，以下のような選択肢をあげている。

（1）生息場所の面積を増加させる。

（2）利用できる生息場所の生息適性を高める（密度を増加させる）。

（3）低下した移住率を人為的移植により増加させる。

（4）絶滅してしまった生息場所（生息適地）に個体群を再建する。

（5）残った生息場所の間をコリドー（回廊：corridor）で結ぶ。

いずれも，何らかの形で人為的な修復を行うものである。そもそも，生物多様性の減少は，乱獲，生息環境の喪失，生息条件の悪化など，人間活動がもたらした影響が主たる要因である。上記の修復に関しては，さまざまな議論があるが，生育場所の広さ（面積）に関しても，もちろん大きいほうが良いが，現実にはそうはいかない。そこで出てきたのが「保護区は，単一の大面積がいいのか，複数の小面積がいいのか（single large or several small）」という議論である。この議論は，各単語の頭文字をとって「SLOSS 論争」と呼ばれている。単一大面積派と複数小面積派に分かれて激しい論争が生じた。

しかし，知見が集積するに伴い，生物には大きな面積の森林にしか生息しない種もいる一方，断片化した森林でも生息できる種や，むしろ増える種もいることが分かってきた。結局，最も重要なのは，対象とする生物を含む群集が「入れ子構造（nested structure）」をもつかどうかである。例えば，小さな保護区域の群集が大きな保護区域の群集の一部のセット（subset）であることである。したがって，絶滅の危機に瀕した種が大きな保護区のみにしか見られない場合は，単一大面積が選ばれるべきということになる。

この入れ子構造を支える一つの手法が，分断化された生息地間をつなぐコリドー（図 14-5）である。コリドーは，孤立した個体群間が互いに結ばれることにより，個体（動物や植物の種子）や配偶子（花粉）の移動が可能になり，個体群内の遺伝的多様性の増大と有害遺伝子の蓄積を防止することができるという考え方である（Nichols & Margules 1991）。実際に，チョウの1種，トケイソウヒョウモン *Euptoieta claudia* では，コリドーの存在により，パッチ間の移動が促進されている（Haddad 1999）。また，植物に

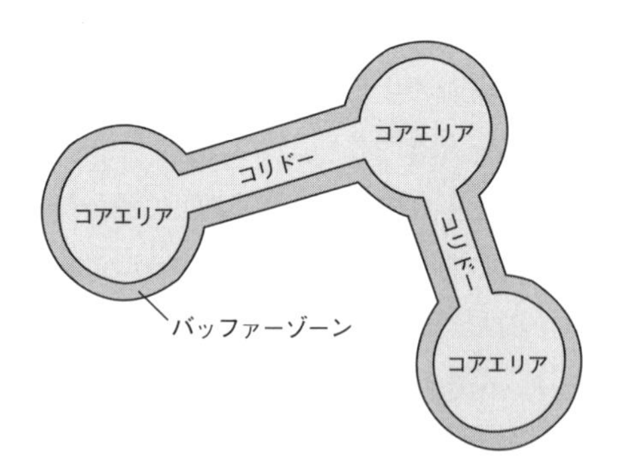

図 14-5　コリドー計画の概念図。

図 14-6　コリドー計画に基づく建設方法。高速道路下のボックス・カルバート（①）と，高速道路で分断された森と森を結ぶオーバー・ブリッジ（②）。

おいても，コリドーによって森林が結ばれることにより，林縁部に生育するユキザザの仲間 *Smilacina racemosa* やテンナンショウの仲間 *Arisaema tryphyllum* の出現頻度がより高くなることが示されている（Corbit et al. 1999）。

このコリドーの考え方は，現在，高速道路の建設計画にも取り入れられている。高速道路建設により，シカ，キツネなどの動物の生息地や行動域が寸断されてしまうような場合，高速道路の下に動物が行き来できる通路「ボックスカルバート（box culvert）」が埋設されている。コンクリートの地下道を動物が好んで通るかどうかは疑問だが，動物たちが高速道路上を横切ることにより生じる交通事故死，いわゆる「ロード・キル（road kill）」の防止対策の一つである（図 14-6）。

14-5　外来種問題

地球上のさまざまな地域の環境に適応し，進化した生物たちが，「意図的」・「非意図的」を問わず，これまで生息していた場所ではない新しい場所に定着したものを外来種（invasive species あるいは alien species）と呼ぶ。外来種は，かつては帰化種とも呼ばれていたが，現在ではこの用語は使われなくなっている。外来種に対して，従来からその地域で生息・生育するものは在来種（native species）と呼ばれる。外来種は，その種が元来備えている移動，分散能力よりもはるかに速いスピードや，遠距離を移動し，新しい場所に定着する場合が多い。そして，在来の生物相を圧迫し，生物多様性の減少などの悪影響を引き起こす場合を，「外来種問題」と呼ぶ。日本のような島国では，外来種と聞くと国外からのものをイメージしがちであるが，大小さまざまな島嶼からなる日本では，小笠原諸島のように，国内であっても本土からの生物の侵入には注意を払う必要がある。

外来種の移動と定着のほとんどは人間活動によるものが多く，「生物そのものには何の罪もない」。人間に「意図的（intentional introduction）」に持ち込まれた外来種の事例として，以下のようなさまざまなケースがあげられる。

- オニウシノケグサやハリエンジュ（通称：ニセアカシヤ）などの多くの外来植物が道路法面の緑化や砂防のために持ち込まれ，その後日本各地で広がっている。
- オオハンゴンソウ，ルピナス，ハルジオン，フランスギクなどは，元来，観賞用，園芸用植物として栽培されていたものが逸脱し，野生に定着してしまった。
- セイヨウオオマルハナバチは，トマト栽培での受粉効率を上げるためにビニールハウス内での使用を前提に導入されたが，ハウスから逃げ出して広がった。そして，現在，北海道の高山帯にまでも生息するほか，在来のエゾオオマルハナバチとの交雑も確認されている。
- イギリスがオーストラリアに入植した際に，本国で行っていたウサギ狩りをオーストラリアでも楽しむためにウサギを放った。しかし，その後ウサギが大増殖して農業に大打撃を与えたほか，食害による砂漠化が進んで畜産にも影響が出る事態となってしまった（Box 14-1 参照）。日本では，アライグマ，アカミミガメ（通称。幼体ではミドリガメ）がペットとして大量に導入され，現在，多くが野生化している。

- ジャワマングースは，ネズミの駆除のための「天敵」としてハワイや西インド諸島で導入されたほか，日本でも沖縄本島や奄美大島で，猛毒をもつハブの駆除を目的として導入された。しかし，成果を上げるどころか生態系や農業に悪影響を与えてしまい失敗に終わった。また，「蚊を絶やす」という和名をもつカダヤシ（北米中南部原産）はボウフラの駆除のために日本各地に導入されたが，生息環境が類似したメダカを駆逐してしまうことになってしまった。
- 既に外来種として問題が生じている，外来種の原産地における天敵である種を導入する事例である。最も古い事例では，1868年ごろのアメリカで猛威を振るっていたオーストラリアから侵入したワタフキカイガラムシの天敵であるベダリアテントウを同じくオーストラリアから導入し，被害の低減に成功している。一方で，アフリカマイマイは食用目的で持ち込まれたが，線虫症などの病気を媒介するため放棄され，それを駆除するためにヤマチタオビという肉食性の巻貝が導入されたが，今度は，固有の陸生巻貝を捕食してしまう問題が生じた。
- ウシガエル（北米原産）は食用として日本に導入され，1950～1970年に年間数百トンが生産され，さらにアメリカザリガニがウシガエルの餌として導入されたが，両者とも，野生化してしまった。
- ルアーフィッシングの流行により，北米原産の肉食魚ブラックバス（オオクチバスなど）が，趣味，娯楽のために，全国の河川や湖沼に大量に放流され，元来そこに生息する魚類の減少など，悪影響を与えている。

次に，「非意図的（unintentional introduction）」に導入された外来種のケースを見てみよう。

- 古いものではヨーロッパ原産のシロツメクサがある。江戸時代にオランダから輸入されたガラス器の箱の中にクッション代わりに乾燥した花が敷き詰めてあったもので，種子が偶発的にこぼれおちて発芽し，日本全域に広まったものと言われている。ツメクサは，まさに「詰め草」なのである。このほか，6章で紹介した，アポミクシスで繁殖するセイヨウタンポポや，セイヨウオオバコなども，輸入された牧草に混入したことによって日本に入り，その後広まったと考えられている。

- ムラサキイガイ，ミドリイガイ，イガイダマシ，コウロエンカワヒバリガイ，タテジマフジツボなどの水生生物は，外洋船の船体に付着したり，船の重量調整に使うバラスト水に混入したりして日本に導入された。
- 放流用のアサリに混入して広がっている東アジア原産の捕食性の巻貝，サキグロタマツメタ（東アジア原産）があるほか，さらにカワヒバリガイ（中国，朝鮮半島原産）は輸入シジミとともに導入されたものと考えられている。
- 近年，取り上げられる機会が増えたセアカゴケグモ（オーストラリア原産）は，資材や物資に混入して導入されたものと考えられている。

14-5-1　外来種のもたらす悪影響

このように，外来種の侵入の経緯は非常に多様であるが，外来種が引き起こす問題は，大きく以下の四つに整理することができる。生態系は，長い期間をかけて食う・食われるといったことを繰り返し，微妙なバランスのもとで成立している。ここに外から生物が侵入してくると，生態系のみならず，人間や，農林水産業まで，幅広くにわたって悪影響を及ぼす場合がある。

（1）生態系に与える影響：　例えば，高木や高茎の外来植物種が侵入した場合，在来種を日陰にしてしまい，在来植物の生育を阻害したりする。また，外来動物では，在来生物が捕食されたり，在来の動物と同じ餌を食べる場合には，餌を巡って競争が生じ，生態系が撹乱されてしまう。

（2）遺伝子の撹乱：　近縁の在来の種と交雑して雑種を作ってしまい，在来種の遺伝的な独自性がなくなる。

（3）農林業などへの被害：　外来種のなかには，畑を荒らしたり，漁業の対象となる生物を捕食したり，危害を加えたりするものもいる。

(4) 人間の生命・身体への影響；　例えば，カミツキガメのように直接的に危害を加えるケースもあるが，ヒアリのように毒をもち，痛みやかゆみ，発熱，じんましん，激しい動悸などの症状や，アレルギー反応（アナフィラキシーショック）により死に至る場合もある。

14-5-2　侵略的外来種

ここまで，さまざまな外来種の事例を紹介してきたが，外来種のなかで，特に地域の自然環境に大きな影響を与え，生物多様性を脅かす恐れのあるものを，特に，侵略的外来種 (invasive alien species) と呼ぶ。日本における具体的な例としては，沖縄本島や奄美大島に持ち込まれたマングース，小笠原諸島に入ってきたグリーンアノールなどがあげられる。そして，国際自然保護連合 (IUCN) の種の保全委員会は世界の侵略的外来種ワースト 100 (100 of the World's Worst Invasive Alien Species) を選定し，日本の侵略的外来種ワースト 100 は，日本生態学会が選定している。「侵略的」というと，何か恐ろしい感じがするが，そもそもは本来の生息地ではごく普通の生き物として生活していたもので，その生き物自体が恐ろしいとか悪いというわけではない。たまたま，導入された場所の条件が，大きな影響を引き起こす要因をもっていたにすぎない。

植物で日本の侵略的外来種ワースト 100 に入っているものでは，ブラジル原産の植物，ホテイアオイ *Eichhornia crassipes* がある。ホテイアオイは，明治中期に観賞花卉としてのみならず，家畜飼料として日本に導入された植物である。きれいな青紫の花をつけるが，水面全体を覆って水中の水草を枯らす恐れがある。

6 章で紹介したように，日本固有のタンポポ属 (*Taraxacum*) の脅威となっているのはセイヨウタンポポとアカミタンポポで，いずれもヨーロッパ原産の多年生草本である。セイヨウタンポポは 1904 年に流入が確認され，今や日本に自生するタンポポの 8 割はセイヨウタンポポと固有タンポポの交雑種と言われる。局地的に分布する固有タンポポの多くが交雑や競合で危機的な状況にある。

また，北米産のマメ科落葉木本ハリエンジュ *Robinia pseudoacacia* は，

1873年に多用途樹木として輸入された。街路樹や庭木としてなじみ深く，「ニセアカシア」の別名をもつ。河岸防護林や海岸の防風林としての利用があるが，土着のヤナギやマツを圧迫し，制圧している所もある。ただし，ハリエンジュは，優良な蜜源植物であるため，侵略的外来種である一方，養蜂業を支える側面との両立が非常に難しい。

14-5-3　外来種対策

日本における外来種対策は，1995年に閣議決定した「生物多様性国家戦略」では簡単な扱いにとどまっていたが，2002年の「新・生物多様性国家戦略」では外来種による生態系の撹乱を甚大な危機として位置付けた。そして，2005年に「特定外来生物による生態系等に係る被害の防止に関する法律」(外来生物法) が施行された。この法律では，日本在来の生物を捕食したり，これらと競合することにより，生態系を損ねる外来生物。人の生命・身体，農林水産業に被害を与える，あるいはその恐れのある外来生物による被害を防止するために，それらを「特定外来生物」として指定する。そして，その飼養，栽培，保管，運搬，輸入などについて規制を行うとともに，必要に応じて国や自治体が野外などの外来生物の防除を行うことを定めている。また，外来生物法において，特定外来種には選定されていないが，適否について検討中，または調査不足から未選定とされている生物種については「要注意外来生物」としている。地方自治体でも外来種対策に取り組んでいる地域がある。北海道では，絶滅の危機に瀕する生物をリストする「レッドリスト」にちなんで，外来種をその危険性をもとに区分した「ブルーリスト」を作成している。

法律を遵守するとともに，実際の外来種に対応する基本原則は以下の三つである。

（1）生態系などへ悪影響を及ぼすかもしれない外来生物はむやみに日本に「入れない」こと。

（2）もし，既に国内に入っており，飼っている外来生物がいる場合は野外に出さないために絶対に「捨てない」こと。

（3）野外で外来生物が繁殖してしまっている場合には，少なくともそれ以上「広げない」こと。

どれも当然のことであるが，徹底して実施することはなかなか難しい。海外旅行に行かれた方は，各国の入国審査のあとで「植物防疫」や「動物防疫」があることをご存じだろう。これは，それぞれの国での農作物や家畜を守るため，生物の持ち込み制限が行われている。このように，国レベルで行われている防御策もあれば，より地域的に行われているケースもある。北米のカリフォルニア州では，陸路でカリフォルニア州に入る際にも「植物防疫」がある。そして，他州からカリフォルニア州への果物などの持ち込みが禁じられている。これは，カリフォルニア州の主要な果樹である柑橘類を病害から守るためである。日本の小笠原諸島でも，海洋島として独自の進化を遂げた多くの固有種と独自の生態系を守るため，父島や母島における指定ルートの入口などには，靴の泥を落とすためのマットや衣服に付いた種子を除去するための粘着テープなどが用意されている。また，既に侵入してしまったアカギ，モクマオウ，リュウキュウマツなどの外来種駆除も実施している。

外来種対策として大切なのは，外来種の侵入をはじめとした人間の活動に起因するインパクトを少なくするため，法レベルから現場レベルが一体となり，自然と人間が共生していくための持続的な仕組みを築くことであろう。

14-6　環境教育

近年，希少野生生物や外来種の侵入に関する保全の意識は非常に高まってきている。しかし，その一方で，身近にある自然が長期的に絶滅の危機にさらされてもおかしくない状況であることは，まだ十分認識されていない。そこで，希少野生生物や高山植物群落だけではなく，身近な低地林も，未来に受け継いでいかなければならない貴重な自然遺産であることを理解してもらうために，地方自治体（北海道広尾町）と実際の教育現場の先生たちと一緒に行っている，植物の生活史研究を基礎とし

Box 14-1 外来種駆除の難しさ

意図的，非意図的にかかわらず，一度侵入してしまった外来種を駆除することは現実的には難しい。なぜなら，現在，外来種として認知されている多くの生物は，少なくとも元来生息していた環境と同様に，この日本の環境に適し，成長，繁殖しているからである。したがって，地域的には植物では株の抜き取りや薬剤散布，動物では捕獲や狩猟などで対応しても，広域では撲滅までにはほど遠いのが現状である。なかには，あまりにも普通に生育しているために，外来種であるという認識さえないものもあれば，上述した「ハリエンジュ」のように，養蜂業にとってはこの植物が必要とまでされている。とは言っても，何もせずに手をこまねいている訳ではない。近年，遺伝子操作の技術が進展し，さまざまなケースで「免疫不妊法 (immnocontraception)」が用いられるようになっている。免疫不妊法は，雌個体に遺伝子操作を施し，雄個体からの精子を受け入れない免疫性をもたせることにより，生まれてくる次世代個体数を減少させ，将来的に外来種を駆除しようというものである。

先に，イギリス人がオーストラリアに入植した際に，ハンティングを楽しむために持ち込んだウサギがオーストラリアで大繁殖してしまった事例を紹介した。このウサギの駆除にも免疫不妊法が用いられた (図 14-7)。まず，実験環境で，雌個体の割合を 0，40，60，80% の 4 段階の不妊処理を行ったところ，生まれてくる子ウサギの数は，割合の増加とともに減少した (図 14-7 (a))。しかし，生まれてくる子ウサギの数は減ったものの，生まれたウサギが次の繁殖できる親にまで成長する割合は，不妊化処理を行った割合が高いほど高かった (図 14-7 (b))。さらに，不妊化処理を「行った雌個体」と「行わなかった雌個体」の生存率を比較すると，不妊化処理を行った個体のほうが生存率がより高かったのである (図 14-7 (c))。そして，図 14-7 (d) は，実際に免疫不妊法を行った西オーストラリアと東オーストラリアでのウサギの個体数のデータである。両地域ともに 40% や 60% の不妊率ではなかなか個体数減少の効果は現れていないが，80% では，無処理 (0%) よりは個体数の減少が認められた。これらの結果から導き出された結論は，オーストラリアに持ち込まれたウサギを駆除するには「80% の雌個体を不妊化処理すること」が有効である。

しかし，よく考えてみよう。不妊化処理を施すためには，まず雌ウサギ

(Box 14-1　続き)

の捕獲が必要である。つまり，雌ウサギ 1,000 個体がいた場合，800 個体を捕獲し，不妊処理を行うわけである。このように個体群の 80% もの雌個体を捕獲しなければならないのであれば，捕獲する手間や，不妊化処理のための時間とコストを考えると，図 14-7 (b), (c) の結果も合わせて考えると，捕獲した時点で殺処分したほうがよいのではないだろうか？ある意味，残酷な方法かもしれないが，もともと，趣味，娯楽のためにウサギを異国の地に持ち込んだ人間のエゴが生んだ外来種問題に端を発しているのである。

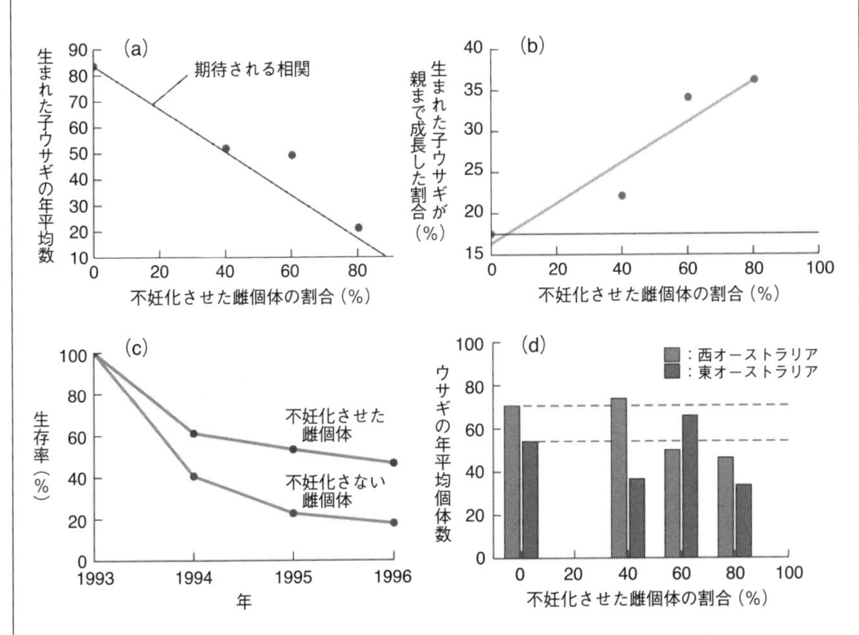

図 14-7　オーストラリアに持ち込まれ，大繁殖したウサギの免疫不妊法 (immunocontraception) による駆除。(a) 不妊化させた雌個体の割合と生まれた子ウサギの割合，(b) 不妊化させた雌個体の割合と生まれてきた子ウサギが親まで成長した割合，(c) 不妊化させた雌個体の割合と不妊化させなかった雌個体の生存率の比較，(d) 不妊化させた雌個体の割合と不妊化処理の効果の比較（東西オーストラリアで，総ウサギ個体数を比較）。

た環境教育活動を紹介したい。

14-6-1　テーマ設定

環境教育では，「地球温暖化」，「ゴミ問題」，「エネルギー問題」，「森林破壊」など多岐にわたるテーマが考えられるが，「地域性」や「身近なもの」，さらに「野外活動」という要素を取り入れて，北海道の自然環境の大切さを学習する環境教育プログラムを作成することとした。北海道には，世界自然遺産に登録された知床国立公園を含め，日本のなかでもまだ多くの自然が残されている。しかし，近年の都市化の進展や道路建設などにより，身近な自然が急激に失われつつあるのも事実である。そこで，テーマを身近な低地林の自然環境の保全とし，さらにその教育アプローチとして，一つの植物の生き方（生活史）を学ぶ理科教育を通して，その植物が生きるために関わる他の動植物との関係の重要さを知り，最終的にはそれらの生物を育む自然環境の大切さを理解してもらう展開を考えた。生活史を紹介する教材植物は，北海道の低地林を代表する林床植物であり，その生活史が何よりも明らかになっている「オオオバナノエンレイソウ」である。

以上のような観点に基づき，小学校における環境教育を具体的に実践・指導する環境教育プログラムを作るために，ここでは題材としたオオバナノエンレイソウの生活史を解説する「教材パンフレットの作成」，「野外観察会の実施」を行った。さらに，本教育プログラムを教員に活用してもらう「指導書の作成」という三つの柱からなる研究を展開した。教育プログラムの作成に関しては，教育現場との連携が必要不可欠であるため，広尾町教育委員会と広尾町管内の全小学校5校（現在は，残念ながら2校が閉校）とともに研究を行った。

14-6-2　教材パンフレットの作成

広尾町を中心に長年行ってきたオオバナノエンレイソウの研究成果を地域住民に還元していくこと，また身近な自然環境の大切さをオオバナノエンレイソウの生き方（生活史）を通して理解してもらうために，『オオ

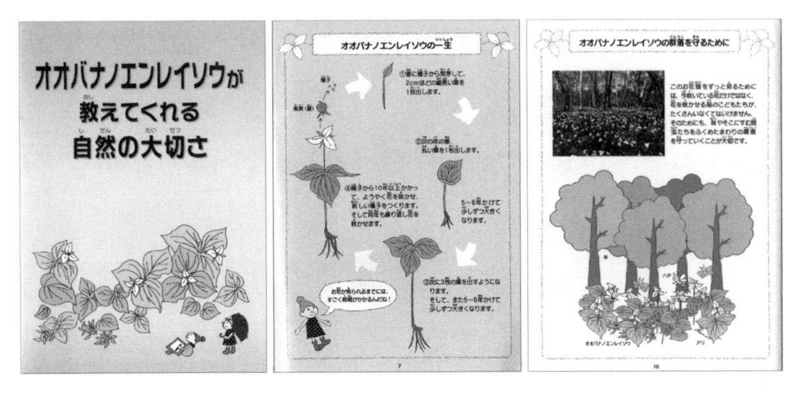

図 14-8 環境教材パンフレット『オオバナノエンレイソウが教えてくれる自然の大切さ』。

バナノエンレイソウが教えてくれる身近な自然の大切さ』(全 12 頁)という教材パンフレットを作成した (図 14-8)。その構成は，まずオオバナノエンレイソウの形態や分布，生育環境に始まり，成長過程・個体群構造・繁殖様式などの具体的な生活史過程を解説する。そして，最終的にオオバナノエンレイソウの生活史の学習を通して，生育環境全体を含む総合的な自然環境の大切さを理解してもらうような展開とした。

パンフレットは文章を最小限にとどめ，写真やイラストなど，できるだけ視覚で捉えることができる資料を多く用いるように配慮した。また，小学校低学年でも読めるように，漢字には振り仮名を振った。パンフレットは 2006 年 6 月上旬に広尾町教育委員会を通して，広尾町管内の全小学校の全児童 461 名および全小学校と全中学校 (合計 4 校) の教職員 110 名に配布した。

これまで理科教材としては，アサガオやヒマワリなど，1 年で一生が完結する一年草の観察が主であったが，多年草でも，その成長過程を含む生活史特性に関して，詳細な調査・研究が行われている植物を題材にすることにより，植物教材として活用できることが分かった。さらに，野外に生育する多年生植物を扱うことにより，その植物の成長に関わる他の生き物との関係や生育環境の重要性も含めた，環境教育的教材を作成することができた。

14-6-3　野外観察会の実施

パンフレットでの学習に加え，自然体験を通してオオバナノエンレイ

図 14-9　北海道広尾町シーサイドパークで開催した野外観察会（2006 年 5 月 27 日）。児童 24 名が参加（各小学校から代表で 4〜5 名）。

図 14-10　野外観察会（その 1：オオバナノエンレイソウの生き方を知る）。オオバナノエンレイソウの大群落を見る（①）。パンフレットの内容を確認（②）。オオバナノエンレイソウの生活史段階を見る・探す・触れる（③，④）。

図 14-11　野外観察会（その 2：保全の現場を知る）。オオバナノエンレイソウの群落内に車を乗り入れているオートキャンプ場（①）。車の乗り入れを規制したオオバナノエンレイソウ保護区（②）。車の乗り入れにより裸地化した場所へのオオバナノエンレイソウ種子の播種（③）。種子播種後のモニタリング調査（④）。

ソウの生活史や生育環境について児童の意欲・関心を高めることを目的とし，野外観察会を行った。野外観察会は日本有数のオオバナノエンレイソウ大群落が存在し，これまで長年にわたりオオバナノエンレイソウの生活史に関する調査・研究が行われてきた広尾町シーサイドパークで実施した。観察会の実施日時はオオバナノエンレイソウの開花時期に当たる 5 月に，小学生を対象とした野外観察会を行った（図 14-9）。観察会では，パンフレットに基づき，オオバナノエンレイソウの生活史段階を確認し，実際に児童たちに，実生段階や 1 葉段階の小さな個体を探してもらった（図 14-10）。そして，広尾町とともに実施している群落の保護や再生に関する事業も見学してもらった（図 14-11）。パンフレットを利用した机上の学習に加え，さまざまな生育段階を間近に見て触れることができる野外観察会は，オオバナノエンレイソウの生き方を具体的に捉えるうえでも非常に効果的であると考えられる。

野外観察会はオオバナノエンレイソウの大群落が存在する広尾町シーサイドパークにて実施したが，前述したとおりオオバナノエンレイソウは，広尾町では身近な場所に生育している。したがって，今後本教育プログラムを小学校の授業で実践する場合，オオバナノエンレイソウの観察のためにシーサイドパークまでいかなくても，比較的身近な場所で観察することも可能である。野外観察会には，このような多くの長所がある一方，野外で行う授業の場合には当日の天候条件にも左右されるほか，野生植物の開花期の年次変動も存在することから，野外観察会の実施に当たっては実施時期を十分に検討する必要もある。

14-6-4　指導書の作成

「指導書」は教員向けに授業の参考になるように，「授業編」と「研究編」に区分して教科書の内容を詳しく解説したものであり，各教科書出版会社では教科書と合わせて発行している。今回作成したパンフレット『オオバナノエンレイソウが教えてくれる自然の大切さ』に関しても，実際の授業や観察での参考となるように，「授業編」と「指導編」からなる指導書 (全 18 頁) (図 14-12) を作成した。本研究を実施した広尾町の小

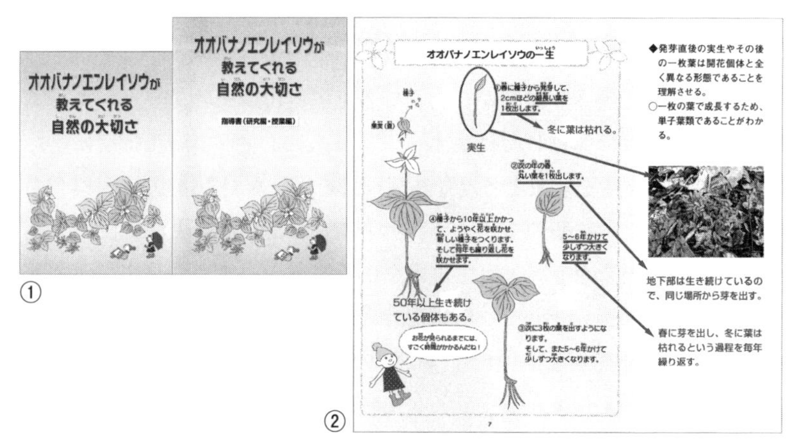

図 14-12　教材パンフレットと教員向けの指導書 (①)。パンフレット内の解説部分 (②：図 14-7 の中央の部分の解説)。

学校では「教育出版」の教科書と指導書が採択されていることから，その様式に従って指導書を作成した。教育出版の指導書では授業時間数ごとに目標を設けているが，本指導書ではパンフレットの頁ごとに指導目標を明確に示した。

「総合的な学習の時間」では，地域をフィールドとした学習を進めるケースが多くなることや，環境教育の視点からも，地域にある自然・文化・社会をテーマに子どもたちによる課題設定，調査や観察活動などが行われることが想定されている。したがって，本教育プログラムは当初理科教育を中心として展開することを考えていたが，総合的な学習の時間など他の教科や時間も柔軟に活用しながら進めていくことも必要と考えられる。

14-6-5　総　括

本研究により，生活史に関して詳細な調査・研究が行われている身近な植物を題材として，地域の自然環境の大切さを理解する環境教育教材と教育プログラムを作成することができた。今回は，北海道という地域性を背景として，オオバナノエンレイソウの生活史を題材に，低地林の保全を環境教育プログラムの主たるテーマとした。このような地域を特徴づける植物の生活史研究を生かした教育プログラムは，日本各地の身近な自然（里山，干潟，海浜など）を対象として幅広く展開できるものと考えられる。

また，本研究では，児童の自然体験として野外観察会を実施したが，パンフレットなどによる教室内での学習に加え，多年生植物の生活史段階や生育環境を直接観察することは，児童の理解をより深める貴重な機会となった。本研究でモデル植物としたオオバナノエンレイソウは，開花期が新学期を迎えて間もない5月であるため，野外観察会に向けてパンフレットによる学習を前年度から行うなど，学年を越えた授業カリキュラムの調整も検討する必要がある。

このほか，本教育プログラムを教育現場で定着させるためには，従来の教育プログラムでは出てこなかった児童の多様な興味・関心，そしてさまざまな疑問に対応する教員の幅広い知識も要求される。本研究では，大学の研究室が主導となりパンフレットの解説と野外観察会を行ったが，今後は教員が主体となった教育が望まれる。したがって，指導書の内容の充実に加え，教員を対象とした事前の講習会と野外観察会の開催も毎年実施している。このような機会を通して，教員自身が生き物同士の関わり合いや地域の自然環境についてより理解を深めることは，今後児童への教育の効果をより高めるためにも非常に重要と考えられる。

最後に，大学の研究に基盤をおいた教育プログラムの作成は，ともすれば実際の教育現場の現状とかけ離れたものになりがちである。しかし，本研究では広尾町教育委員会と広尾町管内の全小学校の全面的協力を得ることができ，教育現場の意見を反映した形でプログラムを作り上げることができた。したがって，真に有効な教育プログラムを構築するためにも，今後は大学などにおける研究成果の公開と，教育現場と研究現場とのより活発な交流が必要不可欠と考える。

用語解説

（本文中で使われた語句の追加解説）

アルカロイド（alkaloid）　植物体に含まれる窒素を含む塩基性の有機化合物。多くは酸と結合して塩になっている。毒性や特殊な生理・薬理作用をもつものが多い。例えば，タバコのニコチンや茶のカフェイン，ケシのモルヒネなどが相当する。

アンテナ複合体（antenna complex）　太陽光を捕捉する，クロロフィルとタンパク質の複合体。葉緑体ではチラコイド膜に存在している。

遺伝子汚染（genetic pollution）　本来その地域には生息していな交雑可能な近縁種などの生物が導入され，本来その地域の生物種がもっていた遺伝子組成が乱れること。

ATP（adenosine triphosphate）　アデノシンという物質に三つのリン酸基（P）が結合しており，アデノシン三リン酸（adenosine triphosphate）とも呼ばれる。ATP分解酵素の働きによってATPが加水分解すると，一つのリン酸基（P）がはずれてADP（アデノシン二リン酸）になり，その際にエネルギーを放出する。このADPへの加水分解反応によって，生体内での「エネルギー通貨」としての重要な役割を担っている。

NADPH（nicotinamide adenine dinucleotide phosphate）　ニコチンアミドアデニンジヌクレオチドリン酸。光合成経路あるいは解糖系で用いられている電子伝達体である。ニコチンアミドアデニンジヌクレオチド（NAD）と構造上よく似ており，脱水素酵素の補酵素として一般的に機能している。酸化型（$NADP^+$）および還元型（NADPH）の二つの状態を有する。

皆伐（clear cutting）　林業で，森林などの樹木を全部または大部分伐採すること。一斉に伐採するので，伐採，造林の技術が比較的容易であり，経済性も優れているため，人工林の経営では広く行われている。しかし，皆伐による伐採では，林地が露出することにより，肥沃な表土が流出しやすくなる。そのため，林地の生産力の低下や，大雨による土壌の流出など，生態系を破壊するなどの弊害も存在する。

海流（sea current）　地球規模でおきる海水の水平方向の流れの総称。海流は主に太陽の熱と風によって生じる。太陽の光を強く受ける赤道周辺の海は暖められ，その逆に南極や北極に近い海は，冷たいままである。水には暖かいところから冷たいところへ流れる性質があることから，暖かい赤道の海水が南極や北極へ向かう流れが生じる。また，海流は風の影響も受ける。地球には偏西風と貿易風が吹いている。例えば，北太平洋では，偏西風が北緯45度を中心とした付近で，西から東へ吹き，貿易風が北緯15度を中心とした辺りで，東から西へ吹いている。これらの強い風が海水を動かす。この太陽の熱と風によって生まれた海水の動きに，地球の自転，陸地や海底の地形が重なりあって，海流の流れる向きが決定されている。

環境傾度分析（gradient analysis）　ホイッタカー（1956）によって考えられた，地域の植生の特性を環境要因と関連づけて調べる解析法。推定された環境傾度上での群集変化の把握を行うほか，環境傾度が事前に特定できなければ（不連続な環境傾度）では，多変量解析の利用による環境傾度の推定を行う。

基準標本（type specimen）　学名の客観的基準となる標本の総称で，タイプ標本とも言う。種または亜種の命名は，植物の場合，国際植物命名規約により指定された単一の標本，ホロタイプ「正基準標本：holotype」に基づいて行われる。原記載でホロタイプが指定されなかった場合，ホロタイプが行方不明の場合，もしくはホロタイプに二種類以上の生物が混じっていた場合に，新たに選び直されたり作り直されたりした標本をレクトタイプ「選定基準標本（lectotype）」と呼ぶ。また，植物では，正基準標本と一緒に採集されて同時に作られた標本のことをアイソタイプ「副基準標本（isotype）」と呼ぶ。アイソタイプは，ホロタイプと同一の生物個体に由来するかどうかは関係がない。また，記載時にホロタイプが指定されなかった場合，その論文中で引用された全ての標本はシンタイプ「等価基準標本（syntype）」となる。

逆位（inversion） 同一染色体内での二カ所の切断で生じた部分が逆向きに融合することで生じる突然変異。逆位内の遺伝子の配列は逆転するが，重複，欠失はないので，逆位は遺伝的に悪影響を及ぼさない。しかし，逆位により遺伝子が染色体の別の位置に移ることで，遺伝子の発現が異なることがある。

QTL マッピング（QTL mapping） QTL（quantitative trait loci）とは，量的形質に影響を与える染色体上の DNA 領域のことで，量的形質遺伝子座とも言う。そして，QTL の遺伝子地図上での位置を決定したり，量的形質が生物においてどのように表現されるか，を推定することを QTL マッピングと呼ぶ。QTL に関する情報を得るには，既に知られている標識遺伝子（マーカー）と QTL の連鎖および QTL の作用力を調べる方法（連鎖解析）がとられる。具体的には遺伝子型が異なる個体からなる集団について調査を行い，標識遺伝子の遺伝子型と形質の表現型の関連を統計学的に解析する。

胸高直径（DBH: diameter at breast height） 材積測定に用いる指標。立木に人間が並んで立ったときに，人の胸の位置に当たる樹幹の部分を「胸高（日本では地面から 1.2 ないし 1.3 m を採用）」と言い，その直径を「胸高直径」と呼ぶ。胸高直径を比較することで，その樹木の大凡の完満度（樹幹の根元から枝下までの細り具合）を推測することができる。

クチクラ層（cuticle layer） 一般的に動植物の表面を覆う層で，水分の蒸発を防ぎ，内部の保護の役割を果たす。植物では葉の表皮組織の上層に存在するワックス状の組織。

筋組織（muscle tissue） 筋細胞（筋繊維）とそれらを繋ぐ結合組織を筋組織と呼び，その機能や形態によって骨格筋，平滑筋，心筋に分類される。

原形質連絡（plasmodesma） プラズモデスマータとも呼ばれ，植物細胞間のイオンや物質の輸送促進や情報交換を行う微小のチャンネル。この構造は全ての陸上植物で見られる。動物細胞とは異なり，植物細胞は不透過性の細胞壁で保護されているので，細胞間の活動に必要となる。

原始大気（primitive atmosphere） 地球ができ上がった頃の初期の大気。原始大気の主成分は微惑星から放出された二酸化炭素（全成分中の約 96%）であったと考えられている。原始大気には窒素や水なども含まれていたが，現在の大気にある酸素は存在しなかった。また大気の厚さは現在の 70 倍もあり，圧力，温度ともに非常に高かった。40 万年前の時点で，二酸化炭素の量は現在の 20 万倍もあったと推測されている。現在の大気の成分は，約 78% が窒素，21% が酸素，そしてわずか 0.03% が二酸化炭素である。

減数分裂（meiosis） 細胞分裂には，2 種類あり。一つが体細胞分裂（somatic cell division）で，もう一つが減数分裂である。体細胞分裂は通常の組織での細胞分裂で，分裂後も基本的にはゲノム DNA は保存される。一方，減数分裂は生殖細胞で見られる細胞分裂で，減数分裂は 2 回続けて分裂するため四つの娘細胞ができるが，染色体数は半分（2n → n）になる。体細胞分裂との違いは減数第一分裂の前期にあり，相同染色体が対合し，二価染色体になり，染色分体間に交叉が起き，組換えが生じる。

個体群密度（population density） ある種の個体群において単位空間内に存在する個体数を指す。地表のように平面分布する場合は面積当たりの個体数となり、水中のように鉛直方向にも分布する場合は体積当たりの個体数となる。

COP10 「生物の多様性に関する条約（生物多様性条約）」は，個別の種や特定の生態系に限らず，時間的，空間的な広がりを想定した，地球規模で生物多様性の保全を目指す，国際条約である。1992年ブラジルで開催された国連環境開発会議（地球サミット）で，条約に加盟するための署名が開始され，その後2年ごとに締結国による会議が開催されている。2010年は，愛知県名古屋市で，第10回目となる，生物多様性条約の締約国会議が開催された。COP10は，The 10th Conference of the Partiesの略である。

根端分裂組織（root apical meristem）
植物の根の成長点で，細胞分裂が最も盛んな部分。根端分裂組織は根冠に覆われ，衝撃から保護されている。茎の成長点は茎頂分裂組織と呼ばれる。

雑種指数（hybrid index） 遺伝子の多面発現や連鎖関係などを明らかにする簡便な方法である。母種の純粋集団の比較によって，母種の間で異なっている特徴を明確にし，それぞれの特徴について，母種の変異幅，および中間とみなされる変異幅を決める。例えば，種Aの花序の大きさは10〜20 cmの変異をもち，種Bは20〜30 cmをもつなら，中間は10〜30 cmの間となる。このような形質が10あったとし，それぞれの形質について，種Aに見いだされる特徴を0，種Bの特徴を2，中間を1とする。場合によっては，全てを0〜2とするのではなく，ある形質4段階に分けて，0, 1, 2, 3としたり，ある形質を特に重要視して0, 1.5, 3とすることもある。10の形質を全て0, 1, 2の3段階に分けたりすると，雑種性をおびない種Aの個体は0を10もつので，総計0となり，種Bの純粋の個体は，2を10もつので総計20となる。この総数が雑種指数で，いろいろな中間型は，その中間性に応じて0〜20の間のいろいろな数値をとることが想定される。そして，次に雑種集団や浸透性交雑が生じていると推定される集団からサンプルを採取し，それぞれのサンプルについて各形質を調査してサンプルごとに雑種指数を算出する。得られた結果を，集団別にヒストグラムにまとめると，各集団の特徴が浮かび上がってくる。

シトクロム b_6f 複合体（cytochrome b_6f complex） 光合成をする葉緑体の内膜にあり，植物の光合成反応における光化学系IIから，シトクローム b_6f 複合体に電子が伝達され，さらにプラストシアニンから光化学系Iへと電子伝達が行われる。その過程で b_6f 複合体から放出されるプロトンによる電気化学勾配によりATPが合成される。

弱有害遺伝子（mildly deleterious gene）
ランダムの生じる突然変異の多くは，機能上，その効果を発現しない「中立」なものであるか，あるいは正常な機能を損ない適応度を低下させる「有害」なものである。「有害」なものは野生型の機能の喪失や低下をもたらすため，発現すれば生存力や繁殖力，すなわち適応度を低下させる。その結果として生じた遺伝子は「有害遺伝子」と呼ばれる。そして，そのようにして生じた遺伝子のなかで，機能の低下が軽微であるものを「弱有害遺伝子」，保有する個体が発生の早期で死亡までもたらす強い効果をもつものを「致死遺伝子」と呼ぶ。弱有害遺伝子は，野生型対立遺伝子に比べて適応度にして1%程度の低下が生じる対立遺伝子で，DNA複製時の突然変異によって生じる。十分に大きな集団では，自然淘汰により時間とともに集団から消えていくが，小さい集団では遺伝的浮動の効果が大きく，自然淘汰による排除効果に逆らってたまたま弱有害遺伝子がその遺伝子に固定されることもある。その場合，再び突然変異により野生型対立遺伝子に戻る効果はゼロに近いため，その遺伝子座で1%程度の適応度の低下が恒常的に作用することになる。

食物網（food web） 生態系内での全ての食物関係（食う-食われる）を言う。この関係は食物連鎖（food chain）とも言うが，自然界では動物は多種類の食餌をとっており，食物の循環は，網の目のように相互関係が入り組んでいて，単なる鎖ではないため，この名がある。

初産年齢（age at first birth） 成熟個体になり最初の子孫を産む年齢。ただし，植物（特に多年生植物）においては，初産は「年齢」により規定されるよりも「個体成長の程度」によって規定されることも多い。

神経組織（nerve tissue） 神経系を構成する組織で，神経細胞・神経繊維および支持組織からなる。

森林限界（forest limit, forest line） 高緯度地方や高山において，生育できなくなる限界高度のことを指す。本州中部の高山では 2500 m 付近，水平分布で北緯 60〜70 度付近である。

生殖隔離（reproductive isolation） 二つの個体群の間での生殖がほとんど行えない状況や，複数の生物個体群が同所的に生息していても相互に交雑が生じない仕組みのこと。

生態系（ecosystem） 生物群集（植物群集と動物群集）およびそれらを取り巻く自然界の物理的，化学的環境要因が総合された物質系を指す。生態系は，生産者，消費者，分解者および還元者から構成され，無機物と有機物との間に物質代謝系が成立している。

性比（sex ratio） 有性生殖する生物の集団中の雄と雌の比率。

漸次的変化（進化）（gradual evolution） ある種が長い歳月の間隔離され，それぞれ繁殖を独自に続けた結果，最後は互いに繁殖できなくなるまで別々に進化し，別種になる種分化パターン。このオリジナルの祖先種から新しい種に進化する過程に，「半種」という状態が生じる。それぞれ別の種に進化している途中の状態で，この段階では半種 A と半種 B は自然界では互いに交配することがなくても，強制的に交配させれば，繁殖は可能な状態である。

染色体突然変異（chromosome mutation） 染色体に生じた突然変異で，染色体異常（chromosome aberration）とも呼ばれる。染色体の「数」に変異を生じたものとしては，染色体数がゲノムのセットとして倍加した倍数性（polyploidy）や数本の染色体が増減した異数性（heteroploidy）がある。また，染色体の「構造」や「形態」の変異としては，染色体の一部が消失した欠失（deficiency），繰り返しが起った重複（duplication），2 本の染色体がそれぞれ切断してつなぎ換わった転座（translocation），染色体が 2 カ所で切断して，その中間部分が逆になって再結合した逆位（inversion），染色体の一部が切れた切断（breakage）などがある。

相同染色体（homologous chromosome） 同数の同一または対立遺伝子が，同じ順序に配列している染色体。一部分相同の場合には，部分相同染色体と言う。相同染色体は同じ外形をもち，体細胞には通常 1 対ずつ存在し，減数分裂の際は対合して並び合い，左右の娘核に 1 本ずつ分配される。

卓越風（prevailing wind） ある一地方で，ある特定の期間（季節・年）に吹く，最も頻度が多い風向の風。地球上には，北半球・南半球に 1 組三つずつの卓越風があり，赤道に近い低緯度地域では「貿易風」，中・高緯度地域では「偏西風」，高緯度地域では「極東風」が吹く。

致死遺伝子（lethal gene） 突然変異により細胞に死をもたらす遺伝子。致死遺伝子の表現型発現のタイミングにはさまざまなものがあり，配偶子で発現するものや個体で発現するものがある。

転座（translocation） 染色体の一部が切断され，同じ染色体の他の部分または他の染色体に付着・融合すること。同じ染色体の内部で起こった転座を，特に転位と言う。転座は，白血病，乳がん，統合失調症，筋ジストロフィー，ダウン症候群など，医学的問題を引き起こすことがある。

淘汰圧（selection pressure） 進化において，生物個体や形質などが世代を経ることによってその数や集団内での割合を増していくこと。逆に，割合を減少させていくことを淘汰と言う。このような変化が実際に起こる作用を，物理学的な圧力に類比して淘汰圧または選択圧と言う。

任意交配（random mating） 集団遺伝学の用語で，雌雄個体が選り好みなく，ランダムに交配している集団を任意交配集団と呼ぶ。任意交配は，ハーディー-ワイバーグ平衡が成り立つ前提となっている。

反応中心（reaction center） 光合成の光化学系は，密接に関連した「アンテナ複合体」と「反応中心」の二つの成分から構成されている。反応中心は，膜貫通型色素タンパク複合体で，光化学系では，クロロフィルからできた反応中心がエネルギーを受けとる。そしてこの反応中心が励起されると，活性化された電子を近傍の電子受容体に渡す。色調間で見られたエネルギーの移動とは異なり，ここでは活性化された電子そのものが移動する。これは，光による励起エネルギーをクロロフィル分子から移動させる過程であり，光エネルギーを化学エネルギーに変換する鍵となる過程である。

フェノロジー（phenology） 生物季節(学)，花暦（学）とも呼ばれる。季節的に起こる自然界の動植物が示す諸現象の時間的変化およびその気候あるいは気象との関連を研究する学問。例えば，植物では，発芽，開芽，開花，紅葉，落葉などの活動周期と季節との関係を指す。

プランテーション（plantation） 熱帯，亜熱帯地域の広大な農地に大量の資本を投入し，単一作物を大量に栽培する（モノカルチャー）大規模農園のこと。

偏西風（westerlies） 地球の中緯度において常時吹く，西寄りの風。吹く緯度は地表の温度によって多少，南北に移動する。偏西風は高度とともに強くなる。そして，対流圏界面付近で風速が最大となり，ジェット気流と呼ばれる。

貿易風（trade wind） 緯度30度付近にある亜熱帯高気圧帯から，赤道に向かって吹くほぼ定常的な偏東風。北半球では北東の風，南半球では南東の風となる。

母性遺伝（maternal inheritance） 母親からのみ伝わる細胞質遺伝。葉緑体やミトコンドリアのゲノムは，ごくわずかな例外を除き雌性配偶子から伝わるため，それらにコードされた遺伝子による形質は，母性遺伝を示す。被子植物では普通，葉緑体DNAは母性遺伝するが，針葉樹のスギ，ヒノキ属，マツ属，カラマツ属，トウヒ属などでは，葉緑体DNAが「父性遺伝（paternal inheritance)」することも知られている。

ホメオボックス（homeobox） 生物の発生の調節に関連する相同性の高いDNA塩基配列で，ホメオボックスをもつ遺伝子はホメオボックス遺伝子と呼ばれる。ホメオボックスは約180塩基対があり，DNAに結合しうるタンパク質部位（ホメオドメイン）をコードする。ホメオボックス（*Hox*）遺伝子は，例えば足を作るのに必要な全ての遺伝子など，典型的に他の遺伝子のカスケードをスイッチする転写因子をコードする。ホメオドメインはDNAへ特異的に結合する。ホメオドメインを含むタンパク質は大きく二つに分類される場合がある。一つはゲノム中に特徴的なクラスターを形成している*Hox*遺伝子群に由来し，Hoxタンパク質と呼ばれる。もう一つは*Hox*以外のゲノム中に散在するnon-*Hox*遺伝子に由来し，non-Hoxホメオタンパク質とされる。

毎木調査（method of every tree measurement） 野外における植生調査法の一つで，特に樹木に関する調査。一定の区画内の個々の木について，樹種，樹高，胸高直径，樹冠の広がりなどを記録する。

マッピングデータ（mapping data） ある生物個体群内の個体の空間的位置（空間分布）を記録したもの。樹木を含む，多年生植物では，個体に標識を付け，経年観測（センサス：census）を行うことにより，個体の成長，生存，移入など，さまざまな要素と，空間分布との関係を解析する基礎データとなる。

無機的環境（inorganic environment） 生物が生活していくうえでの環境は，有機的環境（organic environment）と無機的環境に大別することができる。また，それぞれを，生物学的環境（biotic environment）と非生物的環境（abiotic environment）とも言う。無機的環境で生物と密接に関係しているものとして，太陽光，温度，大気，降雨量，土壌などがあげられる。

戻し交雑（backcross） 両親の交雑によって生じたF_1に最初の親のうち片方を再び交配すること。

モニタリングサイト1000（monitoring site 1000） 2002年，わが国の生物多様性保全の基本的な考え方や計画を示した新・生物多様性国家戦略が策定された。このなかで，今後5年間の計画期間に着手・推進すべき七つの提案（絶滅の防止，自然の再生，移入種対策など）が示された。その一つとして，モニタリングサイト1000（重要生態系監視地域モニタリング推進事業）」があり，現在，環境省生物多様性センターを中核として，質の高い自然環境データを継続的に収集・蓄積が行われている。長期にわたる継続的なモニタリングで得られたデータを分析することにより，生物種の減少など，自然環境の移り変わりをいち早く捉え，迅速かつ適切な保全対策につなげることができる。

溶存酸素量（dissolved oxygen）　水中に溶解している酸素の量のことで，代表的な水質汚濁状況を測る指標の一つ。酸素の溶解度は水温，塩分，気圧などに影響され，水温の上昇につれて小さくなる。酸素の溶解度が小さくなると同時に，光合成の原料となる二酸化炭素の溶解度も低下して光合成速度が落ちるため，水中の溶存酸素濃度は低下する。一方で，水温の上昇によって生物の活動は活発化し，呼吸や有機物の好気的分解による酸素消費速度量が増加する。

ラムサール条約（Ramsar Convention）
正式には，「特に水鳥の生息地として国際的に重要な湿地に関する条約：The Convention on Wetlands of International Importance especially as Waterfowl Habitat」と呼ばれる。「ラムサール条約」は，この条約が作成された場所，イランの都市ラムサールにちなんだ略称・通称である。湿原，沼沢地，干潟等の湿地は，多様な生物を育み，特に水鳥の生息地として非常に重要である。しかし，湿地は干拓や埋め立てなどの開発の対象になりやすく，その破壊をくい止める必要性が認識されるようになった。湿地には国境をまたぐものもあり，また，水鳥の多くは国境に関係なく渡りをすることから，国際的な取組みが求められる。そこで，特に水鳥の生息地として国際的に重要な湿地およびそこに生息・生育する動植物の保全を促し，湿地の適正な利用を進めることを目的として，1971年に本条約が採択された（1975年12月21日発効）。現在は水鳥の生息地のみならず，人工の湿地や地下水系，浅海域なども含む幅広い対象の湿地を対象として，その保全および適正な利用を図ろうとするものである。

励起エネルギー（excited energy）　量子力学的な系について，エネルギーの最も低い状態を基底状態と呼び，それよりエネルギーの高いものを一括して励起状態と呼ぶ。この呼名は系をよりエネルギーの高い状態に上げることを〈励起する〉というところからきている。植物の光合成における光化学系は，「反応中心」と，「アンテナ複合体」と呼ばれる多数のクロロフィルなど色素分子を含む光捕集機能を担う色素複合タンパク質から構成される。反応中心コアでは電子供与体が光励起を担い，励起によりエネルギーが高められた電子が隣の色素分子（電子受容体）に送り込まれ，さらに一連の電子伝達鎖を電子が伝っていくことで反応が進行する。ただ，反応中心コアおよび周りの色素分子だけでは太陽光を十分に捕集することができないので，アンテナ系がそれを補い，励起エネルギー移動によって効率よく太陽光エネルギーを反応中心コアに集めている。

齢構造（age structure）　ある生物個体群中の個体の齢（年齢，昆虫の脱皮回数など）別の個体数分布，または頻度分布。植物では，年齢が同じでも個体差が大きくなる場合があるため，サイズ構造（size structure）が用いられる場合も多い。

ワシントン条約（Washington Convention）
正式には，「絶滅のおそれのある野生動植物の種の国際取引に関する条約：Convention on International Trade in Endangered Species of Wild Fauna and Flora」と呼ばれる。本条約は，野生動植物の国際取引の規制を輸出国と輸入国とが協力して実施することにより，採取・捕獲を抑制して絶滅のおそれのある野生動植物の保護を図ることを目的とするものである。1972年の国連人間環境会議において「特定の種の野生動植物の輸出，輸入及び輸送に関する条約案を作成し，採択するために，適当な政府又は政府組織の主催による 会議を出来るだけ速やかに召集する」ことが勧告された。これを受けて，米国政府および国際自然保護連合（IUCN）が中心となって野生動植物の国際取引の規制のための条約作成作業を進めた結果，本条約は1973年にワシントンD.C.で採択され，1975年に発効した。

引用文献

Anderson, E. (1949) Introgressive Hybridization. Biological Review 28: 280-307.
Andrewartha, H. (1961) Introduction to the Study of Animal Populations. University of Chicago Press, Chicago.
Araki, K. & Ohara, M. (2008) Reproductive demography of ramets and genets in a rhizomatous clonal plant *Convallaria keiskei*. Journal of Plant Research 121: 147-154.
Araki, K., Shimatani, K. & Ohara, M. (2007) Floral distribution, clonal structure, and their effects on pollination success in a self-incompatible *Convallaria keiskei* population in northern Japan. Plant Ecology 189: 175-186.
Araki, K., Shimatani, K. & Ohara, M. (2009) Demographic-genetic studies of a clonal plant *Convallaria keiskei*: spatial structure and growth pattern of ramets and genets. Annals of Botany104: 71-79.
Araki, K., Yamada, E. & Ohara, M. (2005) Breeding system and floral visitors of *Convallaria keiskei*. Plant Species Biology 20: 151-155.
Arimura, G., Ozawa, R., Shimoda, T., Nishioka, T., Boland, W. & Takabayashi, J. (2000) Herbivory-induced volatiles elicit defense genes in lima bean leaves. Nature 6795: 512-515.
Austin, M.P. (1985) Continuum concept, ordination methods, and niche theory. Annual Review of Ecology and Systematics. 16: 39-61.
Barrett, S.C.H. (1996) The reproductive biology and genetics of island plants. Philosophical Transactions of the Royal Society of London Series B 351: 725-733.
Barth, F.G. (1985) Insects and Flowers: The Biology of a Partnership. Princeton University Press, New Jersey.
Bateman, R.M., Devey, D.S., Malmgren, S., Bradshow, E. & Rudall, P.J. (2010) Conflicting species concepts underline perennial taxonomic controversies in *Ophrys*. Cahors Societe Francaise d'Orchidophilie 7: 87-101.
Beattie, A.J. & Culver, D.C. (1979) Neighborhood size in *Viola*. Evolution 33: 1226-1229.
Bell, G. (1982) The Masterpiece of Nature: the evolution and genetics of sexuality. University of California Press, Berkeley, California.
Bernstein, H. & Bernstein, C. (1991) Aging, Sex, and DNA Repair. Academic Press, Boston, Massachusetts.
Bernstein, H., Byerly, H.C., Hopf, F.A. & Michod, R.E. (1985) Genetic damage, mutation, and the evolution of sex. Science 229: 1277-1281.
Bonnier, G. (1887) Note sur les cultures comparées des mêmes espèces à diverses altitudes. Bulletin de la Société Botanique de France 34: 467-469.
Bonnier, G. (1888) Étude expérimentale de l'influence du climat alpin sur la végétation et les fonctions des plantes. Bulletin de la Société Botanique de France 35: 436-439.
Bonnier, G. (1890) Cultures expérimnetales dans les Alpes et les Pyrénées. Revue Générale du Botanique 2: 513-546.
Bonnier, G. (1895) Recherches experimentales sur l'adaptation des plantes au climat alpin. Annales des Sciences Naturelles Botanique VII.20: 217-360.
Bonnier, G. (1920) Nouvulles observations sur les cultures expérimentales à diverses altidudes. Revue Générale du Botanique 32: 305.
Boysen-Jensen, P. (1932) Die Stoffproduktion der Pflanzen. Jena.

Boysen-Jensen, P. (1949) Causal plant-geography. Det Kongelige Danske Videnskabernes Selskab 21: 1-19.

Bradshow, A.D., McNeilly, T.S. & Gregory, R.P. (1965) Industrialization, evolution and the development of heavy metal tolerance in plants. British Ecological Society Symposium 5: 327-343.

Brock, M.T. (2004) The potential for genetic assimilation of a native dandelion species, *Taraxacum ceratophorum* (Asteraceae), by the exotic congener *T. officinale*. American Journal of Botany 91: 656-663.

Broyles, S.B. & Wyatt, R. (1991) Effective pollen dispersal in a natural population of *Asclepias exaltata*: the influence of pollination behavior, genetic similarity, and mating success. American Naturalist 138: 1239-1249.

Burt, A. (2000) Perspective: sex, recombination, and the efficacy of selection– was Weismann right? Evolution 54: 337-351.

Caballero, A. (1994) Developments in the prediction of effective population size. Heredity 73: 657-679.

Caswell, H. (1978) A general formula for the sensitivity of population growth rate to changes in life history parameters. Theoretical Population Biology 14: 215-230.

Caughtley, G. (1994) Directions in conservation biology. Journal of Animal Ecology 63: 215-244.

Caughtley, G., Dublin, H. & Parker, I. (1990) Projected decline of the African elephant. Biological Conservation 54: 157-164.

Clausen J., Keck, D.D. & Hiesey, W.M.(1948) Experimental studies on the nature of species: III. Environmental responses of climatic races of *Achillea*. Carnegie Institute Washington Publication No.581: 1-129.

Clements, F.E. (1916) Plant Succession: An Analysis of the Development of Vegetation. Carnegie Institute, Washington D.C.

Cody, M.L. (1966) A general theory of clutch size. Evolution 20: 174-184.

Coen, E.S. & Meyerowitz, E.M. (1991) The war of the whorls: genetic interactions controlling flower development. Nature 353: 31-37.

Connell, J.H. (1978) Diversity in tropical rain forests and coral reefs. Science 199: 1302-1310.

Connell, J.H. (1979) Tropical rainforests and coral reefs as open non-equilibrium systems. In: Anderson, R.M, Turner, B.D. & Taylor, L.R. (eds.) Population Dynamics. Blackwell, Oxford, pp.141-163.

Corbit, M., Marks, P.L. & Gardescu, S. (1999) Hedgerows as habitat corridors for forest herbs in central New York, USA. Journal of Ecology 87: 220-232.

Crawford, T.J. (1984) What is a population? In: Shorrocks B. (ed.) Evolutionary Ecology, pp. 429-454. Blackwell Scientific Publications, Oxford.

Crow, J.F. & Kimura, M. (1965) Evolution in sexual and asexual populations. American Naturalist 99: 439-450.

Cruden, R.W. (1977) Pollen-ovule ratios: a conservative indicator of the breeding systems in the flowering plants. Evolution 31: 32-46.

Curtis, J.T. (1959) The Vegetation of Wisconsin. University of Wisconsin Press, Madison, Michigan.

Darwin, C. (1859) On the Origin of Species. John Murray, London.

Dow, B.D. & Ashley, M.V. (1996) Microsatellite analysis of seed dispersal and parentage of saplings in bur oak, *Quercus macrocarpa*. Molecular Ecology 5: 615-627.

Dow, B.D. & Ashley, M.V. (1998) High levels of gene flow in bur oak revealed by paternity analysis using microsatellites. Journal of Heredity 89: 62-70.

Eckert, C.G. & Barrett, S.C.H. (1994) Tristyly, self-compatibility and floral variation in *Decodon verticillatus* (Lythraceae). Biological Journal of the Linnean Society 53: 1-30.

Falconer, D.S. (1989) Introduction to Quantitative Genetics. 3rd edn. Longman, London.

Fenster, C.B. (1991a) Gene flow in *Chamaecrista fasciculate* (Leguminosae). I. Gene dispersal. Evolution 45: 398-409.

Fenster, C.B. (1991b) Gene flow in *Chamaecrista fasciculate* (Leguminosae). II. Gene establishment. Evolution 45: 410-422.

Franham, R., Ballou, J.D. & Brisocoe, D.A. (2002) Inroduction to Conservation Genetics. Cambridge University Press, Cambridge.

Fisher, R.A. (1930) The Genetical Theory of Natural Selection. Clarendon Press, Oxford.

Fisher,F.J.F. (1965) The Alpine Ranunculi of New Zealand. Bulletin of Botany Division, Department of Scientific and Industrial Research, Wellington, New Zealand.

藤巻宏・鵜飼保雄 (1985)『遺伝と育種3−世界を変えた作物』培風館.

Fukuda, I., Freeman, J.D. & Itou, M. (1996) *Trillium channellii*, sp. Nov (Trilliaceae), in Japan, and *T. camschatcense* Ker Grawler, correct name for the Asiatic diploid *Trillium*. Novon 6: 164-171.

Gause, G.F. (1934) The Struggle of Existence. Macmillan (Hafner Press), New York.

Gerber, S., Chabrier, P. & Kermer, A. (2003) FAMOZ: a software for parentage analysis using dominant, codominant and uniparentally inherited markers. Molecular Ecology Notes 3: 479-481.

Gilpin, M.E. & Soule, M.E. (1986) Minimum viable populations: Processes of species extinction. In: Soule, M.E. (ed.) Conservation Biology. Sinauer Associates, Sunderland, Massachusetts. pp. 19-34.

Gleason, H.A. & Cronquist, A. (1964) The Natural Geography of Plants. Columbia University Press, New York.

Grime, J.P. (1977) Evidence for the existence of three primary strategies in plants and its relevance to ecological and evolutionary theory. American Naturalist 111: 1169-1194.

Grime, J.P. (1979) Plant Strategies and Vegetation Processes. Wiley, New York.

Haddad, N.M. (1999) Corridor and distance effects on interpatch movements: A landscape experiment with butterflies. Ecological Applications 9: 612-622.

Hall, R.L. (1974) Analysis of the nature of interference between plants of different species II. Nutrient relations in a Nandi *Setaria* and Greenleaf *Desmodium* association with particular reference to potassium. Australian Journal of Agricultural Research 35: 749-756.

Hamilton, W. D., Axelrod, R. & Tanese, R. (1990) Sexual reproduction as an adaptation to resist parasites. Proceedings of the National Academy of Sciences, USA 87: 3566-3573.

Hamrick, J.L. & Godt, M.J. (1990) Allozyme diversity in plant species. In: Brwon, A.H.D., Clegg, A.L., Kahler, A.L. & Weir, B.C. (eds.) Plant Population Genetics, Breeding, and Genetic Resources. Sinauer Associates Publisher, Sunderland, Massachusetts. pp. 43-63.

Hanski, I. (1991) Single-species metapopulation dynamics. In: Gilpin, M. & Hanski, I. (eds.) Metapopulation Dynamics: Empirical and Theoretical Investigations, Academic Press, London, pp. 17-38.

Hanski, I., Moilanen, A., Pakkala, T. & Kuussaari, M. (1996) The quantitative incidence function model and persistence of an endangered butterfly metapopulation. Conservation Biology 10: 578-590.

Hanzawa, F.M., Beattie, A.J. & Culver, D.C. (1988) Directed dispersal: demographic analysis of an ant-seed mutualism. American Naturalist 131: 1-13.
Harper, J.L.(1967) A Darwinian approach to plant ecology. Journal of Ecology 55: 247-270.
Harper, J.L. & Ogden, J. (1970) The reproductive strategy of higher plants. I. The concept of strategy with special reference to *Senecio vulgaris* L. Journal of Ecology 58, 681-698.
Hickman, C. & Pitelka, L.F. (1975) Dry weight indicatesenergy allocation in ecological strategy analysis of plants. Oecologia, 21: 112-121.
Higashi, S., Tsuyuzaki, S., Ohara, M. & Ito. F. (1989) Adaptive advantages of ant-dispersed seeds in the myrmecochorous plant *Trillium tschonoskii* (Liliaceae). Oikos 54: 389-394.
Hurst, L.D. & Peck, J.R. (1996) Recent advances in the understanding of the evolution and maintenance of sex. Trends in Ecology and Evolution 11: 46-52.
Husband, B.C. & Barrett, S.C.H. (1996) A metapopulation perspective in plant population biology. Journal of Ecology 84: 461-469.
Hutchings, M.J.(1983) Ecology's law in search of a theory. New Scientist 98: 765-767.
Hutchinson, G. E. (1957) Concluding remarks. Cold Spring Harbour Symposium on Quantitative Biology. 22: 415-427.
井鷺裕司・陶山佳久 (2013)『生態学者が書いた DNA の本』文一総合出版.
Isagi, Y., Kanazashi, T., Suzuki, W., Tanaka, H. & Abe, T. (2000) Microstellite analysis of the regeneration process of *Magnolia obovata* Thunb. Heredity 84: 143-151.
Ishizaki, S., Abe, T. & Ohara, M. (2013) Mechanisms of reproductive isolation of interspecific hybridization between *Trillium camschatcense* and *T. tschonoskii* (Melanthiaceae).
Iwao, S. (1968) A new regression method for analyzing the aggregation pattern in animal populations. Research on Population Ecology 10: 1-20.
Iwao, S. (1972) Application of the $\overset{*}{m}$-m method to the analysis of spatial patterns by changing quadrat size. Research on Population Ecology 14: 97-128.
Jones, A.G. & Ardren, W.R. (2003) Methods of parentage analysis in natural populations. Molecular Ecology 12: 2511-2523.
Jordan, A. (1873) Remarques sur Ie fait de l'existence ensociété, a I'état sauvage des espéces végétates affines. Lyon.
可知直毅 (2004) 生活史の進化と個体群動態. 甲山隆司編著『植物生態学』朝倉書店. pp. 189-233.
Kalinowski, S.T., Taper, M.L. & Marshall, T.C. (2007) Revising how the computer program CERVUS accommodates genotyping error increases success in paternity assignment Molecular Ecology 16: 1099-1106.
Kameyama, Y., Isagi, Y., Naito, K. & Nakagoshi, N. (2000) Microsatellite analysis of pollen flow in *Rhododendron metternichii* var. *hondoense*. Ecological Research 15: 263-269.
Kameyama, Y., Isagi, Y. & Nakagoshi, N. (2001) Patterns and levels of gene flow in *Rhododendron metternichii* var. *hondoense* revealed by microsatellite analysis. Molecular Ecology 10: 205-216.
Kameyama, Y. & Ohara, M. (2006) Predominance of clonal reproduction, but recombinant origins of new genotypes in the free-floating aquatic bladderwort *Utricularia australis* f. *tenuicaulis* (Lentibulariaceae). Journal of Plant Research 119: 357-362.
Kameyama, Y., Toyama, M. & Ohara, M. (2005) Hybrid origins and F1 dominance in the free-floating sterile bladderwort, *Utricularia australis* f. *australis* (Lentibulari-

aceae). American Journal of Botany 92: 469-476.
Karban, R., Shiojiri, K., Huntzinger, M. & McCall, A.C. (2006) Damage-induced resistance in sagebrush: volatiles are key to intra- and interplant communication Ecology 87: 922-930.
Kato, Y., Araki, K. & Ohara, M. (2009) Breeding system and floral visitors of *Veratrum album* subsp. *oxysepalum* (Melanthiaceae). Plant Species Biology 24: 42-46.
川窪伸光 (1991) 島嶼における顕花植物の性表現－雌雄異株をめぐって－. 種生物学研究 15: 19-27.
Kawano, S. (1970) Species problems viewed from productive and reproductive biology I. Ecological life histories of some representative members associated with temperate deciduous forests in Japan- A preliminary discussion. Journal of the Collage of Liberal Arts, Toyama University (Natural Science) 3: 181-213.
Kawano, S. (1975) The production and reproductive biology of flowering plants. II. The concept of life history strategy in plants. Journal of the Collage of Liberal Arts, Toyama University (Natural Science) 8: 51-86.
河野昭一 (1977) 三省堂選書 13『種と進化 (新版)』三省堂. pp. 4-11.
Kawano, S. (1985) Life history characteristics of temperate woodland plants in Japan. In: White, J. (ed.) The Population Structure of Vegetation. Dr. W. Junk Publisher, Dordrecht, pp. 515-549.
Kawano, S. & Kitamura, K. (1997) Demographic genetics of the Japanese beech, *Fagus crenata,* in the Ogawa Forest Preserve, Ibaraki, Central Honshu, Japan. III. Population dynamics and genetic substructuring within a metapopulation. Plant Species Biology 12: 157-177.
Kawano, S., Masuda, J. & Takasu, H. (1982) The production and reproductive biology of flowering plants. IX. Further studies on the assimilation behavior of temperate woodland herbs. Journal of the Collage of Liberal Arts, Toyama University (Natural Science) 15: 101-160.
Kawano, S., Masuda, J., Takasu, H. & Yoshie, F. (1983) The production and reproductive biology of flowering plants. XI. Assimilation behavior of several evergreen temperate woodland plants and its evolutionary-ecological implications. Journal of the Collage of Liberal Arts, Toyama University (Natural Science) 16: 85-112.
Kihara, H. (1954) Considerations on the evolution and distribution of *Aegilopes* species based on the analyser-method. Cytologia 19: 336-357.
Kihara, H. (1958) Japanese expedition to the Hindukush. In: Jenkins, B.C. (ed) Proceeding of 1st International Wheat Genetics Symposium. University of Manitoba Press, Winnipeg, Canada, pp. 243-248.
Kihara, H. & Nishiyama, I. (1930) Genomanalyse bei *Triticum* and *Aegilops*: I. Genomaffinitaten in tri-, tetra und pentapoliden Weizenstarden. Cytologia 1: 263-284.
Kim, K-J., Ha, G-S. & Lee, H-L. (2000) Introgressive hybridization between native and introduced species of *Taxacum*. American Journal of Botany Supplement. pp. 137.
Kitamura, K., Homma, K., Takasu, H. Hagiwara, S., Utech, F.H., Whigham, D.F. & Kawano, S. (2001) Demographic genetic analyses of the American beech (*Fagus grandifolia* Ehrh.). II. Genetic substructure of populations for the Blue Ridge Peidmont, and the Great Smoky Mountains. Plant Species Biology 16: 219-230.
Kitamura, K. & Kawano, S. (2001) Regional differentiation in genetic components for the American beech, *Fagus grandifolia* Ehrh., in relation to geological history and mode of reproduction. Journal of Plant Research 114: 353-368.
Kitamura, K., Morita, T., Kudoh, H., O'Neill, Utech, F.H., Whigham, D.F. & Kawano, S. (2003) Demographic genetic analyses of the American beech (*Fagus grandifolia*

Ehrh.). III. Genetic substructuring of the coastal plain population in Maryland. Plant Species Biology 18: 13-33.
Kitamura, K., O'Neill, J., Whigham, D.F. & Kawano, S. (1998) Demographic genetic analyses of the American beech (*Fagus grandifolia* Ehrh.). Genetic variations of seed populations in Maryland. Plant Species Biology 13: 147-154.
Kitamura, K., Takasu, H., Hayashi, K., Ohara, M., Ohkawa, T., Utech, F.H. & Kawano, S. (2000) Demographic genetic analyses of the American beech (*Fagus grandifolia* Ehrh.) I. Genetic substructurings of northern populations with root suckers in Quebec and Pennsylvania. Plant Species Biology 15: 43-58.
Kondrashov, A.S. (1988) Deleterious mutations and the evolution of sexual reproduction. Nature 336: 435-440.
Kortschak H.P., Hartt, C.E & Burr, G.O. (1965) Carbon dioxide fixation in sugarcane leaves. Plant Physiology 40: 209-213.
Krebs, C.J. (1999) Ecological Methodology. Addision Wesley Longman, Menlo Park, California.
Krebs, C.J. (2001) Eology. 5th edn. Benjamin Cummings, California.
Kubota, S., Kameyama, Y. and Ohara, M. (2006) A reconsideration of relationships among Japanese *Trillium* species based on karyology and AFLP data. Plant Systematics and Evolution 261:129-137.
Kurabayashi, M. (1958) Evolution and variation in Japanese species of *Trillium*. Evolution 12: 286-310.
黒岩澄雄 (1990)『物質生産の生態学』東京大学出版会.
Landres, P.B., Verner, J. & Thomas, J.W. (1988) Ecological uses of vertebrate indicator species: A critique. Conservation Biology 2: 316-328.
Law, R. (1975) Colonization and the evolution of life histories in *Poa annua*. Ph.D. Dissertation, University of Liverpool, Liverpool, England.
Leslie, P.H. (1945) On the use of matrices in population mathematics. Biometrika 33: 183-213.
Leverich, W.J. & Levin, D.A. (1979) Age-specific survivorship and reproduction in *Phlox drummondii*. American Naturalist 113: 881-903.
Levin, D.A. & Kerster, H.W. (1974) Gene flow in seed plants. Evolutionary Biology 7: 139-220.
Lewis, H. (1962) Catastrophic selection as a factor in speciation. Evolution 16: 257-271.
Lewis, H. & Roberts, M.R. (1956) The origin of *Clarkia lingulata*. Evolution 10: 126-138.
Lloyd, M. (1967) Mean crowding. Journal of Animal Ecology. 36: 1-30.
Lord, E.M. (1981) Cleistogamy: a tool for the study of floral morphogenesis, function and evolution. Botanical Review. 47: 421-449.
Malthus, T.R. (1798)『人口の原理』(高野岩三郎・大内兵衛訳) 岩波書店.
Marshall, T.C., Slate, J., Kruuk, L.E.B. & Pemberton, J.M. (1998) Statistical confidence for likelihood-based paternity inference in natural populations. Molecular Ecology 7: 639-655.
丸山茂徳・磯崎行夫 (1998)『生命と地球の歴史』岩波新書.
松井孝典 (1990)『地球＝誕生と進化の謎』講談社現代新書.
松村正幸 (1967) 雑草スズメノテッポウの種生態学的研究. 岐阜大学農学部研究報告 25: 129-208.
Mayr, E. (1953) Concepts of classification and nomenclature in higher organisms and microorganisms. Annals of the New York Academy of Sciences 56: 391-397.
Mayr, E. (1957) Species concepts and definitions. In The Species Problem (Mayr, E. ed), pp. 371-388. American Association for the Advancement of Science, Washington DC.

Mayr. E. (1963) Animal Species and Evolution. Harvard University Press. Cambridge.
Maynard Smith, J. (1971) What use is sex? Journal of Theoretical Biology 30: 319-335.
Maynard Smith, J. (1978) The Evolution of Sex. Cambridge University Press, Cambridge.
McNeilly, T.S. (1968) Evolution in closely adjacent plant population, III. Agrostis tenuis on a small copper mine. Heredity 23: 99-108.
Meagher, T.R. (1986) Analysis of paternity within a natural population of Chamaelirium luteum I. Identification of most-likely male parents. American Naturalist 127: 199-215.
Meeuse, B. & Morris, S. (1984) The Sex Life of Flower. Faber and Faber, London.
Meffe, G.K. & Carroll, C.R. (1997) Principles of Conservation Biology, 2nd edn. Sinauer, Sunderland, Masachusettes.
Mensch, J.A. & Gillett, G.W. (1972) The experimental verification of natural hybridization between two taxa of Hawaiian *Bidens* (Asteraceae). Brittonia 24: 57-70.
Michod, R.E. (1995) Eros and Evolution: A Natural Philosophy of Sex. Addison-Wesley Publishing Company, Reading, Massachusetts.
Miller, S.L. (1953) A production of amino acids under possible primitive earth conditions. Science 117: 528-529.
Miller, S.L. & Urey, H.C. (1959) Organic compound synthesis on the primitive earth. Science 130: 245-251.
Monsi, M. & Saeki, T. (1953) Uber den Lichtfaktor in den Pflanzengesellschaften und seine Bedeutung fur die Stoffproduktion. Japanese Journal of Botany 14: 22-52.
Monsi, M. (1960) Dry-matter reproduction in plants: I. Schemata of dry-matter reproduction. Botanical Magazine, Tokyo 73: 81-90.
Morishita, M. (1959) Measuring of dispersion of individuals and analysis of the distributional patterns. Memories of Faculty of Science, Kyushu Unversity, Series E. 2: 215-235.
Muller, H.J. (1932) Some Genetic Aspects of Sex, American Naturalist 66, 1932, University of Chicago, pp. 118-138.
Murray, M.G. & Thompson, W.F. (1980) Rapid isolation of high molecular weight plant DNA. Nucleic Acids Research 8: 4321-4325.
Myahoshina, Y.A., Punina, E.O., Grif, V.G. & Rodionov, A.V. (2004) Chromosome maps of Trilliaceae: II. A study of the genome composition in polyploidy species of the genus *Trillium* by fluorescence nucleotide base-specific staining of heterochromatic chromosome regions. Russ. J. Genet 40: 882-891.
Myers, N. (1988) Threatened biotas: 'hotspots' in tropical forests. Environmentalist 8, 187-208.
Nei, M. (1987) Molecular Evolutionary Genetics. Columbia University Press, New York.
Nichols, A.O. & Margules, C.R. (1991) The design of studies to demonstrate the biological importance of corrido. In: Saunders, D.A. & Hobbs, R.J. (eds.) Nature Conservation 2: The Role of Corridors. Surrey Beatty and Sons, Chipping Norton, Australia.
Niklas, K.J. (1997) The Evolutionary Biology of Plants, The University of Chicago Press, Michigan.
Nilsson, L.A., Rabakonandrianina, E. & Petersson, B. (1992) Exact tracking of pollen transfer and mating in plants. Nature 360: 666-668.
Noss, R.F. (1990) Indicators for monitoring biodiversity: A hierarchical approach. Conservation Biology 4: 355-364.
Odum, H.T. (1963) Limits of remote ecosystems containing man. The American Biology Teacher 25: 429-443.

Ogden, J. (1968) Studies on reproductive strategies with particular reference to selected Composites. Ph.D thesis, University of Wales.

Ohara, M. (1989) Life history evolution in the genus *Trillium*. Plant Species Biology 4: 1-28.

Ohara, M. & Higashi, S. (1987) Interference by ground beetles with the dispersal by ants of seeds of *Trillium* species (Liliaceae). Journal of Ecology 75: 1091-1098.

Ohara, M. & Kawano, S. (1986) Life history studies on the genus *Trillium* (Liliaceae) IV. Stage class structures and spatial distribution of four Japanese species. Plant Species Biology 1: 135-145.

Ohara, M., Takada, T. & Kawano, S. (2001) The demography and reproductive strategies of a polycarpic perennial, *Trillium apetalon* (Trilliaceae). Plant Species Biology 16: 209-217.

Ohara, M., Takeda, H., Ohno, Y. & Shimamoto, Y. (1996) Variations in the breeding system and the population genetic structure of *Trillium kamtschaticum* (Liliaceae). Heredity 76: 476-484.

Ohara, M, Tomimatsu, H., Takada, T. & Kawano, S. (2006) Importance of life history studies for conservation of fragmented populations: A case study of the understory herb, *Trillium camschatcense*. Plant Species Biology 21: 1-12.

Ohara, M. & Utech, F.H. (1986) Life history studies on the genus *Trillium* (Liliaceae) III. Reproductive biology of six sessile-flowered species occurring in the southeastern United States with special reference to vegetative reproduction. Plant Species Biology 1: 135-145.

Ohmatsu, C. (2010) Population dynamics and reproductive success in sex-changing herb, *Arisaema serratum*. Master thesis of Graduate School of Environmental Science, Hokkaido Univeristy.

Paterniani, E. & Short, A.C. (1974) Effective maize pollen dispersal in the field. Euphytica 23: 129-134.

Pearl, R. (1928) The Rate of Living. Knopf, New York.

Pearl, R. & Reed, L.J. (1920) On the rate of growth of the population of the United States since 1790 and its mathematical representation. Proceedings of National Academy of Sciences 6: 275-288.

Pianka, E.R. (1970) On *r* and *K* selection. American Naturalist 104: 592-597.

Primack, R.B. (1995) A Primer of Conservation Biology. Sinauer Associate Inc., Sunderland, Massachusetts.

Raup, D.M. & Sepkoski, J. J. Jr. (1984) Periodicity of extinctions in the geologic past. Proceedings of the National Academy of Science, USA 81: 801-805.

Raven, P.H., Johnson, G.B., Losos, J.B. & Singer, S.R. (2005) Biology 7th ed. McGraw Hill, New York.

Richardson, B.J., Baverstock, P.R. & Adams, M. (1986) Allozyme Electrophoresis: A Handbook for Animal Systematics and Population Studies. Academic Press, San Diego, California.

Ricklefs, R.R. (2007) The Economy of Nature. W.H. Freeman & Company, San Francisco.

Ridley, M. (1995) The Red Queen: Sex and the Evolution of Human Nature. Penguin Books, New York.

Riley, H.P. (1938) A character analysis of colonies of *Iris fulva*, *Iris hexagona* var. *giganticaerulea* and natural hybrids. American Journal of Botany 25: 727-738.

Rocha, O.J. & Stephenson, A.G. (1991) Effects of nonrandom seed abortion on progeny performance in *Phaseolus coccineus* L. Evolution 45: 1198-1208.

Saeki, T. & Kuroiwa, S. (1959) On the establishment of the vertical distribution of photosynthetic system in a plant community. Botanical Magazine, Tokyo 72: 27-35.
Saeki, T. (1961) Analytical studies on the development of foliage of a plant community. Botanical Magazine, Tokyo 74: 877-878.
佐々木正己 (1999)『ニホンミツバチ－北限の *Apis cerana*－』海游舎.
Schwaegerle, K.E. & Schaal, B.A. (1979) Genetic variability and founder effect in the pitcher plant *Sarracenia purpurea* L. Evolution 33: 1210-1218.
Shaffer, M.L. (1981) Minimum population sizes for species conservation. Bioscience 31: 131-134.
Schaffer, W.M. & Schaffer, M.V. (1977) The adaptive significance of variations in reproductive habit in the Agavaceae. In: Evolutionary Ecology (Stonehouse, B. & Perrins, C. eds.) pp. 261-276. Macmillian, London.
Senjo, M., Kimura, K., Watano, Y., Ueda, K. & Shimizu, T. (1999) Extensive mitochondrial introgression from *Pinus pumila* to *P. parviflora* var. *pentaphylla* (Pinaceae). Journal of Plant Research 112: 97-105.
Shibaike, H., Akiyama, H., Uchiyama, S., Kasai, K. & Morita, T. (2002) Hybridization between European and Asian dandelion (*Taraxacum* section Ruderalia and section Mongollica) 2. Natural hybrids in Japan detected by chloroplast DNA marker. Journal of Plant Research 115: 321-328.
芝池博幸 (2007) タンポポ調査と雑種性タンポポ. 種生物学会編『農業と雑草の生態学』文一総合出版, pp. 115-119.
嶋田正和・山村則男・粕谷英一・伊藤嘉昭 (2005)『動物生態学 新版』海游舎.
Silvertown, J.W. (1982) Introduction to plant population ecology. Longman, London and New York.
Silvertown, J.W. (1987) Introduction to Plant Population Ecology (2nd ed). Longman, London.
シルバータウン, J.W. (1992)『植物の個体群生態学 (第 2 版)』河野昭一・高田壮則・大原雅 (共訳) 東海大学出版会.
Smith, R.L. & Smith, T.M. (2001) Ecology and Field Biology. 6th ed. Benjamin Cummings, San Francisco.
Snow, A.A. & Whigham, D.F. (1989) Cost of flower and fruit production in *Tipularia discolor*. Ecology 70: 1286-1293.
Soltis, D.E. & Soltis, P.S. (1989) Isozymes in Plant Biology. Dioscorides Press, Portland, Oregon.
Stenberg, P., Lundmark, M. & Saura, A. (2003) MLGsim: a program for detecting clones using a simulation approach. Molecular Ecology Notes 3: 329-331.
Streiff, R., Ducousso, A., Lexer, C., Steinkellner, H., Gloessl, J. & Kremer, A. (1999) Pollen dispersal inferred from paternity analysis in a mixed oak stand of *Quercus robur* L. and *Q. petracea* (Matt.) Liebl. Molecular Ecology 8: 831-841.
Sutherland, S. & Delph, L.F. (1984) On the importance of male fitness in plants: patterns of fruit-set. Ecology 65: 1093-1104.
Suyama, Y., Obayashi, K & Hayashi, I. (2000) Clonal structure in a dwarf bamboo (*Sasa senanensis*) population inferred from amplified fragment length polymorphism (AFLP) fingerprints. Molecular Ecology 9: 901-906.
種生物学会編 (2001)『森の分子生態学』文一総合出版.
Taggert, J.B., McNally, S.F. & Sharp, P.M. (1990) Genetic variability and differentiation among founder populations of the pitcher plant (*Saracenia purpurea* L.) in Ireland. Heredity 64: 177-183.
高田壮則 (2005) 植物の生活史と行列モデル. 種生物学会編『草木を見つめる科学』文

一総合出版, pp. 85-110.
Tansley, A.G. (1917) On competition between *Galium saxatile* L. (*G. hercynium* Weig.) and *Galium sylvestre* Poll. (*G. asperum* Schreb.) on different types of soil. Journal of Ecology 5: 173-179.
Tansley, A.G. (1939) The British Islands and Their Vegetation. Cambridge University Press, Cambridge.
Temple, S. (1977) Plant-animal mutualism: coevolution with Dodo leads to near extinction of plant. Science 197: 885-886.
Templeton, A.R. (1982) The prophecies of parthenogenesis. In: Dingle, H. & Hegmann, J.P. (eds.) Evolution and genetics of life histories. Springer, Berlin. pp. 75-101.
Tilman, D. (1977) Resource competition between planktonic algae: An experimental and theoretical approach. Ecology 58: 338-348.
Tilman, D. (1982) Resource Competition and Community Structure. Princeton University Press, Princeton, New Jersey.
戸部 博 (1994)『植物自然史』朝倉書店.
Tomimatsu, H. & Ohara, M. (2002) Effects of forest fragmentation on seed production of the understory herb, *Trillium camschatcense* (Trilliaceae). Conservation Biology 16: 1277-1285.
Tomimatsu, H. & Ohara, M. (2003a) Floral visitors of *Trillium camschatcense* (Trilliaceae) in fragmented forests. Plant Species Biology 18: 123-127.
Tomimatsu, H. & Ohara, M. (2003b) Genetic diversity and local population structure of fragmented populations of *Trillium camschatcense* (Trilliaceae). Biological Conservation 109: 249-258.
Tomimatsu, H. & Ohara, M. (2004) Edge effects on recruitment of *Trillium camschatcense* in small forest fragments. Biological Conservation 117: 509-519.
Tomimatsu, H. & Ohara, M. (2006) Evaluating the consequences of habitat fragmentation in plant populations: a case study in *Trillium camschatcense*. Population Ecology 48: 189-198.
Townsend, C.R., Scarsbrook, M.R. & Doledec, S. (1997) The intermediate disturbance hypothesis, refugia, and biodiversity in streams. Limnology and Oceanography 42: 938-949.
津村義彦・陶山佳久 編著 (2012)『森の分子生態学 2』文一総合出版.
TTuresson, G. (1922) The genotypic response of the plant species to the habitat. Hereditas 3: 211-236.
Turesson, G. (1925) The plant species in relation to habitat and climate. Hereditas 6: 147-236.
Turner, M.E., Stephens, J.C. & Anderson, W.W. (1982) Homozygosity and patch structure in plant populations as a result of nearest-neighbor pollination. Proceedings of the National Academy of Sciences USA 79: 203-207.
Twigg, L.E. & Williams, C.K. (1999) Fertility control of overabundant species: Can it work feral rabbits? Ecology Letters 2: 281-285.
Verhulst, P.F. (1838) Notice sur la loi que la population suit dans son accroissement. Correspondance mathématique et physique 10: 113-121.
Wallace, A.R. (1899) Darwinism-an exposition of the theory of natural selection with some of its applications. Macmillan, New York.
Watano, Y., Imazu, M. & Shimizu, T. (1995) Chloroplast DNA typing by PCR-SSCP in the *Pinus pumila* − *P. parviflora* var. *pentaphylla* complex (Pinaceae). Journal of Plant Research 108: 493-499.
Watano, Y., Imazu, M. & Shimizu, T. (1996) Spatial distribution of cpDNA and mtDNA

haplotypes in a hybrid zone between *Pinus pumila* and *P. parviflora* var. *pentaphylla* (Pinaceae). Journal of Plant Research 109: 403-408.
Watano, Y., Kanai, A. & Tani, N. (2004) Genetic structure of hybrid zones between *Pinus pumila* and *P. parviflora* var. *pentaphylla* (Pinaceae) revealed by molecular hybrid index analysis. American Journal of Botany 91: 65-72.
Watt, A.S. (1947) Pattern and process in the plant community. Journal of Ecology 35: 1-22.
Watson, N.H.F. (1974) Zooplankton of the St. Lawrence Great Lakes – species composition, distribution, and abundance. Journal of the Fisheries Research Board of Canada 31: 783-794.
Weller, D.E. (1987) A re-evaluation of the –3/2 power rule of plant self-thinning. Ecological Monographs 57: 23-43.
Weller, D.E. (1991) The self-thinning rule: Dead or unsupported? –a reply to Lonsdale. Ecology 72: 747-750.
Westemeier, R.L., Brawn, J.D., Simpson, S.A., Esker, T.L., Jansen, R.W., Walk, J.W., Kershner, E.L., Bouzat, J.L. & Paige, K.N. (1998) Tracking the long-term decline and recovery of an isolated population. Science 282: 1695-1697.
Westoby, M. (1984) The self-thinning rule. Advances in Ecological Research 14: 167-225.
White, J. (1980) Demographic factors in populations of plants. In: Solbrig, O.T. (ed.) Demography and Evolution in Plant Populations. Blackwell Scientific Publication pp. 21-48.
Whittaker, R.H. (1953) A consideration of climax theory: The climax as a population and pattern. Ecological Monographs 26: 1-80.
Whittaker, R.H. (1956) Vegetation of the Great Smoky Mountains. Ecological Monographs 26: 1-80.
Whittaker, R.H. (1960) Vegetation of the Siskikyou Mountains, Oregon and California. Ecological Monographs 30: 279-338.
Williams, G.C. (1975) Sex and Evolution. Princeton University Press. Princeton, New Jersey.
Wilson, E.O. (1992) The Diversity of Life. Harvard University Press.
Wright, S. (1931) Evolution in Mendelian populations. Genetics 16: 97-159.
Wright, S. (1952) The theoretical variance within and among subdivisions of a population that is in a steady state. Genetics 37: 312-321.
Wright, S. (1969) Evolution and the Genetics of Populations II. The Theory of Gene Frequencies. University of Chicago Press, Chicago.
矢原徹一 (1988) 酵素多型を用いた高等植物の進化学的研究 – 最近の進歩. 種生物学研究 12: 67-88.
山口陽子 (1991) マタタビの蜂寄せ作戦. 光珠内季報 85: 9-13.
Yoda, K., Kira, T., Ogawa, H. & Hozumi, K. (1963) Self-thinning in overcrowed pure stands under cultivated and natural conditions. Journal of Biology, Osaka City University 14: 107-129.
Young, A.G. & Clarke, G.M. (2000) Genetics, Demography and Viability of Fragmented Populations. Cambridge University Press, Cambridge.

おわりに

本書の執筆にあたり，ちょっと大胆なことを考えてしまった。近年，どの分野の研究もさまざまな最新技術が導入され，研究分野がより細分化している。また，出版された本を見ると，各領域の最先端の研究をされている研究者が，それぞれの研究成果を中心に執筆し，編集担当の研究者が編著者となっているケースが多い。私自身が，多彩な最先端の研究をオーガナイズする能力がないことはさておき，なんとか一人で大きなテーマの本を執筆することはできないだろうか，と考えた。

そこで，まず，自分が大学院に進学した当時に読んだ，単著で書かれた「生態学」に関する本を書棚から取り出してきた。『種の分化と適応(河野昭一：三省堂，1974年)』，『比較生態学－第2版(伊藤嘉昭：岩波書店，1978年)』，『植物の種分化と分類(館岡亜緒：養賢堂，1983年)』や，やや最近(といっても，約20年前)になるが，『植物社会学(渡邉定元：東京大学出版会，1994年)』や『植物の繁殖生態学(菊沢喜八郎：蒼樹書房，1995年)』，などを読み直してみた。古くなった紙の匂い，赤鉛筆でひいた線(マーカーペンなどない時代)とともに，鉛筆でのメモ書きなどが，懐かしく思えた。また，何より，当時，それらの書籍から，生態学に関する新しい知識を得たときの「ときめき」が蘇ってきた。

本書でも紹介したように，分子マーカーを用いた解析技術の進歩により，生態学における新しい知見は飛躍的に増えている。しかし，驚きだったのは，数十年前に先輩研究者たちが著書のなかでまとめた内容は，現在でも，全く色あせていないことだった。インターネット，オンラインジャーナルなど皆無の時代に，外国で出版された書籍や論文を入手し，読み，それぞれの概念を体系化する力は圧巻としか言いようがない。

2010年に，やはり海游舎から『植物の生活史と繁殖生態学』という本を出版させていただいた。そのとき，もう少し大きなタイトルの本にできないか，とのリクエストがあった。しかし，前著は，自分がこれまで直接研究で携わってきた，植物の「繁殖生態学」と「個体群生態学」を中心とした内容に終止してしまった。今回『植物生態学』という大きなタイトルを掲げ，自分なりに勉強して書いたつもりではあるが，まだまだ知らないことばかりで，勉強不足を再度，痛感することになってしまった。定年退職までカウントダウンの年齢になってきたが，もっと，もっとフィールドで経験を積むとともに，研究室での勉強も頑張らなくてはいけないと思う。いつも，研究室の学生の卒業研究，修士論文，博士論文，学会発表などの発表練習会で，しどろもどろの発表に対して「不安な気持ちや，緊張感をもつことは，大切なこと。その気持ちを乗り越えるために，よく勉強して，発表は声を出して，何度も，何度も練習すること」と言っている。本書を書き上げた今，達成感よりも，本書が世の中に出る不安感や緊張感が大きいほか，まだまだやり残した感が強い。自分自身この気持ちがある限りは，もう少し頑張れるかな，と思っている。

本書もいろいろな方々のご協力で出版することができた。本書のカバーの写真，5章と8章の扉の写真をご提供いただいた，写真家の木原浩さん。7章の扉の写真をご提供いただいた，Archibald博士。アブラナの花の紫外線下での写真（図7-6）をご提供いただいた福井宏至先生と平井伸博先生。キンリョウヘンに訪花するニホンミツバチの写真（図7-8）をご提供いただいた佐々木正己先生。1977年に噴火した有珠山の植生変遷を長期間観察された貴重な写真をご提供いただいた露崎史朗先生。本書中で用いた図の一部を描いてくださった瀧川純子さん。ここに記して，みなさんにお礼を申し上げたい。そして，在学中も，卒業後も，遠方にいても，いつも私のことを気にかけていてくれている，大原研究室の学生たちに感謝したい。そして，いつも家のことは後回しにしてしまっている私を許してくれている家族にも。

最後になってしまうが，海游舎の本間喜一郎さん，陽子さんご夫妻には「全てについて」お礼を申し上げたい。力量不足の私に執筆の機会をくださり，お二人の心身ともの支えがなければ，今回の本も完成しなかった。個人戦より，団体戦が好きな私にとっては，どんな場面でも，いつも一緒に協力し合える学生や優しい仲間がたくさんいてくれることは，心強いし，何より幸せと思っています。

2015 年 2 月

大原 雅

人名索引

事項索引

（太数字は主な説明のある頁を，
＊は用語解説の頁を示す）

あ 行

か 行

さ 行

た行

や 行

ら 行

わ 行

■ 著者紹介

大原　雅（おおはら　まさし）　理学博士

1958年　札幌市生まれ
1985年　北海道大学大学院環境科学研究科博士課程単位修得退学
現　在　北海道大学大学院地球環境科学研究院教授
専　門　植物生態学，生態遺伝学，生態保全学
主な著書
『植物の個体群生態学』（共訳，東海大学出版会）
『生態学からみた北海道』（分担執筆，北海道大学図書刊行会）
『世界のエンレイソウ』（共著，海游舎）
『花の自然史』（編著，北海道大学図書刊行会）
『草木を見つめる科学』（編著，文一総合出版）
『植物生活史図鑑』（共著，北海道大学図書出版会）
『植物の生活史と繁殖生態学』（海游舎）　ほか
受賞歴
『広尾町地域貢献感謝状』2008年
『北海道大学教育総長賞』2014年
『第23回：松下幸之助花の万博記念奨励賞』2015年

植物生態学

2015 年 3 月 25 日　初　版　発　行
2022 年 4 月 15 日　初版第 2 刷発行

著　者　大原　雅

発行者　本間喜一郎

発行所　株式会社 海游舎
〒151-0061 東京都渋谷区初台 1-23-6-110
電話 03 (3375) 8567　FAX 03 (3375) 0922
https:// kaiyusha.wordpress.com/

印刷・製本　凸版印刷 (株)

ISBN978-4-905930-22-8　PRINTED IN JAPAN